中华人民共和国农业农村部科技专项研究报告
中国农业科学院智库报告

项目资助

中国农业科学院科技创新工程
中央级公益性科研院所基本科研业务费智库专项

2019 中国农业科技论文与专利全球竞争力分析

吴 蕾 徐 倩 王红彦 **主编**

中国农业科学技术出版社

图书在版编目（CIP）数据

2019 中国农业科技论文与专利全球竞争力分析 / 吴蕾，徐倩，王红彦主编．—
北京：中国农业科学技术出版社，2020.9
ISBN 978-7-5116-5007-8

Ⅰ.①2…　Ⅱ.①吴…②徐…③王…　Ⅲ.①农业技术-技术发展-世界　Ⅳ.①S-1

中国版本图书馆 CIP 数据核字（2020）第 172509 号

责任编辑　史咏竹
责任校对　李向荣

出 版 者　中国农业科学技术出版社
北京市中关村南大街 12 号　邮编：100081
电　　话　(010)82105169(编辑室)
(010)82109702(发行部)
(010)82109709(读者服务部)
传　　真　(010)82106626
网　　址　http://www.castp.cn
经 销 者　各地新华书店
印 刷 者　北京建宏印刷有限公司
开　　本　787mm×1 092mm　1/16
印　　张　15.75
字　　数　316 千字
版　　次　2020 年 9 月第 1 版　2020 年 9 月第 1 次印刷
定　　价　76.00 元

《2019 中国农业科技论文与专利全球竞争力分析》

编 委 会

组织编写 中国农业科学院战略研究中心
中国农业科学院科技经济政策研究中心
中国农业科学院海外农业研究中心
中国农业科学院科技管理局
中国农业科学院农业信息研究所

主　　任 廖西元　梅旭荣　孙　坦
副 主 任 周清波　聂凤英　任天志　周国民
胡铁华　王　琳　张学福

主　　编 吴　蕾　徐　倩　王红彦
副 主 编 孙　巍　马晓敏　田儒雅　李晓曼
梁晓贺
参编人员 丁　倩　宋红燕　乌吉斯古楞
任　洁　王成卓　郭晓真　李然嫣
杨　宇

目　　录

1

方法论与数据说明

1.1 研究背景

改革开放40余年来，中国科技发展取得了举世瞩目的伟大成就，书写了科技发展史上的辉煌篇章。面对复杂严峻的国际形势和艰巨繁重的改革发展稳定任务，如何把握世界新一轮科技革命和产业变革大势，持续增强科技创新与竞争能力是当前面临的首要问题。深入分析提升科技竞争力的重要因素，考察中国农业科技与国际先进国家的水平差距与不足，剖析中国农业科技竞争的整体布局现状，一方面，有利于发挥中国农业科研能动性和科技创新优势，提高农业科研人员的创新能力以及企业的自主研发能力，快速推动科技创新发展；另一方面，有利于辅助中国科技管理部门制定合理的创新体系发展规划，以有限的资源来支持和推进中国农业科技创新工作。

中国农业科学院农业信息研究所科技情报分析与评估创新团队，长期开展农业科技情报分析研究与决策支撑工作，近几年产出了诸如农业研究前沿、国家及其机构与创新团队科技竞争力分析、重大科技进展等多份有影响力的智库系列报告，2018年面向全球发布了第一份《2017全球农业科技论文与专利竞争力分析》报告，引起了全球农业界的广泛关注。

2019年，研究团队调整了分析结构，同样以科技论文产出和专利产出这两大主导科技竞争力的核心要素作为主要分析数据源，提出了科技论文竞争力指数和专利竞争力指数指标体系。在基于科技论文产出的分析中，分别从农业领域整体和16个农业学科两个层面，以及科技论文的产出能力、科技论文的影响力、高质量论文的产出能力和科技论文的国际合作研究能力4个维度，对包括中国在内的22个国家及其机构的科技论文研究竞争力开展了深入的分析与评价；在基于专利产出的分析中，分别从农业技术领域整体和八大农业核心技术领域两个层面，以及专利产出能力、专利影响力、专利认可度和专利保护力4个维度，对包括中国在内的22个国家及其机构的专利竞争力开展了深入的分析与评价。本研究客观准确地揭示了全球的科技竞争格局，并在此基础上，综合分析考察了中国农业科技整体布局的合理性，提出了有利于中国科技创新发展的启示和建议，为有关部门开展农业科技研发布局、资源配置和创新管理等提供决策参考。

本研究力求“用数据支撑，以事实说话”，完全基于Web of Science的论文数据以及Derwent Innovation系统的专利数据开展统计分析，以确保评价结果的准确性、权威性和持续性。

1.2 科技论文竞争力分析数据来源与分析方法

1.2.1 分析对象及数据来源

本研究以中国、美国、德国、印度、英国、澳大利亚、巴西、西班牙、意大利、日本、法国、韩国、加拿大、波兰、荷兰、比利时、墨西哥、丹麦、瑞士、瑞典、挪威和以色列22个国家作为主要国别分析对象，全面深入分析各国及其机构在农业领域以及农艺学、环境科学、园艺学、兽医学、农业乳品与动物科学、渔业学、林业学、基因与遗传学、生物学、生物技术与应用微生物学、食品科学与技术、农业工程、分析化学与应用化学、农业交叉学科、农业经济政策学和农业信息技术16个农业学科的全球农业科技论文竞争能力。其中，16个农业学科分类是基于Web of Science学科分类，辅助以专家知识重构得出。报告数据来源于Web of Science核心合集收录的2014—2018年的SCI和SSCI论文数据，检索时间为2019年4月，部分数据基于分析需求检索时间有延伸。

结合Web of Science学科分类和专家知识，确定了16个重点农业子学科作为本研究的学科分析对象。具体学科领域映射表详见附录1。

1.2.2 分析方法

1.2.2.1 科技论文竞争力指数评价指标体系

研究首次提出科技论文竞争力指数，该指数是用以衡量科技论文研究活跃度的综合评估指标，其测度对象可以包括国家、机构、团队以及科学家个人等各类目标群体，因此，在科技论文竞争力指数设计中，重点考虑了科技论文的产出能力、科技论文的影响力、高质量论文的产出能力以及科技论文的国际合作研究能力 4 个维度，并分别采用科研生产力、科研影响力、科研卓越力和国际合作力 4 个指标来表征，针对不同测度对象的特征及评价需求，我们对指数的指标构成做了相应的调整，指数评价分析的底层数据均为科技论文数据。科技论文竞争力指数二级指标体系如图 1-1 所示。

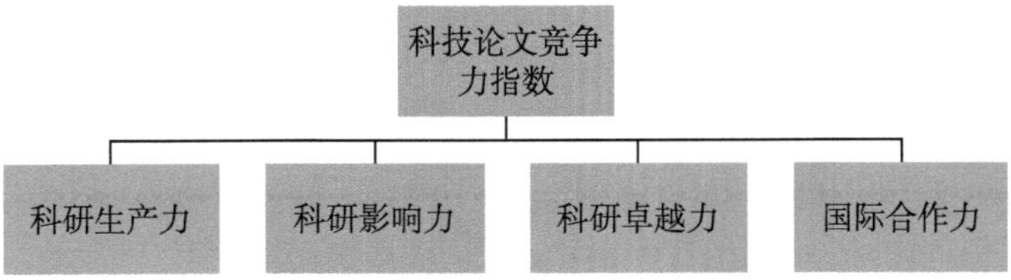

图 1-1　科技论文竞争力指数指标体系

1.2.2.2　国家/机构科技论文竞争力指数评价指标体系及计算方法

本研究重点从农业领域整体以及各学科领域两个层面来度量国家和机构的科技论文竞争力，揭示 22 国及其机构在农业，以及农业 16 个学科两个层面的科技论文基础研究的科技创新活跃程度。

国家/机构科技论文竞争力指数是对国家/机构的论文成果产出规模、产出影响力、产出质量以及合作研究情况的综合评估指标。国家科技论文竞争力指数包含国家科研生产力、国家科研影响力、国家科研卓越力和国家国际合作力 4 个二级指标，并分别通过计算发文量、学科规范化引文影响力（CNCI）、高被引论文量和国际合作论文数的归一化值来获取，其底层数据是科技论文数据。考虑到分析结果的客观性，在机构科技论文竞争力评价指标中，仅重点考虑了机构科研生产力、机构科研影响力、机构科研卓越力 3 个二级指标。具体指标内容构成（表 1-1）及计算方法如下。

表 1-1　国家/机构科技论文竞争力指数指标体系及内容构成

一级指标	二级指标	二级指标内容构成
国家科技论文竞争力指数	国家科研生产力	发文量
	国家科研影响力	学科规范化引文影响力
	国家科研卓越力	高被引论文量
	国家国际合作力	国际合作论文数
机构科技论文竞争力指数	机构科研生产力	发文量
	机构科研影响力	总被引频次
	机构科研卓越力	高被引论文量

（1）一级指标

国家/机构科技论文竞争力指数具体计算方法如式 1-1 和式 1-2 所示。

国家科技论文竞争力指数=国家科研生产力+国家科研影响力+国家科研卓越力+国家国际合作力 （式 1-1）

机构科技论文竞争力指数=机构科研生产力+机构科研影响力+机构科研卓越力 （式 1-2）

（2）二级指标

国家/机构科研生产力是通过计算目标分析国家/机构集合内一个国家/机构在特定条件下发表的科技论文成果数量的归一化值获取，该数值揭示了国家/机构的相对科技论文成果产出能力。

国家科研影响力是在排除出版年、学科领域和文献类型差别的前提下，目标国家的被引情况，这里我们以学科规范化引文影响力（Category Normalized Citation Impact, CNCI）① 来考量国家的科研影响力，即通过计算目标分析国家集合内某个国家某段时间内 CNCI 的归一化值得出。

国家/机构科研卓越力是通过计算目标分析国家/机构集合内某个国家某段时间内发表的高被引论文数量的归一化值得出，即以高质量科技论文成果的储备量来考察一个国家/机构科研水平的卓越程度。

国家国际合作力是通过计算目标分析国家集合内某个国家在某段时间内与其他国家合作发表论文量的归一化值得出，用于反映一个国家科技论文合作研究的活跃程度。

在这里需要特别说明的是，尽管 CNCI 值可以排除出版年、学科领域和文献类型差别的影响，但在某些情况下也会受出版物样本量、高被引论文、当年基线值等影响，导致 CNCI 值违背了客观事实。为了克服这些问题，在机构科技论文竞争力指数二级指标机构科研影响力中，采用了机构发文的总被引频次来代替 CNCI 值，用以揭示机构的相对科研影响力。此外，机构科技论文竞争力指数二级指标中没有国际合作力，是因为机构的国际合作论文数相对于机构的论文产出数量，基数太小，会存在大量的偶然性，同样会影响分析结果的客观性。

---

① 具体计算方法详见：科睿唯安公司．InCites 数据库常用指标手册［EB/OL］．［2018-09-04］．http：//ipscience-help. thomsonreuters. com/inCites2Live/8980-TRS/version/default/part/AttachmentData/data/InCites-Indicators-Handbook%20-%20June%202018. pdf。

1.3 专利竞争力分析数据来源与分析方法

1.3.1 分析对象及数据来源

在全球农业专利竞争力分析部分，报告选取了与科技论文竞争力分析中同样的22个国家作为主要分析对象，全面深入分析各国及其机构在农业领域以及动物疫病防控、农业生物技术、作物种质资源与育种、动物养殖与管理、作物有害生物防控、农业机械装备、动物营养与饲料和植物营养与肥料八大技术领域的技术创新竞争能力。本部分数据来源于Derwent Innovation专利数据库及分析系统，数据检索日期为2019年1月9日。以农业领域国际专利分类（International Patent Classification，IPC）和德温特手工代码为检索条件，对2014—2018年全球22个重要农业国家的农业专利公开数据进行采集。考虑到发明专利的创造性高于实用新型专利和外观设计专利，本书的分析主要基于发明专利展开。

1.3.2 分析方法

1.3.2.1 专利竞争力指数评价指标体系

本研究首次提出专利竞争力指数，该指数是用以衡量技术创新活跃度的综合评估指标，其测度对象可以包括国家、机构、团队以及科学家个人等各类目标群体，因此，在专利竞争力指数设计中，重点考虑了专利的产出能力、专利的影响力、专利的认可度以及专利的保护能力4个维度，并分别采用技术生产力、技术影响力、技术认可度和技术保护力4个指标来表征，针对不同测度对象的特征及评价需求，我们对指数的指标构成做了相应的调整，指数评价分析的底层数据均为全球农业领域发明专利数据。专利竞争力指数二级指标体系如图1-2所示。

1.3.2.2 国家/机构专利竞争力指数评价指标计算方法

本研究重点从农业领域整体以及各技术领域两个层面来度量国家和机构的专利竞争力，揭示22国及其机构在农业以及农业八大技术领域两个层面的发明专利的科技创新活跃程度。

国家/机构专利竞争力指数是用以衡量国家/机构技术竞争实力的综合评估指标。国家专利竞争力指数包含技术生产力、技术影响力、技术认可度和技术保护力4个二级指

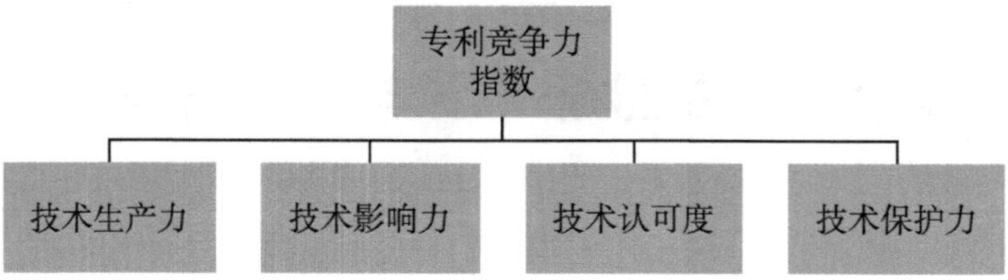

图 1-2　专利竞争力指数指标体系

标，并分别通过计算发明专利申请总量①、发明专利总被引频次、发明专利授权量、专利家族规模来获取，其底层数据是全球农业技术领域发明专利公开数据。考虑到分析结果的客观性，同样在机构专利竞争力评价指标中，重点考虑了技术生产力、技术影响力和技术认可度 3 个二级指标。具体指标体系内容（表 1-2）计算方法如下。

表 1-2　国家/机构专利竞争力指数指标体系及内容构成

一级指标	二级指标	二级指标内容构成
国家专利竞争力指数	国家技术生产力	发明专利申请总量
	国家技术影响力	发明专利总被引频次
	国家技术认可度	发明专利授权量
	国家技术保护力	专利家族规模
机构专利竞争力指数	机构技术生产力	发明专利申请总量
	机构技术影响力	发明专利总被引频次
	机构技术认可度	发明专利授权量

（1）一级指标

国家/机构专利竞争力指数具体计算方法如式 1-3 和式 1-4 所示。

国家专利竞争力综合指数=技术生产力+技术影响力+技术认可度+技术保护力

（式 1-3）

机构专利竞争力综合指数=技术生产力+技术影响力+技术认可度　　（式 1-4）

（2）二级指标

国家/机构技术生产力是通过计算目标分析国家/机构集合内一个国家或机构在特定时间内的发明专利公开量的归一化值获取，用以反映目标国家或机构对全球农业技术产出的贡献情况。

① 由于专利申请之后只有公开了才能被检索到，因此本书中涉及发明专利申请总量的具体计算均使用发明专利公开量来替代。

国家/机构技术影响力是通过计算目标分析国家/机构集合内一个国家或机构发明专利总被引频次的归一化值获取，用以反映目标国家或机构技术被关注的程度。

国家/机构技术认可度是通过计算目标分析国家/机构集合内一个国家或机构发明专利授权量的归一化值获取，体现了国家或机构在目标分析领域专利技术本身的认可程度。

国家或机构技术保护力是通过计算目标分析国家/机构集合内一个国家或机构公开专利的专利家族中成员的平均数量的归一化值获取。通常我们把具有共同优先权的在不同国家或国际专利组织多次申请、多次公布或批准的内容相同或基本相同的一组专利文献称作专利家族，这里我们用专利家族拥有专利成员的数量，即专利家族规模来间接反映目标技术在全球不同国家或地区实施保护的情况。

2

全球农业科技论文竞争力分析

2.1 农业总体科技论文竞争力指数

2.1.1 国家农业总体科技论文竞争力指数

（1）美国农业总体科技论文竞争力最强；中国位居第二，科研影响力“软肋问题”凸显

从科技论文竞争力来看，美国、中国和英国跻身世界前三位，位于第一梯队（表 2-1）。从科研生产力来看，22 个国家发文量直接加和为 494662 篇。其中中国发表 110357 篇，排名第一，占总发文量的 22.3%；美国发表 90474 篇，排名第二，占总发文量的 18.3%；英国、巴西和日本分列第三至第五。从科研影响力来看，瑞士、荷兰和英国的 CNCI 值分别为 2.11、1.95 和 1.92，占据全球前三位，中国的 CNCI 值为 1.14，排名第十六。从科研卓越力来看，美国、英国和中国的高被引论文量分别为 1312 篇、1210 篇、1180 篇（占各自发文总量的 1.5%、3.3%和 1.1%）稳居前三位。从国际合作力来看，美国、中国和英国的国际合作论文数分别为 45615 篇、37101 篇和 29627 篇，排名前三位，占据各自国家发文总量的 50.4%、33.6%和 81.3%。

（2）中国高质量论文和国际合作论文总量高，但低水平论文和非国际合作论文数量更高

中国在农业领域的高被引论文量和国际合作发文量均进入全球前三名，但在国家发文量的占比排名中，名次均靠后，分别是第十八名和第二十名。这说明中国论文基数大，

论文质量及合作研究能力仍存较大提升空间（表 2-1）。

表 2-1　2014—2018 年国家农业科技论文竞争力指数

国家	科技论文竞争力（一级指标）		科研生产力（二级指标）			科研影响力（二级指标）			科研卓越力（二级指标）			国际合作力（二级指标）		
	得分	排名	发文量	得分	排名	CNCI	得分	排名	高被引论文数	得分	排名	国际合作论文数	得分	排名
美国	3.23	1	90474	0.81	2	1.31	0.42	15	1312	1.00	1	45615	1.00	1
中国	2.99	2	110357	1.00	1	1.14	0.29	16	1180	0.89	3	37101	0.81	2
英国	2.72	3	36445	0.31	3	1.92	0.86	3	1210	0.92	2	29627	0.63	3
德国	1.46	4	19937	0.16	9	1.64	0.66	9	534	0.37	4	13964	0.28	4
澳大利亚	1.38	5	21180	0.17	6	1.57	0.60	10	497	0.34	5	13412	0.26	5
法国	1.28	6	13720	0.10	13	1.73	0.72	6	396	0.26	7	10550	0.20	9
意大利	1.27	7	19600	0.15	10	1.55	0.59	11	467	0.32	6	10743	0.20	8
荷兰	1.24	8	8395	0.05	15	1.95	0.88	2	320	0.20	10	6748	0.11	13
瑞士	1.20	9	5503	0.02	20	2.11	1.00	1	216	0.11	13	4637	0.06	17
加拿大	1.07	10	20566	0.16	8	1.37	0.46	14	348	0.22	8	11791	0.23	6
西班牙	1.06	11	18579	0.14	11	1.41	0.49	13	340	0.21	9	11293	0.22	7
瑞典	1.01	12	9579	0.06	14	1.68	0.69	8	255	0.15	11	6895	0.12	12
丹麦	0.95	13	5781	0.02	19	1.84	0.80	4	152	0.06	17	4497	0.06	18
挪威	0.87	14	4580	0.01	21	1.81	0.78	5	125	0.04	19	3413	0.04	19
比利时	0.86	15	6180	0.03	17	1.69	0.69	7	169	0.08	16	4705	0.07	16
日本	0.62	16	24885	0.20	5	0.9	0.11	20	231	0.13	12	9732	0.18	10
以色列	0.54	17	3148	0.00	22	1.48	0.54	12	75	0.00	22	1817	0.00	22
巴西	0.49	18	25500	0.21	4	0.79	0.03	21	209	0.11	14	8109	0.14	11
韩国	0.40	19	15332	0.11	12	0.94	0.14	19	140	0.05	18	5842	0.09	14
印度	0.34	20	21034	0.17	7	0.75	0.00	22	203	0.10	15	5081	0.07	15
波兰	0.33	21	7742	0.04	16	1.09	0.26	17	95	0.02	20	2635	0.02	21
墨西哥	0.29	22	6145	0.03	18	1.04	0.21	18	90	0.01	21	3297	0.03	20

2.1.2　机构农业总体科技论文竞争力指数

（1）中国上榜机构数量多，科研生产力和影响力占据优势

从机构科技论文竞争力来看，美国、中国和法国分别有 36 家、15 家和 9 家机构进入

全球 Top100 机构，本报告将全球科技论文竞争力 Top100 机构在科研生产力、科研影响力和科研卓越力的具体表现以指标值、得分和排名的形式分别进行展示（表 2-2），其中中国农业科学院排名第四。从科研生产力来看，中国有 5 家机构进入 Top10，美国有 2 家机构，印度、瑞典和法国各 1 家机构；从科研影响力来看，中国有 4 家机构进入 Top10，美国和法国有 2 家机构，瑞典和荷兰各 1 家机构；从科研卓越力来看，美国和法国分别有 3 家和 2 家机构进入 Top10，中国、荷兰、瑞典、德国和澳大利亚各有 1 家机构进入 Top10。各级指标的机构排名基本上呈现出较一致的分布态势。

进入科技论文竞争力 Top100 的中国机构在科研生产力和影响力中占据优势。其中 15 家机构中有 9 家机构进入全球科研生产力排名前三十，有 8 家机构进入全球科研影响力排名前三十，即进入 Top100 的中国机构中，有半数的机构分布在两个指标排名榜的 Top30 行列。但是统计分析各机构科研卓越力发现，中国 15 家机构在科技论文竞争力 Top100 机构中呈现较分散的分布态势，有 5 家机构进入全球科研卓越力 Top30，有 7 家机构进入 Top50。

（2）中国农业科学院的科研生产力和科研影响力优势显著，所有二级指标排名均有稳步提升，科研卓越力仍存差距

2014—2018 年中国农业科学院的科技论文竞争力指数和科研影响力得分均排名全球第四，科研生产力全球第三，科研卓越力全球第十四。在进入科技论文竞争力 Top10 的 4 家中国机构中，除了各项均排名第一的中国科学院，其他 3 家机构（即中国农业科学院、中国农业大学和南京农业大学）均呈现科研生产力和科研影响力比较突出，但是科研卓越力稍显落后的态势（表 2-2）。

表 2-2　2014—2018 年机构农业科技论文竞争力指数

机构	所属国家	科技论文竞争力（一级指标）		科研生产力（二级指标）			科研影响力（二级指标）			科研卓越力（二级指标）		
		得分	排名	发文量（篇）	得分	排名	总被引频次	得分	排名	高被引论文数（篇）	得分	排名
中国科学院	中国	3.00	1	15275	1.00	1	120047	1.00	1	275	1.00	1
美国农业部	美国	2.68	2	15169	0.99	2	109156	0.91	2	214	0.78	3
加利福尼亚大学	美国	1.97	3	7463	0.49	7	78900	0.66	3	227	0.83	2
中国农业科学院	中国	1.80	4	12511	0.82	3	74395	0.62	4	100	0.36	14
中国农业大学	中国	1.60	5	9638	0.63	4	66084	0.55	5	114	0.41	12
瑞典农业科学大学	瑞典	1.47	6	6780	0.44	8	58483	0.49	6	148	0.54	7

（续表）

机构	所属国家	科技论文竞争力（一级指标）		科研生产力（二级指标）			科研影响力（二级指标）			科研卓越力（二级指标）		
		得分	排名	发文量（篇）	得分	排名	总被引频次	得分	排名	高被引论文数（篇）	得分	排名
法国农业科学院	法国	1.46	7	5840	0.38	10	56380	0.47	7	168	0.61	5
法国国家科学研究中心	法国	1.37	8	4354	0.28	15	53305	0.44	8	176	0.64	4
瓦赫宁根大学	荷兰	1.25	9	4487	0.29	12	45046	0.38	10	159	0.58	6
南京农业大学	中国	1.18	10	7803	0.51	6	49242	0.41	9	70	0.25	23
佛罗里达州立大学	美国	1.17	11	5056	0.33	11	43150	0.36	13	132	0.48	8
华中农业大学	中国	1.09	12	6522	0.43	9	44776	0.37	11	79	0.29	21
西班牙高等科学研究理事会	西班牙	1.09	12	4425	0.29	13	44514	0.37	12	117	0.43	11
澳大利亚联邦科学与工业研究组织	澳大利亚	0.96	14	3300	0.22	26	38294	0.32	14	118	0.43	10
佛罗里达大学	美国	0.95	15	4260	0.28	19	35063	0.29	15	105	0.38	13
德国亥姆霍兹联合会	德国	0.87	16	2058	0.13	56	33380	0.28	16	125	0.45	9
印度农业研究理事会	印度	0.80	17	8131	0.53	5	21650	0.18	38	25	0.09	94
康奈尔大学	美国	0.78	18	3058	0.20	28	29738	0.25	18	90	0.33	15
昆士兰大学	澳大利亚	0.76	19	3054	0.20	29	31385	0.26	17	83	0.30	19
北卡罗来纳州立大学	美国	0.71	20	3604	0.24	23	29364	0.24	19	62	0.23	33
华南农业大学	中国	0.71	20	4286	0.28	18	27215	0.23	24	55	0.20	43
加拿大农业与农业食品部	加拿大	0.71	20	4287	0.28	17	28977	0.24	20	52	0.19	46
明尼苏达大学	美国	0.71	20	2569	0.17	40	26154	0.22	26	89	0.32	16
浙江大学	中国	0.69	24	3615	0.24	22	28298	0.24	22	59	0.21	38
圣保罗大学	巴西	0.68	25	4383	0.29	14	25074	0.21	28	51	0.19	49
巴黎萨克雷大学	法国	0.67	26	1999	0.13	58	26271	0.22	25	89	0.32	16
美国能源部	美国	0.67	26	1751	0.11	66	27348	0.23	23	89	0.32	16
哥本哈根大学	丹麦	0.64	28	2438	0.16	45	28737	0.24	21	66	0.24	27
得克萨斯 A&M 大学	美国	0.63	29	3477	0.23	24	24895	0.21	29	54	0.20	45

（续表）

机构	所属国家	科技论文竞争力（一级指标）		科研生产力（二级指标）			科研影响力（二级指标）			科研卓越力（二级指标）		
		得分	排名	发文量（篇）	得分	排名	总被引频次	得分	排名	高被引论文数（篇）	得分	排名
密歇根州立大学	美国	0.62	30	2900	0.19	32	24240	0.20	31	63	0.23	30
威斯康星大学	美国	0.62	30	2702	0.18	37	24222	0.20	32	67	0.24	25
西北农林科技大学	中国	0.62	30	4318	0.28	16	25178	0.21	27	35	0.13	80
伊利诺伊大学	美国	0.62	30	2948	0.19	31	24600	0.20	30	61	0.22	36
意大利国家研究委员会	意大利	0.60	34	2659	0.17	38	23745	0.20	33	63	0.23	30
马里兰大学	美国	0.55	35	1776	0.12	65	21929	0.18	37	70	0.25	23
佐治亚大学	美国	0.55	35	2884	0.19	33	22500	0.19	34	47	0.17	61
根特大学	比利时	0.54	37	2334	0.15	48	22293	0.19	35	55	0.20	43
奥胡斯大学	丹麦	0.52	38	2138	0.14	53	20245	0.17	41	58	0.21	39
巴西农牧研究院	巴西	0.52	38	4094	0.27	20	16722	0.14	62	32	0.12	89
东京大学	日本	0.52	38	3294	0.22	27	22247	0.19	36	34	0.12	84
普渡大学	美国	0.52	38	2513	0.16	44	19689	0.16	46	52	0.19	46
法国发展研究所	法国	0.51	42	1798	0.12	63	19419	0.16	47	64	0.23	29
圭尔夫大学	加拿大	0.51	42	2803	0.18	34	17943	0.15	55	49	0.18	57
马克斯·普朗克科学促进学会	德国	0.51	42	935	0.06	96	17162	0.14	59	83	0.30	19
墨尔本大学	澳大利亚	0.50	45	2225	0.15	49	19985	0.17	43	51	0.19	49
美国森林管理局	美国	0.49	46	2620	0.17	39	19813	0.17	45	43	0.16	65
牛津大学	英国	0.49	46	928	0.06	97	16771	0.14	61	79	0.29	21
西澳大学	澳大利亚	0.49	46	1926	0.13	60	18935	0.16	51	57	0.21	41
艾奥瓦州立大学	美国	0.48	46	2743	0.18	35	19358	0.16	49	38	0.14	75
不列颠哥伦比亚大学	加拿大	0.48	46	1730	0.11	67	18528	0.15	52	58	0.21	39
苏黎世联邦理工学院	瑞士	0.48	46	1458	0.10	77	18959	0.16	50	62	0.23	33
俄亥俄州立大学	美国	0.47	52	2255	0.15	49	20069	0.17	42	43	0.16	65
俄勒冈大学	美国	0.47	52	2220	0.15	52	17863	0.15	56	49	0.18	57
哈佛大学	美国	0.47	52	942	0.06	95	19962	0.17	44	67	0.24	25

（续表）

机构	所属国家	科技论文竞争力（一级指标）		科研生产力（二级指标）			科研影响力（二级指标）			科研卓越力（二级指标）		
		得分	排名	发文量（篇）	得分	排名	总被引频次	得分	排名	高被引论文数（篇）	得分	排名
首尔大学	韩国	0.47	52	2984	0.20	30	21563	0.18	39	27	0.10	92
马萨诸塞大学	美国	0.46	56	1451	0.09	79	18102	0.15	54	60	0.22	37
阿尔伯塔大学	加拿大	0.45	57	2432	0.16	46	19411	0.16	48	35	0.13	80
宾夕法尼亚州立高等教育系统	美国	0.45	57	1857	0.12	61	20316	0.17	40	43	0.16	65
美国内政部	美国	0.45	57	2235	0.15	49	16360	0.14	65	46	0.17	62
德克萨斯大学	美国	0.44	60	1028	0.07	88	17307	0.14	57	62	0.23	33
伦敦大学	英国	0.44	60	1297	0.08	82	18155	0.15	53	57	0.21	41
京都大学	日本	0.43	62	2569	0.17	40	16718	0.14	63	33	0.12	86
内布拉斯加大学	美国	0.43	62	2102	0.14	55	17093	0.14	60	41	0.15	72
四川农业大学	中国	0.43	62	3398	0.22	25	16617	0.14	64	19	0.07	97
法国农业发展研究中心	法国	0.42	65	1720	0.11	68	15191	0.13	74	51	0.19	49
圣保罗州立大学	巴西	0.42	65	3726	0.24	21	12043	0.10	98	21	0.08	95
悉尼大学	澳大利亚	0.42	65	1549	0.10	74	16154	0.13	68	51	0.19	49
哥廷根大学	德国	0.41	68	1667	0.11	72	15679	0.13	71	48	0.17	60
堪萨斯州立大学	美国	0.41	68	2135	0.14	54	16193	0.13	67	38	0.14	75
英国自然环境研究理事会	英国	0.41	68	976	0.06	92	13250	0.11	87	66	0.24	27
华盛顿州立大学	美国	0.40	71	1972	0.13	59	17245	0.14	58	34	0.12	84
斯坦福大学	美国	0.40	71	654	0.04	100	15842	0.13	70	63	0.23	30
华盛顿大学	美国	0.39	73	1145	0.07	85	15381	0.13	73	52	0.19	46
美国国家海洋和大气管理局	美国	0.39	73	1428	0.09	80	13936	0.12	80	51	0.19	49
宾夕法尼亚州立大学	美国	0.38	75	1624	0.11	73	16120	0.13	69	38	0.14	75
福建农林大学	中国	0.38	75	2536	0.17	43	14252	0.12	79	26	0.09	93
科罗拉多州立大学	美国	0.38	75	1685	0.11	70	13141	0.11	89	45	0.16	63
巴黎高科农业学院	法国	0.37	78	1483	0.10	75	14877	0.12	75	42	0.15	68
美国地质调查局	美国	0.37	78	1787	0.12	64	13902	0.12	82	39	0.14	74

（续表）

机构	所属国家	科技论文竞争力（一级指标）		科研生产力（二级指标）			科研影响力（二级指标）			科研卓越力（二级指标）		
		得分	排名	发文量（篇）	得分	排名	总被引频次	得分	排名	高被引论文数（篇）	得分	排名
阿德莱德大学	澳大利亚	0.36	80	1680	0.11	71	14873	0.12	76	35	0.13	80
剑桥大学	英国	0.36	80	716	0.05	99	16200	0.13	66	49	0.18	57
乌得勒支大学	荷兰	0.36	80	955	0.06	94	13920	0.12	81	50	0.18	55
亚利桑那大学	美国	0.36	80	1143	0.07	86	15498	0.13	72	44	0.16	64
比萨大学	意大利	0.35	84	972	0.06	93	12509	0.10	93	51	0.19	49
东北农业大学	中国	0.35	84	2707	0.18	36	13470	0.11	86	17	0.06	98
索邦大学	法国	0.35	84	806	0.05	98	13591	0.11	85	50	0.18	55
朗格多克—鲁西永大学	法国	0.34	87	1295	0.08	83	12593	0.10	92	41	0.15	72
北京大学	中国	0.33	88	1013	0.07	90	12888	0.11	91	42	0.15	68
东京农工大学	日本	0.33	88	2540	0.17	42	13216	0.11	88	15	0.05	99
弗吉尼亚理工大学	美国	0.33	88	1840	0.12	62	12208	0.10	97	31	0.11	90
那不勒斯费德里科二世大学	意大利	0.33	88	1452	0.09	78	13797	0.11	83	33	0.12	86
爱丁堡大学	英国	0.32	92	1001	0.07	91	14434	0.12	77	38	0.14	75
湖南农业大学	中国	0.32	92	1698	0.11	69	11288	0.09	99	31	0.11	90
农业与经济研究院	意大利	0.32	92	2041	0.13	57	13614	0.11	84	20	0.07	96
挪威生命科学大学	挪威	0.32	92	1344	0.09	81	12376	0.10	95	35	0.13	80
帕多瓦大学	意大利	0.32	92	1288	0.08	84	12254	0.10	96	38	0.14	75
山东农业大学	中国	0.32	92	2412	0.16	47	14351	0.12	78	12	0.04	100
田纳西大学	美国	0.32	92	1465	0.10	76	12911	0.11	90	33	0.12	86
图卢兹大学	法国	0.32	92	1019	0.07	89	12502	0.10	94	42	0.15	68
华南理工大学	中国	0.31	100	1051	0.07	87	10791	0.09	100	42	0.15	68

在最近3个滚动5年时间内（即2012—2016年、2013—2017年、2014—2018年，下同），中国农业科学院的全球机构科技论文竞争力、科研生产力、科研影响力和科研卓越力的排名均有稳步提升。其中，2012—2016年其全球机构论文竞争力排名第八，2013—2017年其全球机构论文竞争力排名第六。

美国加利福尼亚大学在论文竞争力、科研影响力和科研卓越力上表现更加突出，排名分别为第三、第三和第二。但其科研生产力稍有逊色，位居第七。同样，德国亥姆霍兹联合会、美国明尼苏达大学、法国巴黎萨克雷大学、美国能源部和丹麦哥本哈根大学等机构的科研生产力相对略低，但在科研影响力和科研卓越力的表现更加突出。

与自身相比，印度农业研究理事会、中国西北农林科技大学、日本东京大学和巴西农牧研究院的科研卓越力在其 3 种二级指标中相对略差，从而拉低了这些机构的论文竞争力。

2.1.3 科研生产力分析

中国科研生产力持续领跑，且领跑速度不断加快。

2014—2018 年，22 国农业领域论文发文量直接加和为 494662 篇。在 22 个国家中，中国发文量第一，科研生产力高居榜首；美国发文量第二，科研生产力优势显著（图 2-1）。

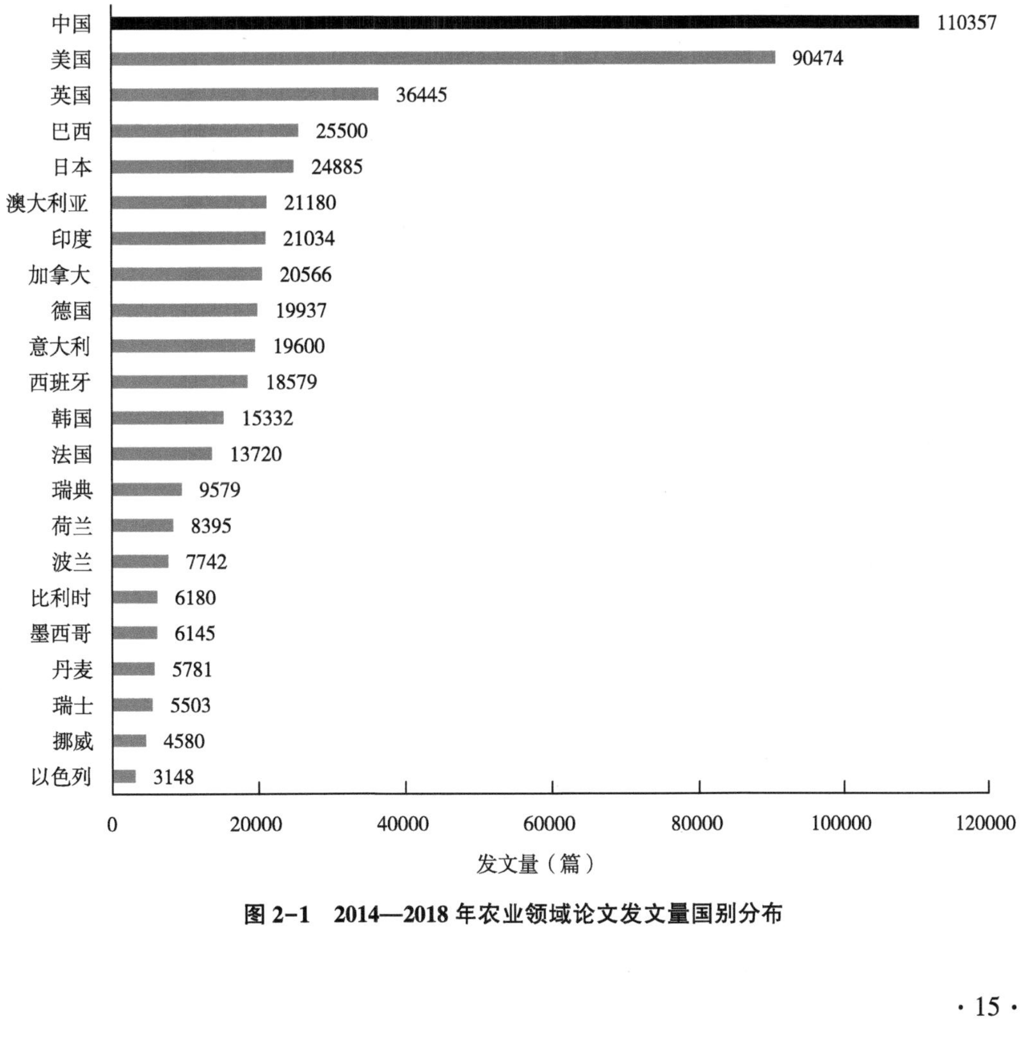

图 2-1 2014—2018 年农业领域论文发文量国别分布

在最近 3 个滚动 5 年里，中国的发文量不但持续领先，且不断加大领先优势（与第二名美国的数量差分别为 5738 篇、11626 篇和 19883 篇）。

2014—2018 年，在发文量 Top5 国家中，中国呈现发文量逐年增加的趋势（图 2-2）。同时，除了日本在 2018 年的发文量略有降低，其他国家各年发文量也大体呈现上涨趋势。

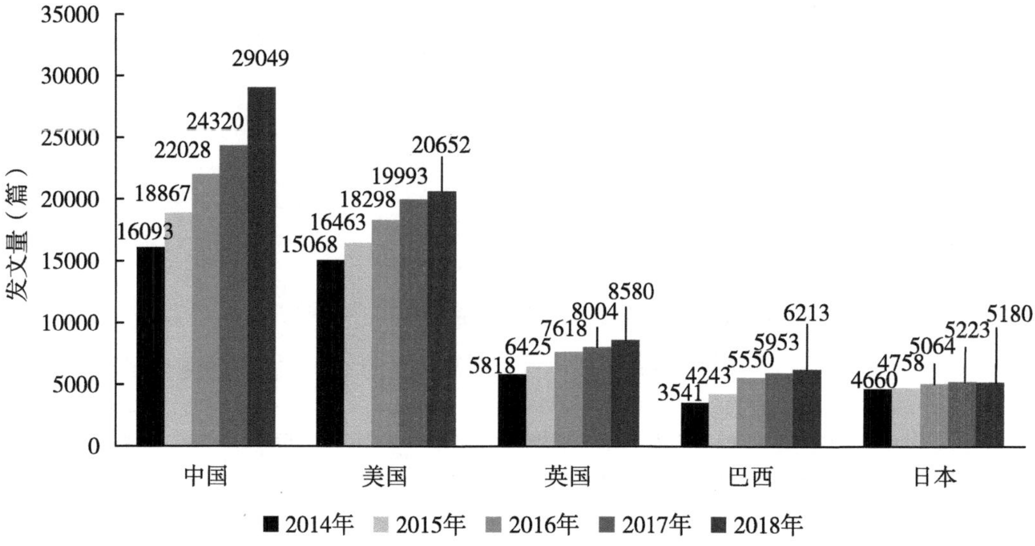

图 2-2　发文量 Top5 国家 2014—2018 年发文量

依据各国发文量同比 2014 年的增速数据（图 2-3），中国 2015—2018 年各年度发文量较 2014 年均有所上涨，且增速逐年提升。2018 年增速最快，发文量增速为 80.51%。科研生产力排名前五的国家中，巴西 2014 年同比增速也较快，发文量呈现高速增长趋势。

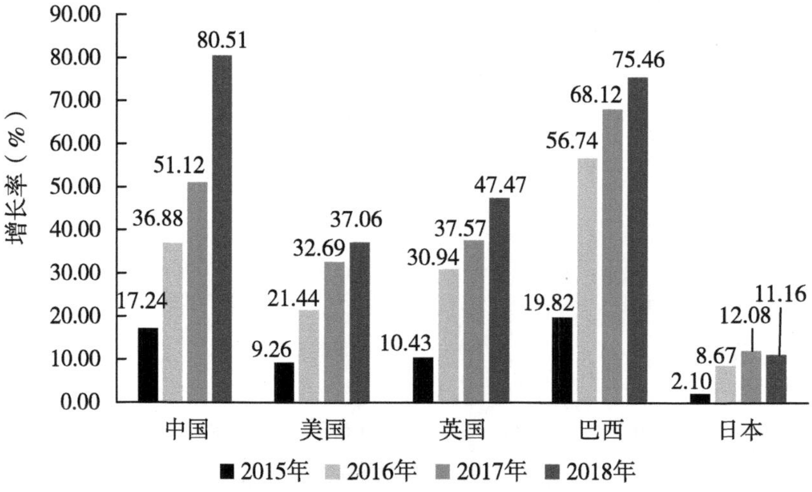

图 2-3　发文量 Top5 国家 2015—2018 年同比 2014 年增速

从机构角度来看，有 80 家机构同时进入论文竞争力 Top100 和科研生产力 Top100。在这 80 家机构中，中国有 13 家，分别是中国科学院、中国农业科学院、中国农业大学、南京农业大学、华中农业大学、西北农林科技大学、华南农业大学、浙江大学、四川农业大学、东北农业大学、福建农林大学、山东农业大学和湖南农业大学，其中，中国科学院、中国农业科学院、中国农业大学、南京农业大学和华中农业大学进入科研生产力 Top10，且分列第一、第三、第四、第六和第九位；美国则有 31 家机构，巴西和日本各有 3 家，没有英国机构，这说明英国在科研生产力上没有发文多的优势机构。

2.1.4 科研影响力分析

（1）瑞士、荷兰和英国 3 国论文影响力全球领先，中美均表现略差

2014—2018 年，22 国 CNCI 值排名瑞士第一，荷兰第二，中国第十六（图 2-4）。包括中国在内，有 18 个国家的 CNCI 值大于 1①，这些国家论文的平均被引表现高于全球平均水平。与论文总量和总被引频次相比，中国的 CNCI 值排名较为靠后，略低于美国，有待进一步提升和发展。

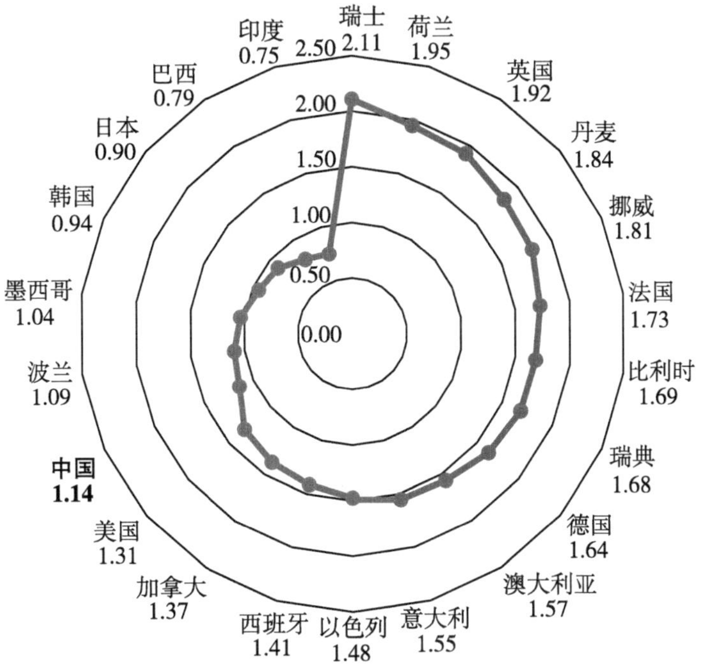

图 2-4 2014—2018 年农业领域论文 CNCI 值国别分布

---

① CNCI 大于 1 表明论文的被引表现高于全球平均水平；CNCI 等于 1 表明论文的被引表现与全球平均水平相当；CNCI 小于 1 则表明论文的被引表现低于全球平均水平。

纵观最近 3 个滚动 5 年，中国的农业类论文学科规范化的引文影响力分别为 1.13、1.15 和 1.14，表现稳定，始终高于全球平均水平。

（2）中国农业领域论文的总被引频次超越美国，位居全球第一

2014—2018 年，22 国农业类论文总被引频次直接加和为 3525634，各国的论文总被频次统计结果如图 2-5 所示。22 个国家中，中国论文总被引频次位列第一；美国位列第二，仅次于中国，远超位列第三的英国；澳大利亚和德国分别排在第四和第五位。

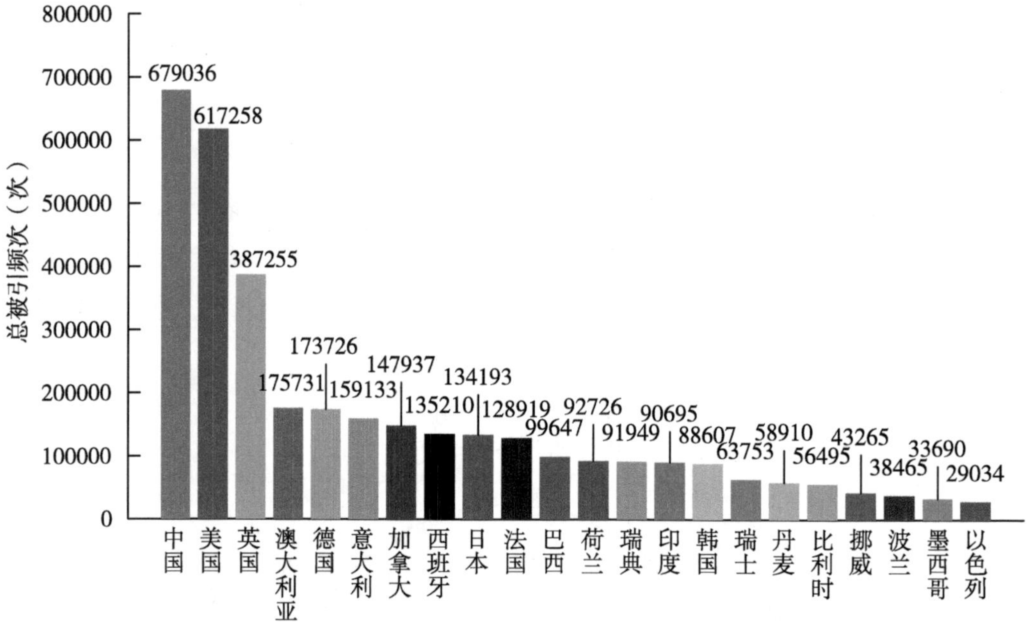

图 2-5　2014—2018 年 22 国农业类论文总被引频次统计

在 2012—2016 年时间段，美国的总被引频次领先中国，位居全球第一。在 2013—2017 年，中国的总被引频次反超美国，位居全球第一，并将优势保持至 2014—2018 年。这说明中国近年来农业类论文的被关注与认可度较高，论文的总体质量有所提升。

从机构角度来看，有 92 家机构同时进入论文竞争力 Top100 和科研影响力 Top100。这 92 家机构中，中国有 13 家机构，分别是中国科学院、中国农业科学院、中国农业大学、南京农业大学、华中农业大学、浙江大学、华南农业大学、西北农林科技大学、四川农业大学、山东农业大学、福建农林大学、东北农业大学和北京大学。其中，中国科学院、中国农业科学院、中国农业大学和南京农业大学进入科研影响力前 10 位，分列第一、第四、第五和第九位。美国科研影响力全球 Top100 的机构中有 35 家机构的一级指标论文竞争力指数排名 Top100，英国有 5 家机构，澳大利亚有 6 家机构，德国有 3 家机构。

2.1.5 科研卓越力分析

（1）美国、英国、中国3国科研卓越力全球领先，中国高被引论文占比有待提高

2014—2018年，22个国家在农业领域共发表高被引论文数直接加和为8564篇（图2-6）。科研卓越力前五的国家分别是美国、英国、中国、德国和澳大利亚。中国排名第三，但是高被引论文数对国家发文总量的占比，中国在前五位国家中排名垫底。5个国家高被引论文数对国家发文总量的占比依次为1.45%、3.32%、1.07%、2.68%和2.35%。在过去3个滚动5年里，中国高被引论文数分别为869篇、1077篇和1180篇，呈现增长趋势，稳居全球第三名。

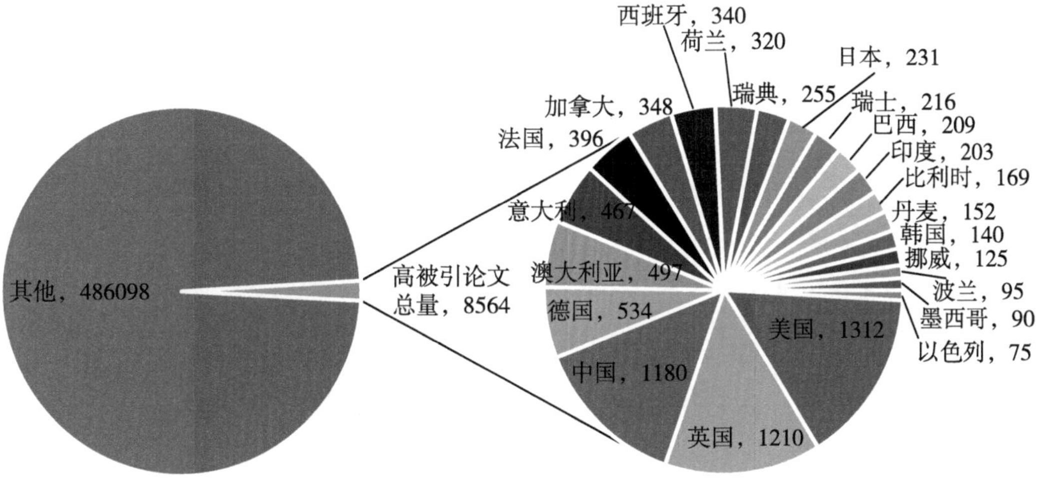

图2-6　2014—2018年22国农业领域高被引论文量国家分布（单位：篇）

（2）中国农业科学院的科研卓越力全球第十四

据统计，有79家机构同时进入论文竞争力Top100和科研卓越力Top100。这79家机构包括美国有33家，中国和法国各有9家，英国和澳大利亚各有5家。中国的9家机构，中国农业科学院的科研卓越力排名第十四，中国科学院和中国农业大学分别列位第一和第十二。进入一级指标Top100的其他21家机构中，中国有6家，美国和日本各有3家。

为了进一步深入分析高质量论文发文情况，本研究引入了Q1期刊①中的国家发文量和CNS期刊②中的机构发文量两个附加分析指标。

① Q1期刊：在学科中位列前25%的期刊。

② CNS期刊：《细胞》（*Cell*）、《自然》（*Nature*）和《科学》（*Science*）学术期刊。

（3）中国 Q1 期刊论文数全球第一，全球占比达 1/5 且呈现增长趋势

2014—2018 年，22 个国家在农业领域共发表 Q1 期刊论文数直接加和为 284978 篇①（图 2-7）。同时，科研卓越力前五名的国家其 Q1 期刊论文数也名列全球前五。这 5 个国家依次是中国、美国、英国、澳大利亚和德国（图 2-8）。中国位居第一，美国 Q1 期刊论文数与中国接近，排名第二，且中美两国均远远高于第三名英国。但是 Q1 期刊论文数对国家发文总量的占比，中国在前五位国家中排名垫底。5 个国家 Q1 期刊论文对国家发文总量的占比依次为 57.61%、59.95%、70.91%、65.34% 和 65.40%。

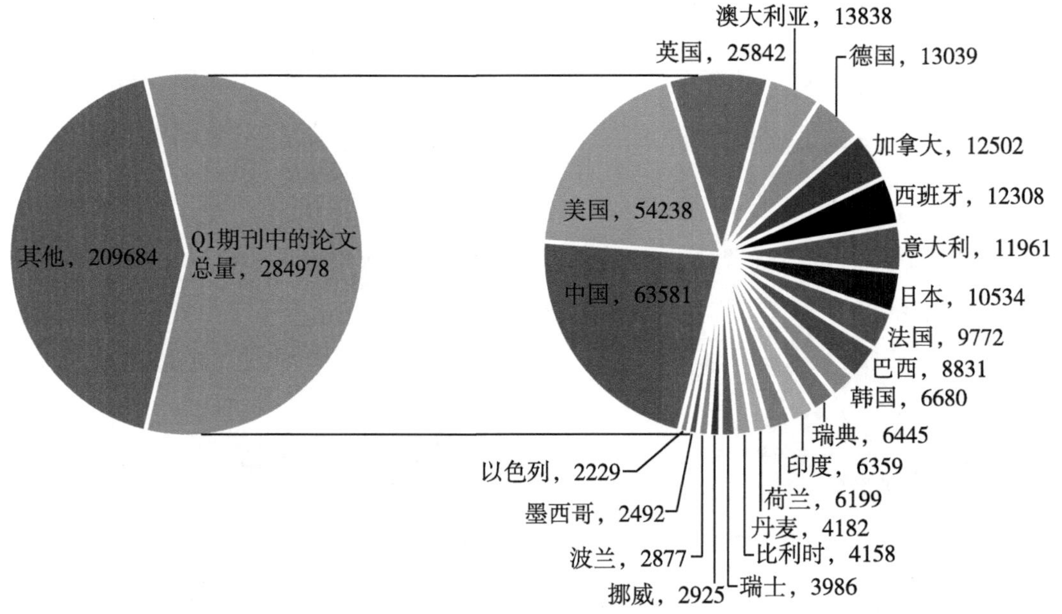

图 2-7　2014—2018 年 22 国农业领域 Q1 期刊论文量国家分布（单位：篇）

在最近 3 个滚动 5 年里，中国 Q1 期刊论文数分别为 42472 篇、49531 篇和 63581 篇，名次从第二个 5 年开始由第二名提升为全球第一名（图 2-8）。

从变化趋势来看，中国、美国和德国近年来均呈现 Q1 期刊论文数逐年增长的趋势，英国和澳大利亚 Q1 期刊论文数有增有减。近年来中国总体论文中 Q1 期刊论文占比也呈现逐年增长的态势。2014—2018 年各年占比依次是 49.49%、50.58%、52.86%、53.43% 和 73.80%。

① 2018 年 Q1 期刊论文数据的检索时间是 2019 年 9 月。

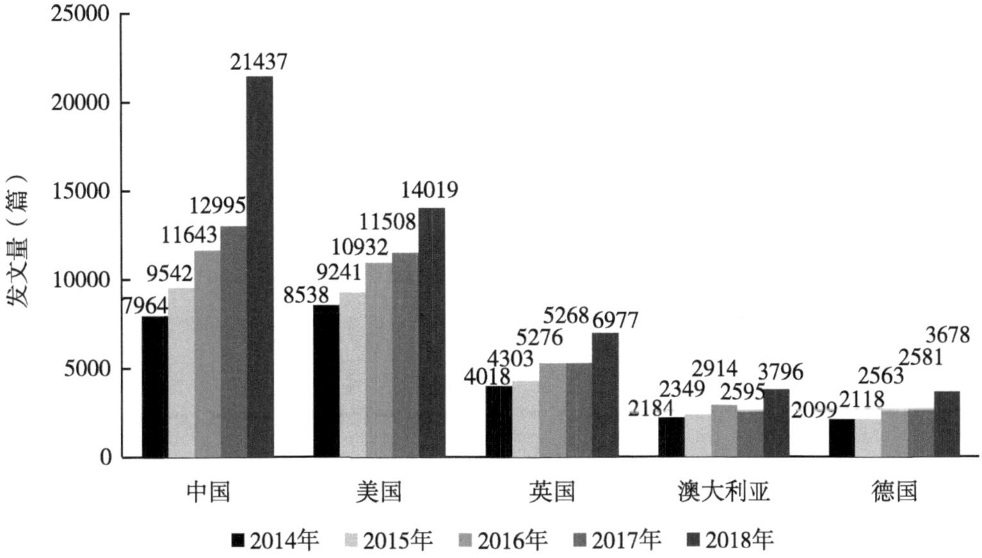

图 2-8　2014—2018 年农业领域 Q1 期刊发文量 Top5 国家的发文量年份分布

（4）中国发表 CNS 期刊文章的机构数量较多，但是仅中国科学院进入机构发文量Top10 榜单

2014—2018 年，22 个国家在农业领域共发表 CNS［《细胞》（*Cell*）、《自然》（*Nature*）、《科学》（*Science*）］期刊论文数为 455 篇。发文量前 10 的机构中美国有 4 个机构，中国仅有 1 家机构，德国有 2 个机构（表 2-3）。加利福尼亚大学 CNS 发文量第一，是第二名中国科学院的近两倍，实力最为雄厚。中国科学院、瑞典农业科学大学和法国国家科学研究中心的发文量相近。另外，中国农业科学院以 20 篇文章和美国的麻省理工学院、威斯康星大学并列第二十九名（表 2-3）。

表 2-3　2014—2018 年 Top10 机构发表 CNS 期刊论文数

排名	机构	所属国家	CNS 发文量（篇）
1	加利福尼亚大学	美国	92
2	中国科学院	中国	48
3	瑞典农业科学大学	瑞典	47
4	法国国家科学研究中心	法国	45
5	哈佛大学	美国	39
6	德国亥姆霍兹联合会	德国	37
7	牛津大学	英国	35
8	马克斯·普朗克科学促进学会	德国	32
9	明尼苏达大学	美国	31
10	霍华德·休斯医学研究所	美国	30

2.1.6 国际合作力分析

美国、中国和英国遥遥领先，三国科研合作紧密，中国国际合作论文数呈现增长趋势。

2014—2018 年，22 个国家在农业领域共发表国际合作论文数直接加和为 251504 篇。国际合作力排名前五的国家分别是美国、中国、英国、德国和澳大利亚（图 2-9）。尽管中国排名第二，但国际合作论文量占比相对较低，位列第五，国际合作研究仍有待提升。5 个国家国际合作论文数对国家发文总量的占比依次为 50.42%、33.62%、81.29%、70.04%和 63.32%。过去 3 个滚动 5 年时间里，中国国际合作论文数依次为 26879 篇、31498 篇和 37101 篇，呈现增长趋势。

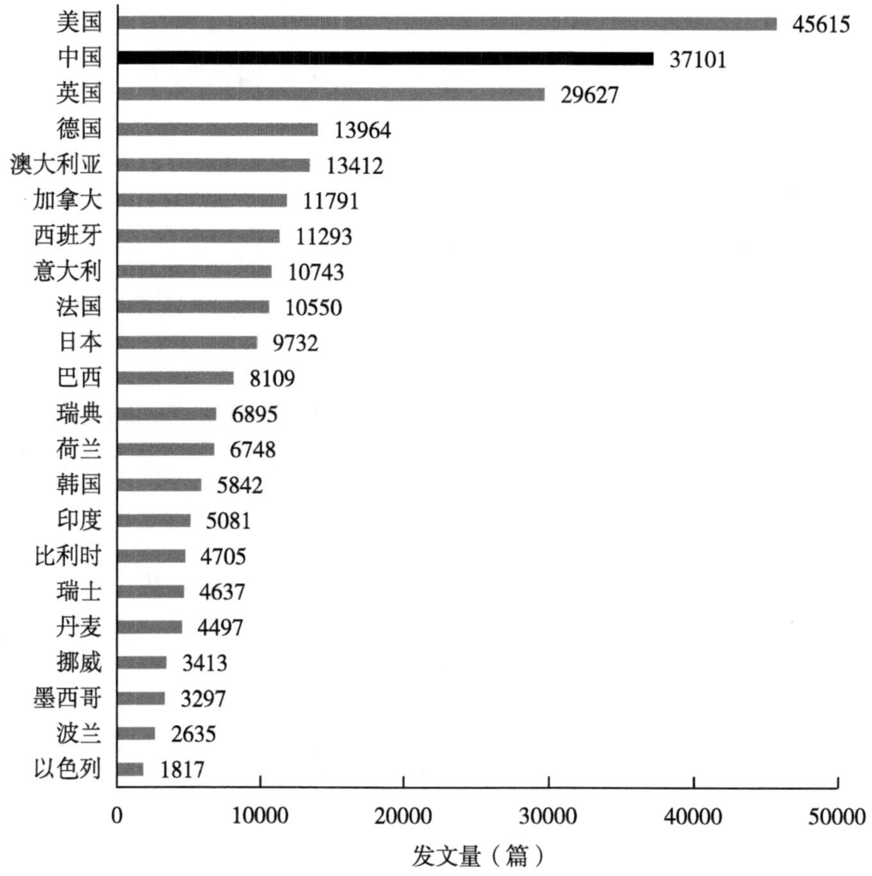

图 2-9 2014—2018 年 22 国农业类国际合作论文总量国别分布

从各年变化趋势来看，5 个国家均呈现国际合作论文数逐年增长的趋势（图 2-10）。其中，中国在 2015 年和 2018 年两个年份上的国际合作论文数均较前一年增长超过 20 个百分点，涨幅高的年份其次是 2016 年。其他 4 个国家涨幅最大的年份也出现在 2016 年。

2015 年和 2018 年也大体呈现涨幅较大的发展态势（图 2-11）。经过进一步数据分析，与美国合作最多的国家依次是中国、英国、加拿大、澳大利亚、巴西和德国。与英国合作最多的国家依次是美国、中国、德国、澳大利亚、巴西和法国。与德国合作最多的国家依次是美国、英国、中国、意大利和法国。与澳大利亚合作最多的国家依次是美国、中国、英国、德国和加拿大。与中国合作最多的国家依次是美国、英国、澳大利亚、加拿大、日本和德国（图 2-12）。可见国际合作论文量全球前五的国家之间的合作十分密切。另外通过进一步分析发现，近年中国国际合作论文占比也呈现逐年增长态势，依次为 31.33%、32.75%、33.05%、34.72%和 34.96%。

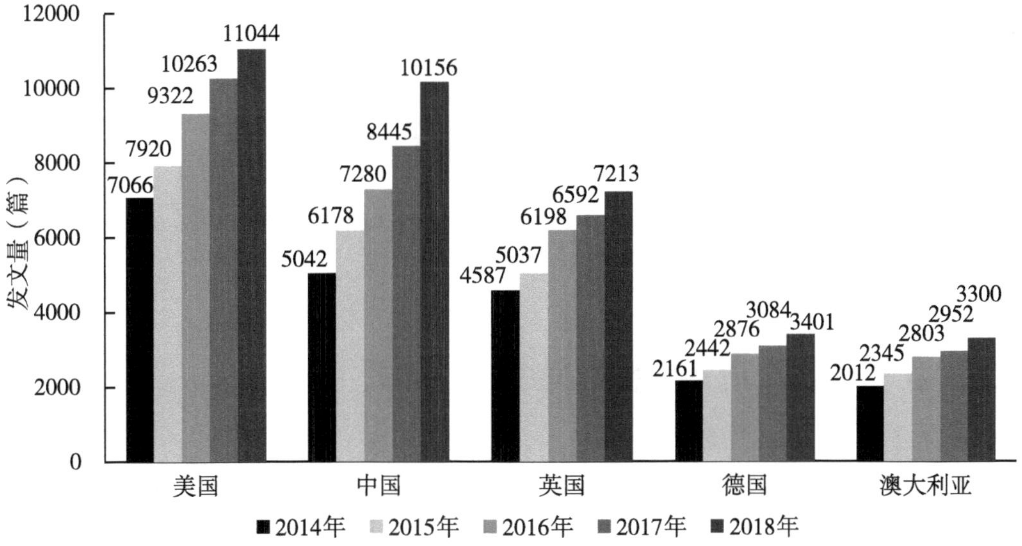

图 2-10　2014—2018 年农业领域国际合作论文数 Top5 国家的国际合作论文数年份分布

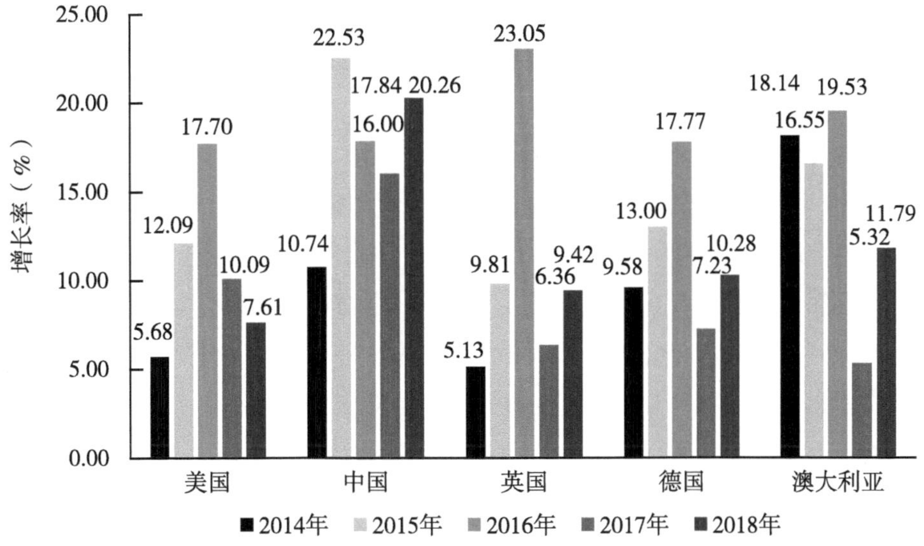

图 2-11　2014—2018 年农业领域国际合作论文数 Top5 国家的各年国际合作论文增长率

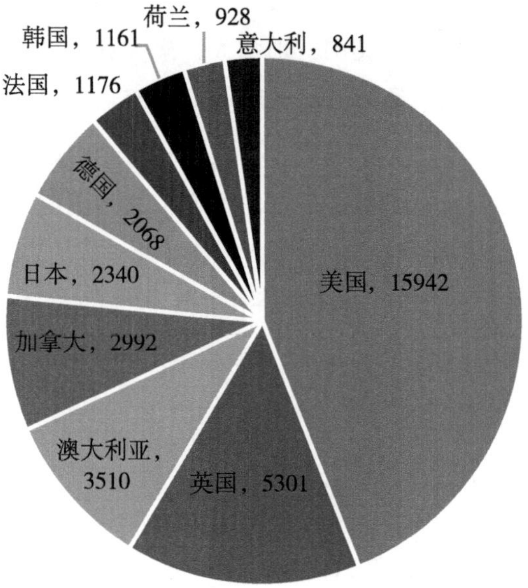

图 2-12　2014—2018 年农业领域与中国合作论文量 Top10 的国家及论文量（单位：篇）

2.2　农业学科领域论文竞争力分析

2.2.1　十六大学科领域论文竞争力分析

2.2.1.1　主要 22 个国家十六大学科领域科技论文竞争力分析

美国在各学科领域均保持领先的竞争优势；中国众多学科竞争力表现突出但仍有短板

中国农业总体科技论文竞争力全球排名第二，统计 22 国在十六大学科领域的科技论文竞争力得出，中国得分最高的 3 个学科分别是分析化学与应用化学（3.91 分）、农业工程（3.51 分），以及食品科学与技术（3.35 分）。中国所有学科均进入科技论文竞争力排名前十。排名第一的学科有 6 个，分别为兽医学、生物学、食品科学与技术、农业工程、分析化学与应用化学和农业信息技术；排名第二的学科有 4 个，分别是农艺学、园艺学、基因与遗传学以及生物技术与应用微生物学；排名第三的学科有 3 个，分别是环境科学、渔业学和农业交叉学科。农业乳品与动物科学、林业学两个学科排名第四。农业经济政策学排名第八（表 2-4）。

表 2-4 22 个国家农业各学科科技论文竞争力指数

国家	16 个学科		农艺学		环境科学		园艺学		兽医学		农业乳品与动物科学		渔业学		林业学		基因与遗传学	
	得分	排名	得分	排名	得分	排名	得分	排名	得分	排名	得分	排名	得分	排名	得分	排名	得分	排名
美国	3.23	1	3.53	1	3.22	2	3.26	1	2.91	2	3.83	1	3.11	2	3.51	1	2.83	1
中国	2.99	2	2.74	2	2.67	3	3.07	2	2.95	1	1.81	4	2.15	3	1.87	4	2.49	2
英国	2.72	3	2.20	3	3.27	1	1.43	5	2.88	3	2.46	2	3.30	1	2.31	3	2.18	3
德国	1.46	4	1.65	4	1.82	4	1.15	11	1.06	9	1.23	10	1.21	12	2.39	2	1.11	5
澳大利亚	1.38	5	1.62	5	1.54	5	1.28	9	1.24	5	2.15	3	1.83	4	1.38	11	1.04	8
法国	1.28	6	1.54	7	1.38	8	1.56	4	1.08	8	1.53	7	1.42	8	1.82	5	1.24	4
意大利	1.27	7	1.55	6	1.39	7	2.52	3	1.41	4	1.80	5	1.36	10	1.81	6	0.90	11
荷兰	1.24	8	1.18	10	1.53	6	1.34	6	1.10	7	1.25	9	1.29	11	1.44	9	1.05	7
瑞士	1.20	9	1.20	9	1.34	9	0.66	17	1.15	6	1.04	14	0.75	16	1.77	7	1.11	5
加拿大	1.07	10	1.08	11	1.10	12	1.14	12	0.77	14	1.78	6	1.66	6	1.43	10	0.86	12
西班牙	1.06	11	1.43	8	1.16	11	1.23	10	0.81	13	1.15	12	1.50	7	1.62	8	0.70	15
瑞典	1.01	12	0.81	15	1.18	10	0.71	15	1.05	10	1.14	13	1.16	13	1.29	12	0.74	14
丹麦	0.95	13	0.92	13	1.09	13	0.87	14	0.84	12	1.16	11	1.37	9	1.04	14	1.00	10
挪威	0.87	14	0.48	20	1.07	14	0.22	21	0.57	16	0.80	18	1.67	5	0.94	16	1.04	8
比利时	0.86	15	0.90	14	0.95	15	1.13	13	0.64	15	1.01	16	0.87	14	1.10	13	0.85	13
日本	0.62	16	0.54	19	0.45	18	0.69	16	0.87	11	0.66	20	0.70	17	0.62	18	0.47	18
以色列	0.54	17	0.81	15	0.45	18	1.30	7	0.34	20	1.03	15	0.43	19	0.65	17	0.59	16
巴西	0.49	18	0.94	12	0.48	17	0.54	18	0.44	18	1.32	8	0.82	15	0.59	19	0.36	20
韩国	0.40	19	0.31	22	0.52	16	0.36	20	0.40	19	0.73	19	0.46	18	0.41	20	0.33	21
印度	0.34	20	0.69	18	0.31	20	0.46	19	0.55	17	0.37	22	0.25	21	0.09	22	0.17	22
波兰	0.33	21	0.48	20	0.27	21	0.20	22	0.33	21	0.89	17	0.37	20	1.00	15	0.41	19
墨西哥	0.29	22	0.80	17	0.27	21	1.29	8	0.11	22	0.48	21	0.24	22	0.35	21	0.53	17

（续表）

国家	16个学科		生物学		生物技术与应用微生物学		食品科学与技术		农业工程		分析化学与应用化学		农业交叉学科		农业经济政策学		农业信息技术	
	得分	排名	得分	排名	得分	排名	得分	排名	得分	排名	得分	排名	得分	排名	得分	排名	得分	排名
美国	3.23	1	2.79	2	2.90	1	2.85	2	2.22	2	2.37	2	3.00	1	3.39	1	2.67	2
中国	2.99	2	2.88	1	2.88	2	3.35	1	3.51	1	3.91	1	2.78	3	1.03	8	3.10	1
英国	2.72	3	2.55	3	2.31	3	1.68	3	1.49	3	1.18	5	2.81	2	2.24	2	1.88	3
德国	1.46	4	1.28	5	1.09	5	0.97	9	0.88	7	0.79	14	1.44	4	1.20	5	1.68	4
澳大利亚	1.38	5	0.91	12	1.09	5	1.09	7	0.96	6	1.16	6	1.34	5	0.97	10	1.34	7
法国	1.28	6	1.09	7	1.12	4	0.90	12	0.86	8	0.82	11	1.28	6	0.82	13	1.01	11
意大利	1.27	7	1.25	6	0.93	9	1.46	4	1.00	5	1.31	3	0.88	12	1.50	3	1.31	8
荷兰	1.24	8	1.32	4	0.92	10	0.97	9	0.73	12	0.80	13	1.17	8	1.33	4	1.41	5
瑞士	1.20	9	1.02	8	0.98	8	0.86	13	1.07	4	1.02	8	1.22	7	0.99	9	0.86	13
加拿大	1.07	10	0.83	15	0.86	11	1.29	5	0.59	18	1.31	3	1.05	9	0.62	15	1.19	10
西班牙	1.06	11	0.94	11	0.75	14	1.14	6	0.86	8	1.13	7	0.91	11	0.58	16	1.37	6
瑞典	1.01	12	0.91	12	0.76	13	0.71	15	0.71	13	0.63	18	1.05	9	0.72	14	0.60	16
丹麦	0.95	13	0.97	10	0.82	12	0.65	17	0.62	17	0.70	15	0.88	12	1.13	6	1.28	9
挪威	0.87	14	1.01	9	1.02	7	1.03	8	0.47	20	0.85	10	0.87	14	0.92	11	1.01	11
比利时	0.86	15	0.85	14	0.62	15	0.79	14	0.77	11	0.64	17	0.76	16	1.07	7	0.25	19
日本	0.62	16	0.78	16	0.62	15	0.42	19	0.48	19	0.45	21	0.78	15	0.87	12	0.64	14
以色列	0.54	17	0.31	21	0.58	17	0.92	11	0.39	21	0.65	16	0.68	17	0.02	22	0.10	22
巴西	0.49	18	0.46	18	0.52	18	0.69	16	0.32	22	0.81	12	0.54	18	0.31	17	0.16	21
韩国	0.40	19	0.33	20	0.47	19	0.58	18	0.70	14	0.93	9	0.33	21	0.18	20	0.21	20
印度	0.34	20	0.55	17	0.31	21	0.34	22	0.82	10	0.58	19	0.34	20	0.22	19	0.34	18
波兰	0.33	21	0.23	22	0.33	20	0.37	20	0.67	15	0.51	20	0.36	19	0.29	18	0.45	17
墨西哥	0.29	22	0.36	19	0.24	22	0.36	21	0.63	16	0.33	22	0.32	22	0.17	21	0.64	14

美国农业总体科技论文竞争力全球第一，各学科均处于领先地位，8 个学科位居第一，其余 8 个学科排名第二，各学科实力相当，没有短板学科。英国科技论文竞争力全球第三，环境科学和渔业学排名第一，是其优势学科，另外有 3 个学科排名第二、9 个学科排名第三，两个学科排名第五，没有明显短板。德国科技论文竞争力全球排名第四，优势学科林业学排名第二，园艺学、渔业学、分析化学与应用化学 3 个学科排名均未进前十。澳大利亚科技论文竞争力全球第五，优势学科是农业乳品与动物科学，短板学科是林业学和生物学。

2.2.1.2　全球综合机构十六大学科领域科技论文竞争力分析

在十六大学科进入单学科全球机构科技论文竞争力 Top10 的 130 个机构中，美国机构数占比绝对领先，中国稳居第二位且覆盖 14 个学科。

本书将全球机构科技论文竞争力 Top100 的 100 个机构在 16 个学科上的具体表现以得分和排名的形式进行了展示，详见表 2-5。此外，为了尽可能全面地对各学科竞争实力强且有表现特色的机构开展科技论文竞争力分析，本书将十六大学科进入单学科全球机构科技论文竞争力 Top10 机构汇总去重，得到 130 个机构。

在全球科技论文竞争力 Top100 的 100 家机构中，美国有 36 家机构，排名第一。中国有 15 家机构，排名第二。在进入各学科全球机构科技论文竞争力 Top10 的 130 个机构中，美国有 36 家机构入选，全面覆盖 16 个学科。中国次之，有 23 家机构入选，覆盖了其中的 14 个学科。全球机构科技论文竞争力 Top5 的 5 家机构的优势学科分布不完全相同。排名前两位的中国科学院和美国农业部的优势学科分布差异较大，大体呈现优势互补状态，共同优势领域较少。加利福尼亚大学在农业经济政策学领域具有显著优势，因此虽然该机构的优势学科覆盖相对较少，但其综合排名较高。中国农业科学院的优势学科分布与美国农业部较为相似，但是在分析化学与应用化学等领域又表现出明显优势。

- 农艺学领域，科技论文竞争力最强的机构是美国农业部，中国科学院、法国农业科学院、中国农业科学院和加利福尼亚大学（美国）排名分列第二至第五位。Top10 机构中，中国有 3 家入选，中国农业大学排名第八。
- 环境科学领域，科技论文竞争力最强的机构是中国科学院，瑞典农业科学大学、美国农业部、加利福尼亚大学（美国）和法国国家科学研究中心分别为第二到第五位。
- 园艺学领域，美国和中国包揽了全部科技论文竞争力 Top5 机构，其中美国农业部第一，中国农业科学院、南京农业大学（中国）、华中农业大学（中国）和康奈尔大学（美国）分别第二到第五位。Top10 机构中，中国入选机构数量最多，有 5 家，中国科学院和中国农业大学分别位居第八和第十。

表 2-5　全球综合机构农业各学科科技论文竞争力指数（一）

机构	国家	16 个学科		农艺学		环境科学		园艺学		兽医学		农业乳品与动物科学		渔业学		林业学		基因与遗传学	
		得分	排名	得分	排名	得分	排名	得分	排名	得分	排名	得分	排名	得分	排名	得分	排名	得分	排名
中国科学院	中国	3.00	1	1.51	2	3.00	1	0.60	8	1.83	6	0.38	47	2.47	2	1.45	3	1.45	4
美国农业部	美国	2.68	2	3.00	1	1.83	3	3.00	1	2.81	1	1.80	1	0.68	18	3.00	1	2.78	1
加利福尼亚大学	美国	1.97	3	0.94	5	1.61	4	0.58	9	1.23	12	0.84	16	1.36	7	0.69	9	1.71	3
中国农业科学院	中国	1.80	4	1.06	4	0.86	14	1.57	2	2.27	3	0.62	26	0.25	46	0.09	70	2.03	2
中国农业大学	中国	1.60	5	0.81	8	0.95	12	0.58	9	2.18	4	1.02	11	0.05	83	0.11	65	0.80	10
瑞典农业科学大学	瑞典	1.47	6	0.45	30	2.02	2	0.19	40	2.53	2	0.59	27	0.97	11	1.28	4	0.68	14
法国农业科学院	法国	1.46	7	1.50	3	1.36	7	0.44	17	1.05	15	1.78	2	0.52	26	1.27	5	1.08	7
法国国家科学研究中心	法国	1.37	8	0.78	11	1.58	5	0.19	40	0.54	41	0.35	48	1.02	9	0.83	6	0.94	8
瓦赫宁根大学	荷兰	1.25	9	0.93	6	1.55	6	0.55	13	0.58	37	1.27	5	0.90	14	0.67	10	0.74	11
南京农业大学	中国	1.18	10	0.57	19	0.76	19	0.95	3	1.02	17	0.57	29	0.45	29	0.03	86	0.93	9
佛罗里达州立大学	美国	1.17	11	0.61	15	1.05	10	0.55	13	0.98	20	1.06	8	1.06	8	0.40	18	0.39	31
华中农业大学	中国	1.09	12	0.41	36	0.56	27	0.85	4	1.52	7	0.16	65	0.60	21	0.03	86	1.18	5
西班牙高等科学研究理事会	西班牙	1.09	12	0.81	8	1.02	11	0.57	12	0.28	67	0.35	48	1.02	9	0.50	13	0.36	37
澳大利亚联邦科学与工业研究组织	澳大利亚	0.96	14	0.66	13	1.26	9	0.21	38	0.66	32	0.58	28	1.52	4	0.38	21	0.34	43
佛罗里达大学	美国	0.95	15	0.59	18	0.85	16	0.55	13	0.76	28	1.06	8	0.84	15	0.35	23	0.35	39
德国亥姆霍兹联合会	德国	0.87	16	0.34	42	1.34	8	0.01	83	0.47	45	0.01	87	0.46	28	0.30	38	0.31	49
印度农业研究理事会	印度	0.80	17	0.87	7	0.45	49	0.66	7	0.43	49	1.38	3	0.94	13	0.05	79	0.44	26

（续表）

机构	国家	16 个学科		农艺学		环境科学		园艺学		兽医学		农业乳品与动物科学		渔业学		林业学		基因与遗传学	
		得分	排名	得分	排名	得分	排名	得分	排名	得分	排名	得分	排名	得分	排名	得分	排名	得分	排名
康奈尔大学	美国	0.78	18	0.61	15	0.38	57	0.85	4	0.49	43	0.65	24	0.19	54	0.06	77	1.12	6
昆士兰大学	澳大利亚	0.76	19	0.47	28	0.52	32	0.21	38	1.21	13	0.35	48	0.37	33	0.16	54	0.74	11
北卡罗来纳州立大学	美国	0.71	20	0.48	26	0.35	62	0.29	26	0.91	21	0.48	37	0.55	22	0.43	15	0.69	13
华南农业大学	中国	0.71	20	0.16	71	0.21	86	0.25	32	2.13	5	0.21	61	0.20	53	0.03	86	0.31	49
加拿大农业与农业食品部	加拿大	0.71	20	0.66	13	0.43	52	0.58	9	0.57	38	0.98	12	0.01	97	0.04	82	0.38	35
明尼苏达大学	美国	0.71	20	0.44	32	0.51	34	0.24	34	0.89	22	0.44	41	0.13	63	0.35	23	0.39	31
浙江大学	中国	0.69	24	0.30	50	0.47	43	0.29	26	1.20	14	0.24	58	0.24	49	0.02	94	0.35	39
圣保罗大学	巴西	0.68	25	0.45	30	0.52	32	0.18	43	1.02	17	0.75	17	0.31	39	0.23	44	0.33	45
巴黎萨克雷大学	法国	0.67	26	0.47	28	0.77	18	0.04	71	0.31	60	0.56	30	0.15	59	0.50	13	0.51	22
美国能源部	美国	0.67	26	0.32	44	0.68	20	0.02	81	0.08	92	0.02	85	0.10	72	0.20	49	0.53	21
哥本哈根大学	丹麦	0.64	28	0.31	47	0.62	22	0.06	61	0.64	33	0.43	42	0.53	23	0.36	22	0.57	19
得克萨斯 A&M 大学	美国	0.63	29	0.28	53	0.57	26	0.26	30	0.62	34	0.73	18	0.33	36	0.08	72	0.30	52
密歇根州立大学	美国	0.62	30	0.41	36	0.51	34	0.38	21	0.27	69	0.64	25	0.38	32	0.27	42	0.39	31
威斯康星大学	美国	0.62	30	0.57	19	0.51	34	0.34	24	0.38	53	1.06	8	0.26	44	0.34	27	0.44	26
西北农林科技大学	中国	0.62	30	0.56	21	0.53	31	0.39	20	0.35	58	0.41	46	0.28	42	0.20	49	0.48	23
伊利诺伊大学	美国	0.62	30	0.52	24	0.39	55	0.11	53	0.24	77	0.91	14	0.17	57	0.16	54	0.29	53
意大利国家研究委员会	意大利	0.60	34	0.52	24	0.56	27	0.37	22	0.30	64	0.28	54	0.70	17	0.43	15	0.36	37
马里兰大学	美国	0.55	35	0.34	42	0.55	29	0.03	74	0.18	82	0.15	67	0.31	39	0.34	27	0.35	39

（续表）

机构	国家	16个学科		农艺学		环境科学		园艺学		兽医学		农业乳品与动物科学		渔业学		林业学		基因与遗传学	
		得分	排名	得分	排名	得分	排名	得分	排名	得分	排名	得分	排名	得分	排名	得分	排名	得分	排名
佐治亚大学	美国	0.55	35	0.27	54	0.26	80	0.26	30	0.88	24	0.47	40	0.19	54	0.22	47	0.58	18
根特大学	比利时	0.54	37	0.17	69	0.44	51	0.08	57	0.61	35	0.43	42	0.41	30	0.30	38	0.26	60
奥胡斯大学	丹麦	0.52	38	0.42	34	0.60	23	0.06	61	0.47	45	1.10	6	0.35	35	0.21	48	0.25	62
巴西农牧研究院	巴西	0.52	38	0.79	10	0.32	69	0.22	37	0.51	42	0.51	35	0.25	46	0.26	43	0.35	39
东京大学	日本	0.52	38	0.08	88	0.26	80	0.09	56	1.00	19	0.08	74	0.23	51	0.10	68	0.20	72
普渡大学	美国	0.52	38	0.36	39	0.32	69	0.19	40	0.15	85	0.48	37	0.07	77	0.28	40	0.24	64
法国发展研究所	法国	0.51	42	0.48	26	0.78	17	0.05	68	0.19	80	0.02	85	0.75	16	0.34	27	0.12	85
圭尔夫大学	加拿大	0.51	42	0.36	39	0.47	43	0.14	47	0.89	22	1.28	4	0.12	67	0.16	54	0.20	72
马克斯·普朗克科学促进学会	德国	0.51	42	0.21	61	0.50	37	0.18	43	0.02	97	0.01	87	0.05	83	0.39	19	0.59	17
墨尔本大学	澳大利亚	0.50	45	0.18	64	0.37	59	0.08	57	1.28	9	0.52	34	0.22	52	0.33	33	0.57	19
美国森林管理局	美国	0.49	46	0.18	64	0.48	39	0.06	61	0.00	99	0.00	98	0.26	44	2.59	2	0.21	69
牛津大学	英国	0.49	46	0.02	96	0.67	21	0.00	87	0.36	56	0.05	78	0.03	92	0.06	77	0.23	66
西澳大学	澳大利亚	0.49	46	0.74	12	0.46	48	0.37	22	0.30	64	0.12	71	0.53	23	0.23	44	0.40	28
艾奥瓦州立大学	美国	0.48	49	0.31	47	0.32	69	0.13	50	0.47	45	0.95	13	0.12	67	0.04	82	0.40	28
不列颠哥伦比亚大学	加拿大	0.48	49	0.32	44	0.30	73	0.05	68	0.40	50	0.66	23	0.97	11	0.52	12	0.16	81
苏黎世联邦理工学院	瑞士	0.48	49	0.35	41	0.86	14	0.03	74	0.15	85	0.16	65	0.01	97	0.35	23	0.40	28
俄亥俄州立大学	美国	0.47	52	0.24	57	0.40	54	0.13	50	1.27	10	0.68	21	0.16	58	0.13	59	0.12	85
俄勒冈大学	美国	0.47	52	0.54	23	0.33	66	0.29	26	0.08	92	0.17	63	0.61	20	0.80	7	0.06	91

（续表）

机构	国家	16 个学科		农艺学		环境科学		园艺学		兽医学		农业乳品与动物科学		渔业学		林业学		基因与遗传学	
		得分	排名	得分	排名	得分	排名	得分	排名	得分	排名	得分	排名	得分	排名	得分	排名	得分	排名
哈佛大学	美国	0.47	52	0.08	88	0.17	96	0.00	87	0.39	52	0.03	82	0.09	75	0.13	59	0.63	15
首尔大学	韩国	0.47	52	0.10	84	0.15	97	0.23	36	0.81	26	0.22	59	0.07	77	0.05	79	0.37	36
马萨诸塞大学	美国	0.46	56	0.06	92	0.47	43	0.05	68	0.09	90	0.01	87	0.39	31	0.12	61	0.12	85
阿尔伯塔大学	加拿大	0.45	57	0.18	64	0.31	72	0.07	60	0.31	60	0.67	22	0.15	59	0.34	27	0.26	60
宾夕法尼亚州立高等教育系统	美国	0.45	57	0.24	57	0.33	66	0.06	61	1.25	11	0.26	55	0.05	83	0.19	51	0.27	57
美国内政部	美国	0.45	57	0.12	78	0.60	23	0.00	87	0.27	69	0.01	87	1.72	3	0.39	19	0.02	96
得克萨斯大学	美国	0.44	60	0.01	100	0.34	64	0.00	87	0.14	88	0.03	82	0.24	49	0.03	86	0.24	64
伦敦大学	英国	0.44	60	0.02	96	0.38	57	0.00	87	0.86	25	0.11	72	0.13	63	0.18	52	0.33	45
京都大学	日本	0.43	62	0.09	85	0.24	83	0.16	46	0.37	55	0.07	75	0.12	67	0.31	36	0.18	77
内布拉斯加大学	美国	0.43	62	0.55	22	0.37	59	0.04	71	0.14	88	0.30	53	0.07	77	0.11	65	0.33	45
四川农业大学	中国	0.43	62	0.15	73	0.21	86	0.24	34	1.29	8	0.42	45	0.62	19	0.04	82	0.61	16
法国农业发展研究中心	法国	0.42	65	0.61	15	0.47	43	0.06	61	0.26	72	0.04	81	0.03	92	0.56	11	0.10	88
圣保罗州立大学	巴西	0.42	65	0.43	33	0.18	94	0.10	55	0.77	27	0.89	15	0.53	23	0.14	58	0.19	74
悉尼大学	澳大利亚	0.42	65	0.29	52	0.39	55	0.13	50	0.57	38	0.71	20	0.12	67	0.05	79	0.10	88
哥廷根大学	德国	0.41	68	0.27	54	0.59	25	0.03	74	0.06	95	0.21	61	0.01	97	0.77	8	0.06	91
堪萨斯州立大学	美国	0.41	68	0.39	38	0.18	94	0.32	25	0.30	64	0.73	19	0.04	87	0.03	86	0.29	53

（续表）

机构	国家	16个学科		农艺学		环境科学		园艺学		兽医学		农业乳品与动物科学		渔业学		林业学		基因与遗传学	
		得分	排名	得分	排名	得分	排名	得分	排名	得分	排名	得分	排名	得分	排名	得分	排名	得分	排名
英国自然环境研究理事会	英国	0.41	68	0.13	76	0.90	13	0.00	87	0.00	99	0.01	87	0.37	33	0.12	61	0.02	96
华盛顿州立大学	美国	0.40	71	0.42	34	0.37	59	0.45	16	0.35	58	0.26	55	0.06	81	0.08	72	0.19	74
斯坦福大学	美国	0.40	71	0.11	81	0.48	39	0.00	87	0.24	77	0.01	87	0.27	43	0.03	86	0.34	43
华盛顿大学	美国	0.39	73	0.02	96	0.27	78	0.00	87	0.55	40	0.01	87	1.39	6	0.33	33	0.31	49
美国国家海洋和大气管理局	美国	0.39	73	0.02	96	0.50	37	0.00	87	0.01	98	0.00	98	2.82	1	0.02	94	0.01	99
宾夕法尼亚州立大学	美国	0.38	75	0.24	57	0.29	75	0.06	61	0.31	60	0.25	57	0.05	83	0.18	52	0.22	68
福建农林大学	中国	0.38	75	0.09	85	0.14	98	0.17	45	0.20	79	0.03	82	0.04	87	0.08	72	0.27	57
科罗拉多州立大学	美国	0.38	75	0.31	47	0.48	39	0.04	71	0.19	80	0.22	59	0.07	77	0.35	23	0.29	53
巴黎高科农业学院	法国	0.37	78	0.32	44	0.47	43	0.03	74	0.26	72	0.55	32	0.13	63	0.41	17	0.29	53
美国地质调查局	美国	0.37	78	0.12	78	0.54	30	0.00	87	0.25	75	0.00	98	1.46	5	0.28	40	0.01	99
阿德莱德大学	澳大利亚	0.36	80	0.19	63	0.21	86	0.25	32	0.48	44	1.08	7	0.29	41	0.03	86	0.16	81
剑桥大学	英国	0.36	80	0.05	94	0.28	76	0.00	87	0.25	75	0.05	78	0.14	62	0.10	68	0.47	24
乌得勒支大学	荷兰	0.36	80	0.09	85	0.33	66	0.00	87	0.59	36	0.48	37	0.13	63	0.03	86	0.32	48
亚利桑那大学	美国	0.36	80	0.15	73	0.30	73	0.03	74	0.28	67	0.05	78	0.15	59	0.23	44	0.39	31
比萨大学	意大利	0.35	84	0.20	62	0.20	91	0.28	29	1.03	16	0.15	67	0.10	72	0.02	94	0.18	77

（续表）

机构	国家	16 个学科		农艺学		环境科学		园艺学		兽医学		农业乳品与动物科学		渔业学		林业学		基因与遗传学	
		得分	排名	得分	排名	得分	排名	得分	排名	得分	排名	得分	排名	得分	排名	得分	排名	得分	排名
东北农业大学	中国	0.35	84	0.16	71	0.21	86	0.14	47	0.69	30	0.17	63	0.04	87	0.01	99	0.27	57
索邦大学	法国	0.35	84	0.13	76	0.45	49	0.00	87	0.06	95	0.01	87	0.32	38	0.02	94	0.19	74
朗格多克—鲁西永大学	法国	0.34	87	0.27	54	0.27	78	0.02	81	0.15	85	0.01	87	0.33	36	0.34	27	0.15	84
北京大学	中国	0.33	88	0.12	78	0.26	80	0.01	83	0.26	72	0.01	87	0.02	95	0.12	61	0.16	81
东京农工大学	日本	0.33	88	0.08	88	0.20	91	0.03	74	0.68	31	0.06	77	0.03	92	0.11	65	0.06	91
弗吉尼亚理工大学	美国	0.33	88	0.14	75	0.23	84	0.11	53	0.71	29	0.43	42	0.18	56	0.34	27	0.25	62
那不勒斯费德里科二世大学	意大利	0.33	88	0.06	92	0.21	86	0.70	6	0.46	48	0.32	51	0.11	71	0.09	70	0.06	91
爱丁堡大学	英国	0.32	92	0.08	88	0.34	64	0.00	87	0.27	69	0.55	32	0.10	72	0.07	75	0.47	24
湖南农业大学	中国	0.32	92	0.05	94	0.28	76	0.06	61	0.17	83	0.07	75	0.04	87	0.00	100	0.18	77
农业与经济研究院	意大利	0.32	92	0.30	50	0.22	85	0.43	18	0.09	90	0.10	73	0.02	95	0.16	54	0.21	69
挪威生命科学大学	挪威	0.32	92	0.11	81	0.35	62	0.03	74	0.38	53	0.49	36	0.47	27	0.32	35	0.07	90
帕多瓦大学	意大利	0.32	92	0.11	81	0.42	53	0.08	57	0.16	84	0.56	30	0.25	46	0.31	36	0.04	95
山东农业大学	中国	0.32	92	0.18	64	0.09	99	0.42	19	0.36	56	0.14	69	0.01	97	0.02	94	0.21	69
田纳西大学	美国	0.32	92	0.18	64	0.19	93	0.14	47	0.40	50	0.13	70	0.09	75	0.12	61	0.23	66
图卢兹大学	法国	0.32	92	0.22	60	0.48	39	0.01	83	0.31	60	0.32	51	0.06	81	0.04	82	0.17	80
华南理工大学	中国	0.31	100	0.17	69	0.04	100	0.01	83	0.08	92	0.01	87	0.04	87	0.07	75	0.02	96

表 2-5　全球综合机构农业各学科科技论文竞争力指数（二）

机构	国家	16 个学科		生物学		生物技术与应用微生物学		食品科学与工程		农业工程		分析化学与应用化学		农业交叉学科		农业经济政策学		农业信息技术	
		得分	排名	得分	排名	得分	排名	得分	排名	得分	排名	得分	排名	得分	排名	得分	排名	得分	排名
中国科学院	中国	3.00	1	2.85	1	2.11	4	0.93	16	3.00	1	1.94	3	2.64	1	0.47	28	2.57	1
美国农业部	美国	2.68	2	1.77	3	2.34	1	2.49	2	1.13	5	1.08	9	1.99	4	1.58	3	2.24	2
加利福尼亚大学	美国	1.97	3	1.38	6	2.12	3	0.93	16	1.01	7	0.52	19	2.43	2	2.67	1	1.08	9
中国农业科学院	中国	1.80	4	2.01	2	2.24	2	2.34	3	0.75	13	2.97	1	2.01	3	0.09	75	1.08	9
中国农业大学	中国	1.60	5	1.57	4	1.89	5	2.70	1	1.17	4	2.58	2	1.34	8	0.56	20	2.06	3
瑞典农业科学大学	瑞典	1.47	6	1.14	8	0.89	13	0.57	31	0.82	12	0.23	46	1.31	9	0.83	10	0.97	11
法国农业科学院	法国	1.46	7	0.81	10	0.98	9	1.01	14	0.58	26	0.24	45	1.43	6	0.65	15	0.92	12
法国国家科学研究中心	法国	1.37	8	1.02	9	0.90	12	0.30	58	0.93	8	0.22	47	1.50	5	0.37	36	1.31	4
瓦赫宁根大学	荷兰	1.25	9	0.40	41	0.57	24	1.05	11	0.57	28	0.26	40	1.35	7	1.75	2	0.49	32
南京农业大学	中国	1.18	10	1.32	7	1.76	6	1.76	5	0.93	8	1.74	4	1.05	12	0.31	42	0.53	30
佛罗里达州立大学	美国	1.17	11	0.72	13	1.17	8	0.76	19	1.23	2	0.29	35	1.21	10	0.67	13	0.91	13
华中农业大学	中国	1.09	12	1.40	5	1.22	7	1.11	9	0.93	8	1.69	6	0.96	13	0.25	50	0.80	19
西班牙高等科学研究理事会	西班牙	1.09	12	0.75	11	0.48	38	1.02	12	0.63	21	0.51	20	1.15	11	0.03	86	0.78	20
澳大利亚联邦科学与工业研究组织	澳大利亚	0.96	14	0.45	33	0.65	20	0.48	37	0.31	53	0.21	48	0.95	14	0.36	37	0.72	24
佛罗里达大学	美国	0.95	15	0.58	19	0.96	10	0.58	29	1.10	6	0.25	42	0.94	15	0.63	17	0.82	18
德国亥姆霍兹联合会	德国	0.87	16	0.41	40	0.52	32	0.10	84	0.66	20	0.08	72	0.93	16	0.04	83	1.23	7
印度农业研究理事会	印度	0.80	17	0.36	51	0.52	32	0.58	29	0.26	60	0.44	22	0.90	17	0.04	83	0.12	77

（续表）

机构	国家	16 个学科		生物学		生物技术与应用微生物学		食品科学与工程		农业工程		分析化学与应用化学		农业交叉学科		农业经济政策学		农业信息技术	
		得分	排名	得分	排名	得分	排名	得分	排名	得分	排名	得分	排名	得分	排名	得分	排名	得分	排名
康奈尔大学	美国	0.78	18	0.70	14	0.65	20	0.73	21	0.48	35	0.28	37	0.80	21	1.22	6	0.26	54
昆士兰大学	澳大利亚	0.76	19	0.56	21	0.75	15	1.15	8	0.49	34	0.57	17	0.70	25	0.34	40	0.36	41
北卡罗来纳州立大学	美国	0.71	20	0.54	22	0.65	24	1.73	21	0.18	24	0.97	48	0.45	30	0.02	11	1.12	63
华南农业大学	中国	0.71	20	0.44	15	0.53	17	0.21	39	0.47	3	0.20	5	0.89	41	0.66	63	0.11	5
加拿大农业与农业食品部	加拿大	0.71	20	0.67	22	0.70	20	0.46	6	1.22	70	1.73	11	0.53	52	0.15	90	1.29	8
明尼苏达大学	美国	0.71	20	0.54	35	0.57	28	0.73	72	0.60	36	0.21	50	0.62	18	0.70	14	0.20	79
浙江大学	中国	0.69	24	0.62	17	0.84	14	1.02	12	0.71	17	1.18	8	0.57	39	0.33	41	0.40	39
圣保罗大学	巴西	0.68	25	0.50	27	0.49	36	0.78	18	0.36	47	0.75	13	0.66	26	0.14	65	0.21	61
巴黎萨克雷大学	法国	0.67	26	0.34	56	0.49	36	0.30	58	0.34	48	0.08	72	0.66	26	0.28	45	0.55	28
美国能源部	美国	0.67	26	0.30	66	0.95	11	0.03	91	0.86	11	0.07	74	0.84	19	0.65	15	0.35	43
哥本哈根大学	丹麦	0.64	28	0.45	33	0.42	41	0.35	50	0.14	77	0.09	68	0.78	22	0.54	21	0.47	34
得克萨斯 A&M 大学	美国	0.63	29	0.44	35	0.42	41	0.47	38	0.63	21	0.25	42	0.50	46	0.51	24	0.19	65
密歇根州立大学	美国	0.62	30	0.44	51	0.41	28	0.41	25	0.39	50	0.10	40	0.51	32	0.62	5	0.25	36
威斯康星大学	美国	0.62	30	0.36	35	0.53	43	0.68	45	0.33	40	0.26	66	0.61	44	1.24	18	0.45	55
西北农林科技大学	中国	0.62	30	0.46	31	0.75	24	0.43	28	0.74	28	0.17	26	0.52	38	1.43	67	0.13	61
伊利诺伊大学	美国	0.62	30	0.46	31	0.57	15	0.59	43	0.57	14	0.39	53	0.58	42	0.13	4	0.21	74
意大利国家研究委员会	意大利	0.60	34	0.53	24	0.37	53	0.75	20	0.22	64	0.64	16	0.42	58	0.01	92	0.73	23
马里兰大学	美国	0.55	35	0.23	83	0.27	69	0.45	40	0.34	48	0.27	39	0.73	24	0.38	34	1.24	6

（续表）

机构	国家	16个学科		生物学		生物技术与应用微生物学		食品科学与工程		农业工程		分析化学与应用化学		农业交叉学科		农业经济政策学		农业信息技术	
		得分	排名	得分	排名	得分	排名	得分	排名	得分	排名	得分	排名	得分	排名	得分	排名	得分	排名
佐治亚大学	美国	0.55	35	0.47	30	0.55	27	0.37	47	0.31	53	0.20	50	0.59	34	0.69	12	0.15	69
根特大学	比利时	0.54	37	0.44	35	0.41	43	0.71	23	0.52	32	0.19	52	0.41	60	0.38	34	0.14	70
奥胡斯大学	丹麦	0.52	38	0.74	79	0.53	86	0.44	40	0.37	55	0.43	58	0.59	48	0.18	45	0.14	28
巴西农牧研究院	巴西	0.52	38	0.31	64	0.38	49	0.34	52	0.26	60	0.34	31	0.65	28	0.03	86	0.19	65
东京大学	日本	0.52	38	0.24	12	0.15	28	0.45	42	0.29	44	0.14	23	0.47	34	0.28	59	0.55	70
普渡大学	美国	0.52	38	0.22	85	0.43	40	0.67	26	0.72	16	0.36	27	0.44	54	1.01	8	0.27	52
法国发展研究所	法国	0.51	42	0.37	49	0.11	90	0.03	91	0.08	93	0.01	95	0.49	47	0.04	83	0.89	14
圭尔夫大学	加拿大	0.51	42	0.34	56	0.25	72	1.07	10	0.27	59	0.42	24	0.30	80	0.31	42	0.64	26
马克斯·普朗克科学促进学会	德国	0.51	42	0.40	41	0.38	49	0.01	96	0.11	85	0.03	81	0.81	20	0.00	97	0.41	38
墨尔本大学	澳大利亚	0.50	45	0.39	44	0.24	75	0.53	35	0.19	68	0.36	27	0.43	55	0.14	65	0.09	84
美国森林管理局	美国	0.49	46	0.13	96	0.08	93	0.01	96	0.15	73	0.03	81	0.21	96	0.11	70	0.69	25
牛津大学	英国	0.49	46	0.25	41	0.40	80	0.12	88	0.14	85	0.03	77	0.59	28	0.48	24	0.24	92
西澳大学	澳大利亚	0.49	46	0.40	76	0.20	47	0.08	79	0.11	77	0.04	81	0.65	34	0.51	27	0.06	57
艾奥瓦州立大学	美国	0.48	49	0.33	60	0.68	19	0.30	58	0.33	50	0.29	35	0.35	70	0.59	19	0.11	79
不列颠哥伦比亚大学	加拿大	0.48	49	0.26	68	0.22	67	0.15	64	0.60	66	0.04	77	0.33	52	0.21	44	0.52	91
苏黎世联邦理工学院	瑞士	0.48	49	0.29	73	0.28	79	0.29	75	0.20	24	0.04	77	0.45	74	0.30	54	0.07	31
俄亥俄州立大学	美国	0.47	52	0.52	66	0.70	23	0.60	58	0.46	19	0.55	75	0.43	74	0.09	21	0.24	49
俄勒冈大学	美国	0.47	52	0.35	54	0.25	72	0.28	65	0.18	70	0.09	68	0.34	72	0.23	52	0.06	92

（续表）

机构	国家	16个学科		生物学		生物技术与应用微生物学		食品科学与工程		农业工程		分析化学与应用化学		农业交叉学科		农业经济政策学		农业信息技术	
		得分	排名	得分	排名	得分	排名	得分	排名	得分	排名	得分	排名	得分	排名	得分	排名	得分	排名
哈佛大学	美国	0.47	52	0.49	29	0.45	39	0.30	58	0.08	93	0.12	63	0.76	23	0.52	23	0.02	99
首尔大学	韩国	0.47	52	0.30	26	0.60	17	0.30	27	0.67	37	0.05	18	0.33	55	0.54	75	0.30	57
马萨诸塞大学	美国	0.46	56	0.38	47	0.15	86	1.79	4	0.71	17	1.24	7	0.29	81	0.08	78	0.43	37
阿尔伯塔大学	加拿大	0.45	57	0.17	64	0.02	32	0.00	15	0.15	68	0.01	27	0.35	92	0.11	50	0.77	88
宾夕法尼亚州立高等教育系统	美国	0.45	57	0.31	44	0.52	56	0.94	52	0.19	57	0.36	59	0.25	42	0.25	32	0.08	84
美国内政部	美国	0.45	57	0.39	92	0.34	98	0.34	98	0.28	73	0.13	95	0.52	70	0.41	70	0.09	21
得克萨斯大学	美国	0.44	60	0.32	24	0.13	43	0.34	68	0.14	52	0.03	77	0.62	44	1.08	79	0.31	16
伦敦大学	英国	0.44	60	0.53	63	0.41	88	0.24	52	0.32	77	0.04	81	0.51	30	0.07	7	0.88	48
京都大学	日本	0.43	62	0.66	18	0.38	62	0.36	44	0.12	77	0.28	27	0.37	48	0.03	79	0.10	50
内布拉斯加大学	美国	0.43	62	0.29	68	0.33	59	0.38	46	0.39	40	0.13	59	0.32	77	0.15	63	0.58	27
四川农业大学	中国	0.43	62	0.60	16	0.30	49	0.42	49	0.14	84	0.36	37	0.47	67	0.07	86	0.28	81
法国农业发展研究中心	法国	0.42	65	0.16	93	0.18	84	0.12	79	0.04	97	0.02	90	0.60	33	0.16	60	0.36	41
圣保罗州立大学	巴西	0.42	65	0.33	72	0.29	76	0.22	83	0.04	38	0.05	59	0.39	61	0.12	97	0.28	98
悉尼大学	澳大利亚	0.42	65	0.27	60	0.23	64	0.11	70	0.45	97	0.13	75	0.40	65	0.00	69	0.03	50
哥廷根大学	德国	0.41	68	0.20	88	0.11	90	0.23	69	0.14	77	0.03	81	0.37	67	0.93	9	0.34	45
堪萨斯州立大学	美国	0.41	68	0.13	71	0.08	47	0.02	50	0.14	31	0.02	54	0.46	74	0.01	31	0.14	81
英国自然环境研究理事会	英国	0.41	68	0.28	96	0.40	93	0.35	95	0.53	77	0.16	90	0.33	50	0.44	92	0.10	70

（续表）

机构	国家	16个学科		生物学		生物技术与应用微生物学		食品科学与工程		农业工程		分析化学与应用化学		农业交叉学科		农业经济政策学		农业信息技术	
		得分	排名	得分	排名	得分	排名	得分	排名	得分	排名	得分	排名	得分	排名	得分	排名	得分	排名
华盛顿州立大学	美国	0.40	71	0.26	76	0.27	62	0.03	36	0.20	42	0.02	42	0.59	81	0.45	38	0.08	60
斯坦福大学	美国	0.40	71	0.25	73	0.30	69	0.49	91	0.38	66	0.25	90	0.29	34	0.35	29	0.23	88
华盛顿大学	美国	0.39	73	0.12	79	0.02	76	0.00	85	0.01	97	0.00	90	0.26	77	0.16	24	0.38	65
美国国家海洋和大气管理局	美国	0.39	73	0.24	98	0.23	98	0.09	98	0.04	100	0.02	100	0.32	88	0.51	60	0.19	40
宾夕法尼亚州立大学	美国	0.38	75	0.20	56	0.09	72	0.15	58	0.15	60	0.03	65	0.34	50	0.45	33	0.13	84
福建农林大学	中国	0.38	75	0.39	44	0.52	32	0.57	31	0.51	33	0.74	14	0.38	66	0.06	81	0.35	43
科罗拉多州立大学	美国	0.38	75	0.34	88	0.25	92	0.30	75	0.26	73	0.11	81	0.46	72	0.39	29	0.09	74
巴黎高科农业学院	法国	0.37	78	0.15	91	0.02	80	0.00	70	0.10	95	0.01	81	0.26	85	0.11	54	0.75	47
美国地质调查局	美国	0.37	78	0.18	95	0.20	98	0.22	98	0.07	89	0.03	95	0.27	88	0.21	70	0.33	22
阿德莱德大学	澳大利亚	0.36	80	0.33	68	0.28	49	0.12	57	0.07	83	0.09	54	0.40	81	0.20	52	0.48	57
剑桥大学	英国	0.36	80	0.29	47	0.38	80	0.31	85	0.13	91	0.16	90	0.29	40	0.23	56	0.24	94
乌得勒支大学	荷兰	0.36	80	0.37	49	0.32	60	0.17	74	0.11	85	0.03	81	0.37	67	0.13	67	0.04	95
亚利桑那大学	美国	0.36	80	0.38	60	0.20	67	0.09	79	0.09	95	0.02	68	0.55	61	0.20	56	0.05	33
比萨大学	意大利	0.35	84	0.57	20	0.18	84	0.14	77	0.37	44	0.15	56	0.17	98	0.02	90	0.04	95
东北农业大学	中国	0.35	84	0.44	35	0.53	28	0.57	31	0.23	63	0.32	33	0.22	94	0.00	97	0.10	81
索邦大学	法国	0.35	84	0.34	56	0.20	80	0.12	79	0.15	73	0.09	68	0.42	58	0.01	92	0.02	99
朗格多克—鲁西永大学	法国	0.34	87	0.26	73	0.08	93	0.09	85	0.11	85	0.12	63	0.43	55	0.11	70	0.14	70
北京大学	中国	0.33	88	0.22	79	0.37	61	0.34	91	0.22	42	0.13	56	0.27	61	0.26	45	0.47	74

（续表）

机构	国家	16 个学科		生物学		生物技术与应用微生物学		食品科学与工程		农业工程		分析化学与应用化学		农业交叉学科		农业经济政策学		农业信息技术	
		得分	排名	得分	排名	得分	排名	得分	排名	得分	排名	得分	排名	得分	排名	得分	排名	得分	排名
东京农工大学	日本	0.33	88	0.36	51	0.34	56	0.18	73	0.58	26	0.49	21	0.15	99	0.01	92	0.89	14
弗吉尼亚理工大学	美国	0.33	88	0.23	85	0.29	53	0.70	52	0.37	64	0.40	59	0.22	85	0.09	49	0.20	34
那不勒斯费德里科二世大学	意大利	0.33	88	0.24	83	0.31	64	0.03	24	0.38	44	0.15	25	0.40	94	0.28	75	0.13	63
爱丁堡大学	英国	0.32	92	0.16	87	0.03	69	0.14	90	0.43	91	0.10	95	0.14	61	0.10	82	0.09	52
湖南农业大学	中国	0.32	92	0.21	76	0.27	55	0.06	47	0.09	15	0.01	15	0.40	81	0.05	92	0.27	88
农业与经济研究院	意大利	0.32	92	0.24	90	0.12	43	0.07	31	0.28	72	0.01	33	0.26	88	0.16	56	0.83	65
挪威生命科学大学	挪威	0.32	92	0.35	99	0.23	64	0.33	65	0.55	89	0.33	81	0.24	96	0.28	38	0.04	55
帕多瓦大学	意大利	0.32	92	0.50	93	0.34	97	0.28	77	0.29	39	0.80	66	0.27	100	0.00	74	0.12	84
山东农业大学	中国	0.32	92	0.19	27	0.41	56	0.57	65	0.16	55	0.32	12	0.26	85	0.20	97	0.19	77
田纳西大学	美国	0.32	92	0.11	54	0.29	76	0.28	56	0.10	30	0.03	32	0.21	93	0.35	45	0.25	95
图卢兹大学	法国	0.32	92	0.25	79	0.35	89	0.37	89	0.73	57	0.65	95	0.29	88	0.01	60	0.08	17
华南理工大学	中国	0.31	100	0.05	100	0.07	96	1.48	7	0.62	23	1.04	10	0.31	79	0.03	86	0.34	45

- 兽医学领域，美国农业部和瑞典农业科学大学分别位列机构科技论文竞争力的第一和第二位。第三到第八位的机构均来自中国，分别为中国农业科学院、中国农业大学、华南农业大学、中国科学院、华中农业大学和四川农业大学。

- 农业乳品与动物科学领域，科技论文竞争力最强的机构是美国农业部，法国农业科学院、印度农业研究理事会、圭尔夫大学（加拿大）和瓦赫宁根大学（荷兰）分别位居第二到第五位。

- 渔业学领域，科技论文竞争力最强的机构是美国国家海洋和大气管理局，中国科学院、美国内政部、澳大利亚联邦科学与工业研究组织和美国地质调查局分列第二到第五位。

- 林业学领域，科技论文竞争力最强的机构是美国农业部，美国森林管理局、中国科学院、瑞典农业科学大学和法国农业科学院分列第二到第五位。

- 基因与遗传学领域，美国和中国包揽了全部科技论文竞争力 Top5 机构，其中美国农业部排名第一，中国农业科学院、加利福尼亚大学（美国）、中国科学院、华中农业大学（中国）分列第二到第五位。Top10 机构中，中国入选机构数量最多，有 5 家，南京农业大学和中国农业大学分列第九和第十。

- 生物学领域，中国实力最强，科技论文竞争力 Top5 机构中，中国占有 4 家，其中中国科学院、中国农业科学院分别排名第一和第二，中国农业大学和华中农业大学排名第四和第五。美国农业部排名第三。竞争力 Top10 机构中，中国入选机构数量最多，有 5 家，其中南京农业大学排名第七。

- 生物技术与应用微生物学领域，美国和中国包揽了全部科技论文竞争力 Top5 机构，其中美国农业部第一，中国农业科学院、加利福尼亚大学（美国）、中国科学院和中国农业大学分列第二到第五位。Top10 机构中，中国入选机构数量最多，有 5 家，南京农业大学和华中农业大学分列第六和第七位。

- 食品科学与技术领域，中国和美国包揽了全部科技论文竞争力 Top5 机构，其中中国农业大学排名第一，美国农业部（美国）、中国农业科学院、马萨诸塞大学（美国）、南京农业大学（中国）分列第二到第五位。Top10 机构中，中国入选机构数量最多，有 5 家机构入选，其中，华南理工大学和华南农业大学分列第七和第九位。

- 农业工程领域，中国实力最强，科技论文竞争力 Top5 机构中，中国占有 3 家，其中中国科学院排名第一，华南农业大学和中国农业大学分列第三和第四位。佛罗里达州立大学（美国）和美国农业部分列第二和第五位。Top10 机构中，中国入选机构数量最多，有 5 家，华中农业大学和南京农业大学分列第八和第九位。

- 分析化学与应用化学领域，中国实力最强，包揽了全部科技论文竞争力 Top5 机构，按顺序依次是：中国农业科学院、中国农业大学、中国科学院、南京农业大学和华南农业大学。Top10 机构中，中国入选机构数量最多，有 8 家，华中农业大学、浙江大学和华南理工大学分列第六、第八和第十位。

● 农业交叉学科，竞争力最强的机构是中国科学院，加利福尼亚大学（美国）、中国农业科学院、美国农业部和法国国家科学研究中心分列第二到第五位。Top10 机构中，入选机构最多的国家是中国和美国，均有 3 家机构入选，其中中国农业大学位居第八。

● 农业经济政策学领域，科技论文竞争力最强的机构是加利福尼亚大学（美国），国际食物政策研究所（国际组织）、瓦赫宁根大学（荷兰）、美国农业部和伊利诺伊大学（美国）分别位居第二到第五位。

● 农业信息技术领域，科技论文竞争力最强的机构是中国科学院，美国农业部、中国农业大学、法国国家科学研究中心和华南理工大学分列第二到第五位。Top10 机构中，入选机构最多的国家是中国，有 4 家机构入选，其中中国农业科学院位居第十。

2.2.1.3 中国综合机构十六大学科领域科技论文竞争力分析

（1）在学科领域中国机构科技论文竞争力 Top10 机构中，中国科学院覆盖学科数量最多，中国农业科学院、中国农业大学和南京农业大学覆盖学科数量相同

本研究将中国的科技论文竞争力 Top50 机构在 16 个学科上的具体表现以得分和排名的形式进行了展示，详见表 2-6。从 16 个学科中国机构科技论文竞争力来看（表 2-6），中国科学院在全部 16 个学科上均进入中国机构科技论文竞争力 Top10，且机构科技论文竞争力排名第一；中国农业科学院、中国农业大学和南京农业大学均在 15 个学科上进入 Top10，科技论文竞争力排名分列第二、第三和第四位。

● 农艺学领域，科技论文竞争力最强的 5 个机构依次是中国科学院、中国农业科学院、中国农业大学、南京农业大学和西北农林科技大学，得分依次是 1.51、1.06、0.81、0.57 和 0.56。

● 环境科学领域，科技论文竞争力最强的 5 个机构依次是中国科学院、中国农业大学、中国农业科学院、南京农业大学和华中农业大学，得分依次是 3.00、0.95、0.86、0.76 和 0.56。

● 园艺学领域，科技论文竞争力最强的 5 个机构依次是中国农业科学院、南京农业大学、华中农业大学、中国科学院和中国农业大学，得分依次是 1.57、0.95、0.85、0.60 和 0.58。

● 兽医学领域，科技论文竞争力最强的 5 个机构依次是中国农业科学院、中国农业大学、华南农业大学、中国科学院和华中农业大学，得分依次是 2.27、2.18、2.13、1.83 和 1.52。

表 2-6　中国综合机构农业各学科科技论文竞争力指数（一）

机构	16 个学科		农艺学		环境科学		园艺学		兽医学		农业乳品与动物科学		渔业学		林业学		基因与遗传学	
	得分	排名	得分	排名	得分	排名	得分	排名	得分	排名	得分	排名	得分	排名	得分	排名	得分	排名
中国科学院	3.00	1	1.51	1	3.00	1	0.60	4	1.83	4	0.38	6	2.47	1	1.45	1	1.45	2
中国农业科学院	1.80	2	1.06	2	0.86	3	1.57	1	2.27	1	0.62	2	0.25	9	0.09	7	2.03	1
中国农业大学	1.60	3	0.81	3	0.95	2	0.58	5	2.18	2	1.02	1	0.05	18	0.11	6	0.80	5
南京农业大学	1.18	4	0.57	4	0.76	4	0.95	2	1.02	9	0.57	3	0.45	7	0.03	15	0.93	4
华中农业大学	1.09	5	0.41	6	0.56	5	0.85	3	1.52	5	0.16	12	0.60	5	0.03	15	1.18	3
华南农业大学	0.71	6	0.16	13	0.21	16	0.25	11	2.13	3	0.21	9	0.20	11	0.03	15	0.31	11
浙江大学	0.69	7	0.30	7	0.47	7	0.29	9	1.20	7	0.24	8	0.24	10	0.02	20	0.35	10
西北农林科技大学	0.62	8	0.56	5	0.53	6	0.39	7	0.35	20	0.41	5	0.28	8	0.20	4	0.48	7
四川农业大学	0.43	9	0.15	15	0.21	16	0.24	12	1.29	6	0.42	4	0.62	4	0.04	14	0.61	6
福建农林大学	0.38	10	0.09	19	0.14	20	0.17	14	0.20	28	0.03	26	0.04	20	0.08	9	0.27	12
东北农业大学	0.35	11	0.16	13	0.21	16	0.14	16	0.69	11	0.17	11	0.04	20	0.01	28	0.27	12
北京大学	0.33	12	0.12	16	0.26	11	0.01	33	0.26	23	0.01	34	0.02	30	0.12	5	0.16	22
湖南农业大学	0.32	13	0.05	26	0.28	9	0.06	25	0.17	29	0.07	19	0.04	20	0.00	37	0.18	20
山东农业大学	0.32	13	0.18	10	0.09	25	0.42	6	0.36	18	0.14	13	0.01	37	0.02	20	0.21	16
华南理工大学	0.31	15	0.17	11	0.04	42	0.01	33	0.08	33	0.01	34	0.04	20	0.07	11	0.02	44
上海交通大学	0.31	15	0.03	35	0.20	17	0.09	20	0.37	17	0.05	22	0.02	30	0.01	28	0.11	30
台湾大学	0.26	17	0.04	32	0.12	21	0.08	23	0.52	13	0.03	26	0.13	14	0.07	11	0.15	23

（续表）

机构	16 个学科		农艺学		环境科学		园艺学		兽医学		农业乳品与动物科学		渔业学		林业学		基因与遗传学	
	得分	排名	得分	排名	得分	排名	得分	排名	得分	排名	得分	排名	得分	排名	得分	排名	得分	排名
清华大学	0.25	18	0.04	32	0.27	10	0.00	43	0.04	41	0.00	41	0.02	30	0.05	13	0.12	25
青岛农业大学	0.23	19	0.05	26	0.06	34	0.10	18	0.46	15	0.03	26	0.17	12	0.01	28	0.11	30
安徽农业大学	0.21	20	0.04	32	0.08	31	0.10	18	0.24	25	0.08	15	0.05	18	0.03	15	0.23	15
北京市农林科学院	0.21	20	0.06	23	0.05	39	0.18	13	0.04	41	0.01	34	0.02	30	0.00	37	0.13	24
中山大学	0.21	20	0.08	21	0.08	31	0.00	43	1.19	8	0.03	26	0.46	6	0.08	9	0.12	25
北京师范大学	0.20	23	0.22	9	0.37	8	0.00	43	0.02	44	0.00	41	0.02	30	0.24	3	0.10	32
中国水产科学研究院	0.20	23	0.00	48	0.09	25	0.00	43	0.86	10	0.03	26	1.55	2	0.00	37	0.48	7
北京林业大学	0.19	25	0.24	8	0.12	21	0.03	28	0.00	49	0.01	34	0.00	47	0.34	2	0.03	42
浙江农林大学	0.19	25	0.09	19	0.24	13	0.08	23	0.06	37	0.04	25	0.03	27	0.09	7	0.08	36
江苏省农业科学院	0.18	27	0.12	16	0.09	25	0.30	8	0.23	26	0.11	14	0.01	37	0.00	37	0.21	16
华大基因	0.17	28	0.01	43	0.00	50	0.03	28	0.02	44	0.00	41	0.01	37	0.00	37	0.47	9
湖南大学	0.17	28	0.05	26	0.15	19	0.01	33	0.00	49	0.00	41	0.00	47	0.00	37	0.01	46
江南大学	0.17	28	0.02	38	0.03	45	0.01	33	0.01	45	0.03	26	0.01	37	0.00	37	0.00	49
吉林大学	0.16	31	0.02	38	0.05	39	0.01	33	0.47	14	0.32	7	0.00	47	0.00	37	0.07	37
南京大学	0.16	31	0.02	38	0.26	11	0.01	33	0.22	27	0.00	41	0.04	20	0.02	20	0.02	44
武汉大学	0.16	31	0.05	26	0.11	24	0.02	31	0.25	24	0.00	41	0.01	37	0.02	20	0.04	39
香港大学	0.16	31	0.00	48	0.08	31	0.01	33	0.63	12	0.06	20	0.08	16	0.02	20	0.12	25

（续表）

机构	16 个学科		农艺学		环境科学		园艺学		兽医学		农业乳品与动物科学		渔业学		林业学		基因与遗传学	
	得分	排名	得分	排名	得分	排名	得分	排名	得分	排名	得分	排名	得分	排名	得分	排名	得分	排名
扬州大学	0. 16	31	0. 17	11	0. 03	45	0. 09	20	0. 27	22	0. 21	9	0. 03	27	0. 01	28	0. 10	32
中国海洋大学	0. 15	36	0. 00	48	0. 15	19	0. 00	43	0. 07	34	0. 01	34	0. 87	3	0. 00	37	0. 10	32
复旦大学	0. 14	37	0. 06	23	0. 12	21	0. 00	43	0. 28	21	0. 00	41	0. 00	47	0. 02	20	0. 05	38
河南农业大学	0. 14	37	0. 08	21	0. 09	25	0. 16	15	0. 36	18	0. 05	22	0. 01	37	0. 01	28	0. 21	16
南昌大学	0. 14	37	0. 01	43	0. 01	49	0. 00	43	0. 06	37	0. 08	15	0. 04	20	0. 00	37	0. 03	42
西南大学	0. 14	37	0. 12	16	0. 08	31	0. 26	10	0. 11	30	0. 06	20	0. 10	15	0. 02	20	0. 24	14
河北农业大学	0. 13	41	0. 05	26	0. 05	39	0. 09	20	0. 10	32	0. 03	26	0. 01	37	0. 01	28	0. 18	20
吉林农业大学	0. 13	41	0. 02	38	0. 03	45	0. 01	33	0. 43	16	0. 05	22	0. 04	20	0. 00	37	0. 10	32
贵州大学	0. 12	43	0. 02	38	0. 02	47	0. 02	31	0. 01	45	0. 00	41	0. 01	37	0. 00	37	0. 04	39
台湾中兴大学	0. 12	43	0. 06	23	0. 02	47	0. 04	27	0. 10	32	0. 08	15	0. 01	37	0. 03	15	0. 04	39
江西农业大学	0. 11	45	0. 03	35	0. 06	34	0. 06	25	0. 07	34	0. 08	15	0. 02	30	0. 02	20	0. 12	25
台湾“中央研究院”	0. 11	45	0. 01	43	0. 01	49	0. 01	33	0. 03	42	0. 00	41	0. 08	16	0. 01	28	0. 20	19
中国热带农业科学院	0. 11	45	0. 05	26	0. 06	34	0. 14	16	0. 05	39	0. 02	33	0. 03	27	0. 01	28	0. 12	25
哈尔滨工业大学	0. 10	48	0. 01	43	0. 05	39	0. 00	43	0. 00	49	0. 01	34	0. 01	37	0. 00	37	0. 00	49
江苏大学	0. 10	48	0. 03	35	0. 04	42	0. 03	28	0. 01	45	0. 01	34	0. 02	30	0. 00	37	0. 01	46
山东大学	0. 10	48	0. 01	43	0. 05	39	0. 01	33	0. 05	39	0. 00	41	0. 15	13	0. 01	28	0. 01	46

表 2-6 中国综合机构农业各学科科技论文竞争力指数（二）

机构	16 个学科		生物学		生物技术与应用微生物学		食品科学与工程		农业工程		分析化学与应用化学		农业交叉学科		农业经济政策学		农业信息技术	
	得分	排名	得分	排名	得分	排名	得分	排名	得分	排名	得分	排名	得分	排名	得分	排名	得分	排名
中国科学院	3.00	1	2.85	1	2.11	2	0.93	8	3.00	1	1.94	3	2.64	1	0.47	2	2.57	1
中国农业科学院	1.80	2	2.01	2	2.24	1	2.34	2	0.75	7	2.97	1	2.01	2	0.09	14	1.08	4
中国农业大学	1.60	3	1.57	3	1.89	3	2.70	1	1.17	4	2.58	2	1.34	3	0.56	1	2.06	2
南京农业大学	1.18	4	1.32	5	1.76	4	1.76	3	0.93	5	1.74	4	1.05	4	0.31	4	0.53	10
华中农业大学	1.09	5	1.40	4	1.22	5	1.11	5	0.93	5	1.69	6	0.96	5	0.25	6	0.80	5
华南农业大学	0.71	6	0.67	6	0.70	7	0.46	15	1.22	2	1.73	5	0.53	8	0.15	7	1.29	3
浙江大学	0.69	7	0.62	8	0.84	6	1.02	6	0.71	9	1.18	7	0.57	7	0.33	3	0.40	12
西北农林科技大学	0.62	8	0.46	11	0.57	8	0.59	11	0.57	11	0.39	19	0.58	6	0.13	9	0.21	16
四川农业大学	0.43	9	0.66	7	0.38	11	0.36	17	0.12	37	0.28	26	0.37	12	0.03	18	0.10	26
福建农林大学	0.38	10	0.39	14	0.52	10	0.57	12	0.51	14	0.74	14	0.38	11	0.06	15	0.35	14
东北农业大学	0.35	11	0.44	12	0.53	9	0.57	12	0.23	29	0.32	23	0.22	19	0.00	35	0.10	26
北京大学	0.33	12	0.24	22	0.31	16	0.03	44	0.38	21	0.15	32	0.40	10	0.28	5	0.13	21
湖南农业大学	0.32	13	0.25	19	0.35	12	0.37	16	0.73	8	0.65	16	0.29	14	0.01	28	0.08	30
山东农业大学	0.32	13	0.50	9	0.34	13	0.28	22	0.29	24	0.80	12	0.27	15	0.00	35	0.12	22
华南理工大学	0.31	15	0.05	47	0.07	45	1.48	4	0.62	10	1.04	8	0.31	13	0.03	18	0.34	15
上海交通大学	0.31	15	0.29	16	0.34	13	0.72	9	0.47	15	0.87	10	0.26	16	0.12	10	0.05	37
台湾大学	0.26	17	0.29	16	0.12	40	0.22	25	0.53	13	0.19	28	0.24	17	0.11	11	0.07	32

（续表）

机构	16个学科		生物学		生物技术与应用微生物学		食品科学与工程		农业工程		分析化学与应用化学		农业交叉学科		农业经济政策学		农业信息技术	
	得分	排名	得分	排名	得分	排名	得分	排名	得分	排名	得分	排名	得分	排名	得分	排名	得分	排名
清华大学	0.25	18	0.21	28	0.32	15	0.02	46	0.47	15	0.06	47	0.19	22	0.02	23	0.60	8
青岛农业大学	0.23	19	0.25	19	0.24	19	0.31	18	0.38	21	0.88	9	0.16	30	0.00	35	0.15	19
安徽农业大学	0.21	20	0.24	22	0.16	34	0.47	14	0.12	37	0.68	15	0.20	20	0.02	23	0.12	22
北京市农林科学院	0.21	20	0.42	13	0.14	39	0.15	29	0.06	42	0.07	43	0.11	37	0.00	35	0.42	11
中山大学	0.21	20	0.24	22	0.17	30	0.07	37	0.15	35	0.07	43	0.15	31	0.03	18	0.21	16
北京师范大学	0.20	23	0.05	47	0.02	50	0.02	46	0.17	31	0.03	49	0.17	25	0.10	12	0.38	13
中国水产科学研究院	0.20	23	0.49	10	0.17	30	0.06	39	0.05	44	0.09	40	0.10	39	0.00	35	0.01	46
北京林业大学	0.19	25	0.23	25	0.03	49	0.05	41	0.43	19	0.07	43	0.07	42	0.04	17	0.08	30
浙江农林大学	0.19	25	0.09	43	0.23	21	0.10	35	0.40	20	0.13	34	0.12	35	0.01	28	0.18	18
江苏省农业科学院	0.18	27	0.19	31	0.26	18	0.29	19	0.06	42	0.35	21	0.19	22	0.00	35	0.04	40
华大基因	0.17	28	0.11	40	0.28	17	0.01	49	0.00	50	0.00	50	0.43	9	0.00	35	0.00	48
湖南大学	0.17	28	0.02	49	0.22	23	0.06	39	1.20	3	0.18	29	0.03	48	0.01	28	0.03	42
江南大学	0.17	28	0.06	46	0.16	34	0.96	7	0.28	26	0.82	11	0.19	22	0.06	15	0.05	37
吉林大学	0.16	31	0.29	16	0.22	23	0.29	19	0.16	34	0.29	24	0.11	37	0.00	35	0.11	24
南京大学	0.16	31	0.15	35	0.12	40	0.01	49	0.36	23	0.11	38	0.06	45	0.02	23	0.59	9
武汉大学	0.16	31	0.13	37	0.17	30	0.07	37	0.27	27	0.17	30	0.17	25	0.15	7	0.69	7
香港大学	0.16	31	0.16	33	0.06	46	0.17	26	0.03	47	0.08	42	0.00	50	0.00	35	0.00	48

（续表）

机构	16 个学科		生物学		生物技术与应用微生物学		食品科学与工程		农业工程		分析化学与应用化学		农业交叉学科		农业经济政策学		农业信息技术	
	得分	排名	得分	排名	得分	排名	得分	排名	得分	排名	得分	排名	得分	排名	得分	排名	得分	排名
扬州大学	0.16	31	0.21	28	0.19	27	0.16	28	0.04	46	0.13	34	0.17	25	0.01	28	0.05	37
中国海洋大学	0.15	36	0.10	42	0.16	34	0.12	33	0.44	18	0.11	38	0.07	42	0.01	28	0.02	44
复旦大学	0.14	37	0.18	32	0.08	43	0.02	46	0.24	28	0.06	47	0.12	35	0.01	28	0.71	6
河南农业大学	0.14	37	0.22	27	0.23	21	0.09	36	0.21	30	0.12	36	0.20	20	0.02	23	0.09	28
南昌大学	0.14	37	0.13	37	0.06	46	0.70	10	0.17	31	0.79	13	0.13	34	0.00	35	0.02	44
西南大学	0.14	37	0.16	33	0.15	38	0.13	31	0.07	41	0.17	30	0.23	18	0.00	35	0.06	34
河北农业大学	0.13	41	0.09	43	0.24	19	0.13	31	0.15	35	0.29	24	0.10	39	0.00	35	0.11	24
吉林农业大学	0.13	41	0.25	19	0.16	34	0.26	24	0.09	40	0.35	21	0.14	33	0.03	18	0.04	40
贵州大学	0.12	43	0.34	15	0.04	48	0.04	42	0.11	39	0.27	27	0.04	47	0.00	35	0.01	46
台湾中兴大学	0.12	43	0.20	30	0.19	27	0.14	30	0.03	47	0.12	36	0.17	25	0.01	28	0.03	42
江西农业大学	0.11	45	0.09	43	0.18	29	0.27	23	0.17	31	0.42	18	0.07	42	0.00	35	0.14	20
台湾“中央研究院”	0.11	45	0.23	25	0.20	26	0.04	42	0.02	49	0.09	40	0.15	31	0.02	23	0.00	48
中国热带农业科学院	0.11	45	0.12	39	0.17	30	0.17	26	0.05	44	0.37	20	0.17	25	0.00	35	0.06	34
哈尔滨工业大学	0.10	48	0.02	49	0.08	43	0.11	34	0.55	12	0.15	32	0.02	49	0.10	12	0.06	34
江苏大学	0.10	48	0.15	35	0.21	25	0.29	19	0.29	24	0.52	17	0.08	41	0.00	35	0.09	28
山东大学	0.10	48	0.11	40	0.09	42	0.03	44	0.46	17	0.07	43	0.06	45	0.03	18	0.07	32

- 农业乳品与动物科学领域，科技论文竞争力最强的 5 个中国机构依次是中国农业大学、中国农业科学院、南京农业大学、四川农业大学和西北农林科技大学，得分依次是 1.02、0.62、0.57、0.42 和 0.41。

- 渔业学领域，科技论文竞争力最强的 5 个机构依次是中国科学院、中国水产科学研究院、中国海洋大学、四川农业大学和华中农业大学，得分依次是 2.47、1.55、0.87、0.62 和 0.60。

- 林业学领域，科技论文竞争力最强的 5 个机构依次是中国科学院、北京林业大学、北京师范大学、西北农林科技大学和北京大学，得分依次是 1.45、0.34、0.24、0.20 和 0.12。

- 基因与遗传学领域，科技论文竞争力最强的 5 个机构依次是中国农业科学院、中国科学院、华中农业大学、南京农业大学和中国农业大学，得分依次是 2.03、1.45、1.18、0.93 和 0.80。

- 生物学领域，科技论文竞争力最强的 5 个机构依次是中国科学院、中国农业科学院、中国农业大学、华中农业大学和南京农业大学，得分依次是 2.85、2.01、1.57、1.40 和 1.32。

- 生物技术与应用微生物学领域，科技论文竞争力最强的 5 个机构依次是中国农业科学院、中国科学院、中国农业大学、南京农业大学和华中农业大学，得分依次是 2.24、2.11、1.89、1.76 和 1.22。

- 食品科学与技术领域，科技论文竞争力最强的 5 个机构依次是中国农业大学、中国农业科学院、南京农业大学、华南理工大学和华中农业大学，得分依次是 2.70、2.34、1.76、1.48 和 1.11。

- 农业工程领域，科技论文竞争力最强的 6 个机构（排名前五）依次是中国科学院、华南农业大学、湖南大学、中国农业大学、华中农业大学和南京农业大学，得分依次是 3.00、1.22、1.20、1.17、0.93 和 0.93。

- 分析化学与应用化学领域，科技论文竞争力最强的 5 个机构依次是中国农业科学院、中国农业大学、中国科学院、南京农业大学和华南农业大学，得分依次是 2.97、2.58、1.94、1.74 和 1.73。

- 农业交叉学科领域，科技论文竞争力最强的 5 个机构依次是中国科学院、中国农业科学院、中国农业大学、南京农业大学和华中农业大学，得分依次是 2.64、2.01、1.34、1.05 和 0.96。

- 农业经济政策学领域，科技论文竞争力最强的 5 个机构依次是中国农业大学、中国科学院、浙江大学、南京农业大学和北京大学，得分依次是 0.56、0.47、0.33、0.31

和 0.28。

- 农业信息技术领域，科技论文竞争力最强的 5 个机构依次是中国科学院、中国农业大学、华南农业大学、中国农业科学院和华中农业大学，得分依次是 2.57、2.06、1.29、1.08 和 0.80。

（2）中国科学院、中国农业科学院和中国农业大学在多个学科中均为中国机构的领跑者

中国科学院在 8 个学科领域上科技论文竞争力排名第一，具体为农艺学、环境科学、渔业学、林业学、生物学、农业工程、农业交叉学科和农业信息技术领域。在基因与遗传学、生物技术与应用微生物学、农业经济政策学 3 个领域中均排名第二。在分析化学与应用化学领域排名第三。在园艺学和兽医学 2 个领域位居第四。在农业乳品与动物科学、食品科学与技术 2 个领域分别名列第六位和第八位。

中国农业科学院在 5 个学科领域上科技论文竞争力第一，具体为园艺学、兽医学、基因与遗传学、生物技术与应用微生物学、分析化学与应用化学领域。在农艺学、农业乳品与动物科学、生物学、食品科学与工程和农业交叉学科 5 个领域中均排名第二。在环境科学、农业信息技术领域分别位居第三和第四。在林业学和农业工程两个领域均排名第七。在渔业学领域名列第九。农业经济政策学领域位居第十四，未入选中国机构科技论文竞争力前十机构。

中国农业大学在 3 个学科领域上科技论文竞争力第一，具体为农业乳品与动物科学、食品科学与工程、农业经济政策学领域。在环境科学、兽医学、分析化学与应用化学和农业信息技术 4 个领域中均排名第二。在农艺学、生物学、生物技术与应用微生物学和农业交叉学科 4 个领域中均处于第三位。在农业工程领域位居第四。在园艺学、基因与遗传学两个领域中均位列第五。在林学领域排名第六。在渔业学领域排名第十八，未入选中国机构科技论文竞争力前十机构。

2.2.2 农艺学

（1）科技论文竞争力指数分析：美国表现最佳，中国紧随其后，但科研影响力有待提升

美国农艺学的科技论文竞争力排名第一，中国排名第二，英国排名第三，这 3 个国家属于第一梯队（科技论文竞争力得分大于 2）。德国、澳大利亚、意大利、法国、西班牙、瑞士、荷兰和加拿大 8 个国家处于第二梯队（科技论文竞争力得分为 1~2）。第三梯队（科技论文竞争力得分小于 1）的 11 个国家依次为巴西、丹麦、比利时、瑞典、以色列、墨西哥、印度、日本、波兰、挪威和韩国（表 2–7）。

表 2–7　主要 22 国农艺学科技论文竞争力指数及排名

国家	科技论文竞争力指数（一级指标）		科研生产力（二级指标）		科研影响力（二级指标）		科研卓越力（二级指标）		国际合作力（二级指标）					
	得分	排名	发文量（篇）	得分	排名	CNCI	得分	排名	高被引论文数（篇）	得分	排名	国际合作论文数（篇）	得分	排名
美国	3.54	1	9702	1.00	1	1.17	0.54	14	101	1.00	1	4056	1.00	1
中国	2.74	2	8321	0.85	2	1.20	0.56	13	64	0.62	2	2904	0.70	2
英国	2.20	3	3192	0.31	5	1.55	0.88	2	51	0.48	3	2219	0.53	3
德国	1.65	4	2357	0.22	8	1.39	0.73	8	41	0.38	4	1373	0.31	5
澳大利亚	1.62	5	2496	0.24	6	1.36	0.71	10	37	0.34	5	1468	0.34	4
意大利	1.56	6	2436	0.23	7	1.42	0.76	5	36	0.33	6	1086	0.24	8
法国	1.54	7	1908	0.18	11	1.42	0.76	5	35	0.32	7	1287	0.29	6
西班牙	1.43	8	2249	0.21	9	1.34	0.69	11	30	0.27	8	1173	0.26	7
瑞士	1.20	9	509	0.03	18	1.69	1.00	1	15	0.11	14	402	0.06	16
荷兰	1.18	10	878	0.07	15	1.53	0.86	3	16	0.12	13	662	0.13	12
加拿大	1.09	11	2036	0.19	10	1.14	0.51	16	23	0.20	9	908	0.19	10
巴西	0.94	12	5575	0.56	3	0.57	0.00	22	19	0.15	10	1039	0.23	9
丹麦	0.92	13	508	0.03	19	1.44	0.78	4	10	0.06	16	352	0.05	18
比利时	0.90	14	708	0.05	17	1.38	0.72	9	10	0.06	16	435	0.07	15
瑞典	0.81	15	496	0.03	20	1.34	0.69	11	9	0.05	18	351	0.05	19
以色列	0.81	15	350	0.01	21	1.42	0.76	5	7	0.03	19	177	0.00	21
墨西哥	0.80	17	822	0.06	16	1.15	0.52	15	18	0.14	12	454	0.08	14
印度	0.68	18	3847	0.38	4	0.59	0.02	21	19	0.15	10	661	0.13	13
日本	0.55	19	1658	0.15	12	0.83	0.23	19	7	0.03	19	678	0.13	11
波兰	0.48	20	988	0.08	14	0.91	0.30	18	11	0.07	15	246	0.02	20
挪威	0.47	21	246	0.00	22	1.10	0.47	17	4	0.00	22	159	0.00	22
韩国	0.31	22	999	0.08	13	0.76	0.17	20	5	0.01	21	373	0.05	17

在科研生产力方面，美国、中国和巴西排名前三，总发文量分别为 9702 篇、8321 篇和 5575 篇；另外还有 7 个总发文量大于 2000 篇的国家，依次为印度、英国、澳大利亚、意大利、德国、西班牙和加拿大，分列第四至第十位。

在科研影响力方面，瑞士排名第一，其次是英国和荷兰。该领域共有 17 个国家（包括中国）的 CNCI 值大于 1，其论文的被引表现高于全球平均水平。但中国的 CNCI 值排名较为靠后，位列第十三，有待进一步提升和发展。

在科研卓越力方面，美国排名第一，高被引论文总量 101 篇，领先优势明显。中国高被引论文总量 64 篇，排名第二。其他高被引论文总量在 30 篇以上的国家有英国、德国、澳大利亚、意大利、法国和西班牙。

在科研合作力方面，美国排名第一，国际合作论文总量 4056 篇，领先优势明显。中国的国际合作论文总量 2904 篇，排名第二。其他国际合作论文总量在 1000 篇以上的国家有英国、澳大利亚、德国、法国、西班牙、意大利和巴西。

22 个国家的科研生产力、科研卓越力和科研合作力基本呈现一致的排名分布情况，但科研影响力呈现较大的波动性。第一梯队的美中两国的科研生产力、科研卓越力和科研合作力均全球最强，但科研影响力略弱。第二梯队的瑞士和荷兰的科研影响力全球最强，分列第一和第三位，但是其科研生产力、科研卓越力和科研合作力均较弱。第一梯队的英国、第二梯队的澳大利亚、德国、意大利和法国在 4 项指标上的表现较为均衡。巴西和印度虽然处于第三梯队，但是其发文量较高，科研生产力较强，属于有一定发展潜力的国家。

（2）领域高质量论文分析：中国高质量论文数与美国并跑，中国科学院高质量论文数优势显著

本书将被引频次高的论文称为高质量论文。表 2-8 中列出的国家和机构均为高质量论文的通讯作者国家和机构。

在农艺学 Top100 高质量论文中（共 103 篇）①，美国占有 20 篇文章，中国有 18 篇，远远高于印度的 10 篇。其中中国科学院有 3 篇，中国农业科学院、中国农业大学和兰州大学各有 2 篇。另外，除了中国科学院，法国农业科学院和美国加利福尼亚大学的高质量论文数也是 3 篇。这 3 家是农艺学领域拥有高质量论文数最多的机构。

农艺学 Top100 高质量论文中有 75 篇来自大学，其次是科研机构、政府和企业。

表 2-8 农艺学 Top100 高质量论文

排名	被引频次	论文题目	国家	机构	机构类型
1	326	Agricultural uses of plant biostimulants	美国	奥本大学	大学
2	266	A status review on the medicinal properties of essential oils	印度	SRTM 大学	大学

① 此处将农艺学全部论文按照被引频次总排序，取前 100 篇，因存在数据并列情况，共 103 篇，其他学科情况类似，不再赘述。

（续表）

排名	被引频次	论文题目	国家	机构	机构类型
3	244	Production of cellulose nanofibrils: a review of recent advances	法国 瑞典	格勒诺布尔大学 查尔默斯技术大学	大学
4	235	Transpiration in the global water cycle	美国	卡里生态系统研究学院	大学
5	230	QTL IciMapping: integrated software for genetic linkage map construction and quantitative trait locus mapping in biparental populations	中国	中国农业科学院	科研机构
6	207	Advances in plant growth-promoting bacterial inoculant technology: formulations and practical perspectives (1998-2013)	墨西哥	西北墨西哥生物多样性基因组学国家重点实验室	科研机构
7	206	Sisvar: a guide for its bootstrap procedures in multiple comparisons	巴西	拉夫拉斯联邦大学	大学
8	205	Mineral-organic associations: formation, properties, and relevance in soil environments	美国 德国	俄勒冈大学 德国莱布尼茨学会	大学 科研机构
9	194	Agricultural benefits and environmental risks of soil fertilization with anaerobic digestates: a review	加拿大	圭尔夫大学	大学
10	189	A review of approaches for evapotranspiration partitioning	以色列	本·古里安大学	大学
11	179	Tree height quantification using very high resolution imagery acquired from an unmanned aerial vehicle (UAV) and automatic 3D photo-reconstruction methods	西班牙	西班牙高等科学研究理事会	科研机构
12	175	Genetic dissection of drought tolerance in chickpea (*Cicer arietinum* L.)	印度	国际半干旱热带作物研究所	科研机构
13	173	Bioenergy and climate change mitigation: an assessment	德国	柏林工业大学	大学
14	164	Biochar stability in soil: meta-analysis of decomposition and priming effects	德国 中国	哥廷根大学，南京农业大学	大学
15	162	Wild boar populations up, numbers of hunters down? A review of trends and implications for Europe	英国	英国野生动物中心	科研机构
16	160	Glyphosate resistance: state of knowledge	美国	孟山都	企业
17	156	Potential of legume-based grassland-livestock systems in Europe: a review	瑞士	瑞士联邦政府农业生态研究所	科研机构
18	155	Ecology and evolution of plant diversity in the endangered campo rupestre: a neglected conservation priority	巴西	米纳斯联邦大学	大学

（续表）

排名	被引频次	论文题目	国家	机构	机构类型
18	155	Plant extract synthesized silver nanoparticles: an ongoing source of novel biocompatible materials	韩国	全北国立大学	大学
18	155	Agroecological practices for sustainable agriculture. A review	法国	里昂大学	大学
21	151	The impact of climate change and anthropogenic activities on alpine grassland over the Qinghai–Tibet Plateau	中国	中国科学院	科研机构
22	147	Field–evolved resistance to Cry1F maize by Spodoptera frugiperda (Lepidoptera: Noctuidae) in Brazil	巴西	圣保罗大学	大学
23	143	Global perspective of herbicide–resistant weeds	美国	抗除草剂杂草国际调查组织	科研机构
24	133	Arbuscular mycorrhiza and nitrogen: implications for individual plants through to ecosystems	英国	约克大学	大学
25	128	Does biochar influence soil physical properties and soil water availability?	澳大利亚	塔斯马尼亚大学	大学
26	124	UAVs challenge to assess water stress for sustainable agriculture	西班牙	维戈大学	大学
27	120	Resistance to AHAS inhibitor herbicides: current understanding	澳大利亚	西澳大学	大学
28	119	Ecological interpretations of nitrogen isotope ratios of terrestrial plants and soils	美国	乔纳风险投资	企业
28	119	Strawberry fields forever? Urban agriculture in developed countries: a review	澳大利亚	墨尔本大学	大学
30	117	Insecticide – induced hormesis and arthropod pest management	巴西	维索萨联邦大学	大学
31	116	When does no–till yield more? A global meta–analysis	美国	伊利诺伊大学	大学
31	116	The way forward in biochar research: targeting trade–offs between the potential wins	荷兰	瓦赫宁根大学	大学
33	115	European agricultural landscapes, common agricultural policy and ecosystem services: a review	荷兰	阿姆斯特丹大学	大学
34	114	Isolation and characterization of cellulose nanofibrils from Helicteres isora plant	印度	纽曼学院	大学
34	114	Beneficial effects of silicon on salt and drought tolerance in plants	中国	西北农林科技大学	大学

（续表）

排名	被引频次	论文题目	国家	机构	机构类型
36	113	Low-altitude, high-resolution aerial imaging systems for row and field crop phenotyping: a review	荷兰	瓦赫宁根大学	大学
36	113	Increasing altitudinal gradient of spring vegetation phenology during the last decade on the Qinghai-Tibetan Plateau	中国	中国科学院	科研机构
38	111	Genome-wide association study for grain yield and related traits in an elite spring wheat population grown in temperate irrigated environments	国际组织	国际玉米小麦改良中心	科研机构
39	110	Coarse and fine regulation of wheat yield components in response to genotype and environment	西班牙	加泰罗尼亚高等研究院	科研机构
40	109	Global soil map: toward a fine-resolution global grid of soil properties	法国	澳大利亚联邦科学与工业研究组织	政府
41	105	Cover crops and ecosystem services: insights from studies in temperate soils	美国	内布拉斯加大学	大学
41	105	Agroecology and the design of climate change-resilient farming systems	美国	加利福尼亚大学	大学
43	104	Multi-site evaluation of terrestrial evaporation models using FLUXNET data	澳大利亚	新南威尔士大学	大学
44	102	A reaction norm model for genomic selection using high-dimensional genomic and environmental data	美国	阿拉巴马大学	大学
44	102	Integrating environmental covariates and crop modeling into the genomic selection framework to predict genotype by environment interactions	美国	康奈尔大学	大学
44	102	Caesalpinia coriaria leaf extracts mediated biosynthesis of metallic silver nanoparticles and their antibacterial activity against clinically isolated pathogens	印度	佩里亚大学	大学
47	101	Biochars improve aggregate stability, water retention, and pore-space properties of clayey soil	中国	浙江大学	大学
48	98	Phytohormones and their metabolic engineering for abiotic stress tolerance in crop plants	印度	克什米尔农业科技大学，浦那大学	大学
48	98	Simulating the impact of extreme heat and frost events on wheat crop production: a review	澳大利亚	澳大利亚环境和能源部	政府
48	98	Advanced methods of plant disease detection.A review	意大利	巴勒莫大学	大学

（续表）

排名	被引频次	论文题目	国家	机构	机构类型
48	98	Impact of biochar application on plant water relations in *Vitis vinifera* (L.)	意大利	意大利国家研究委员会	科研机构
52	96	Green synthesis and characterization of silver nanoparticles using Boerhaavia diffusa plant extract and their anti bacterial activity	印度	安得拉大学	大学
53	95	From leaf to whole-plant water use efficiency (WUE) in complex canopies: limitations of leaf WUE as a selection target	西班牙	巴利阿里群岛大学	大学
53	95	Biochar enhances yield and quality of tomato under reduced irrigation	丹麦	哥本哈根大学	大学
55	93	On seeing the wood from the leaves and the role of voxel size in determining leaf area distribution of forests with terrestrial LiDAR	美国	加利福尼亚大学	大学
56	92	Innovative methods in soil phosphorus research: a review	德国	罗斯托克大学	大学
56	92	Climate forcing datasets for agricultural modeling: merged products for gap - filling and historical climate series estimation	美国	美国宇航局	政府
58	91	Training set optimization under population structure in genomic selection	美国	康奈尔大学	大学
58	91	Synthesis of rigid polyurethane foams with castor oil-based flame retardant polyols	中国	中国林业科学院	科研机构
60	89	Fractionation and characterization of industrial lignins	美国	爱达荷大学	大学
60	89	Genome-wide association mapping of yield and yield components of spring wheat under contrasting moisture regimes	美国	科罗拉多州立大学	大学
62	88	Eight principles of integrated pest management	法国	法国农业科学院	科研机构
62	88	The ash dieback crisis: genetic variation in resistance can prove a long-term solution	丹麦	哥本哈根大学	大学
64	87	Adaptation strategies for agricultural water management under climate change in Europe	西班牙	马德里理工大学	大学
65	86	The relationship between leaf area index and microclimate in tropical forest and oil palm plantation: forest disturbance drives changes in microclimate	英国	帝国理工学院	大学
66	85	Gene targeting using the *Agrobacterium tumefaciens*-mediated CRISPR-Cas system in rice	中国	安徽省农业科学院	科研机构

（续表）

排名	被引频次	论文题目	国家	机构	机构类型
66	85	Soil organic carbon sequestration in agroforestry systems. A review	德国	德国可持续发展高级研究所	科研机构
66	85	Mapping daily evapotranspiration at field scales over rainfed and irrigated agricultural areas using remote sensing data fusion	欧洲	欧盟委员会	政府
66	85	Hyperspectral canopy sensing of paddy rice aboveground biomass at different growth stages	中国	中国农业大学	大学
70	84	Plant responses to salt stress：adaptive mechanisms	西班牙	西班牙高等科学研究理事会	科研机构
70	84	Spatiotemporal vegetation cover variations associated with climate change and ecological restoration in the Loess Plateau	中国	中国科学院	科研机构
70	84	Synthesis, crystal structure, herbicidal activities and 3D-QSAR study of some novel 1,2,4-triazolo [4,3-a] pyridine derivatives	中国	浙江工业大学	大学
73	83	Ecological principles underlying the increase of productivity achieved by cereal - grain legume intercrops in organic farming. A review	法国	国立高等农业教育培训学院	科研机构
73	83	Improving winter wheat yield estimation by assimilation of the leaf area index from Landsat TM and MODIS data into the WOFOST model	中国	中国农业大学	大学
73	83	Natural products for pest control：an analysis of their role，value and future	美国	陶氏	企业
76	82	How good is good enough? Data requirements for reliable crop yield simulations and yield-gap analysis	美国	内布拉斯加大学	大学
76	82	Soil spectroscopy：an alternative to wet chemistry for soil monitoring	比利时	天主教鲁汶大学	大学
76	82	Biodiversity impacts of bioenergy crop production：a state-of-the-art review	荷兰	乌得勒支大学	大学
76	82	Effect of biochar on chemical properties of acidic soil	美国	南达科他州立大学	大学
80	81	Root hydraulics：The forgotten side of roots in drought adaptation	印度	国际半干旱热带作物研究所	科研机构
80	81	Ridge-furrow with full plastic film mulching improves water use efficiency and tuber yields of potato in a semiarid rainfed ecosystem	中国	兰州大学	大学

（续表）

排名	被引频次	论文题目	国家	机构	机构类型
82	80	The effect of nitrification inhibitors on the nitrous oxide（N_2O）release from agricultural soils-a review	德国	霍恩海姆大学	大学
83	79	Effects of different vegetation restoration on soil water storage and water balance in the Chinese Loess Plateau	中国	兰州大学	大学
83	79	Seven years of conservation agriculture in a rice-wheat rotation of Eastern Gangetic Plains of South Asia：yield trends and economic profitability	印度	南亚博洛格研究所	科研机构
85	78	Software Selegen-REML/BLUP：a useful tool for plant breeding	巴西	维索萨联邦大学	大学
85	78	QTL-seq identifies an early flowering QTL located near Flowering Locus T in cucumber	中国	中国农业科学院	科研机构
85	78	Ecological mitigation of hillslope instability：ten key issues facing researchers and practitioners	法国	法国农业科学院	科研机构
85	78	Multiple factors influence the role of arbuscular mycorrhizal fungi in soil aggregation - a meta-analysis	德国	柏林自由大学	大学
89	77	Growth of soybean seedlings in relay strip intercropping systems in relation to light quantity and red：far-red ratio	中国	四川农业大学	大学
89	77	Copy number polymorphism in plant genomes	波兰	波兹南工业大学	大学
91	76	Biostimulants and crop responses：a review	意大利	米兰大学	大学
91	76	Effects of biochars produced from different feedstocks on soil properties and sunflower growth	西班牙	科尔多瓦大学	大学
93	75	Biochar to improve soil fertility. A review	中国	湖南大学	大学
93	75	Magnesium deficiency in plants：an urgent problem	中国	浙江科技大学	大学
93	75	Improving water-efficient irrigation：prospects and difficulties of innovative practices	英国	开放大学	大学
93	75	Plant-growth-promoting rhizobacteria to improve crop growth in saline soils：a review	韩国	建国大学	大学
93	75	The fruit cuticle as a modulator of postharvest quality	西班牙	莱里达大学	大学

（续表）

排名	被引频次	论文题目	国家	机构	机构类型
93	75	Reflectance estimation of canopy nitrogen content in winter wheat using optimised hyperspectral spectral indices and partial least squares regression	德国	慕尼黑工业大学	大学
93	75	Pesticides and earthworms. A review	法国	法国农业科学院	科研机构
100	74	Rice yields and water use under alternate wetting and drying irrigation：a meta-analysis	美国	加利福尼亚大学	大学
100	74	Use of antimicrobial nanoemulsions as edible coatings：impact on safety and quality attributes of fresh-cut Fuji apples	西班牙	莱里达大学	大学
100	74	Heat stress in cereals：mechanisms and modelling	德国	波恩大学	大学
100	74	Cadmium minimization in rice. A review	印度	海得拉巴大学	大学

2.2.3 环境科学

（1）科技论文竞争力指数分析：英美高居榜首，中国第三，但科研生产力全球领先

英国环境科学的科技论文竞争力排名第一，美国排名第二，中国排名第三，这3个国家属于第一梯队（科技论文竞争力得分大于2）。德国、澳大利亚、荷兰、意大利、法国、瑞士、瑞典、西班牙、加拿大、丹麦和挪威11个国家处于第二梯队（科技论文竞争力得分为1~2）。第三梯队（科技论文竞争力得分小于1）的8个国家依次为比利时、韩国、巴西、日本、以色列、印度、波兰和墨西哥（表2-9）。

表2-9　主要22国环境科学科技论文竞争力指数及排名

国家	科技论文竞争力指数（一级指标）		科研生产力（二级指标）			科研影响力（二级指标）			科研卓越力（二级指标）			国际合作力（二级指标）		
	得分	排名	发文量（篇）	得分	排名	CNCI	得分	排名	高被引论文数（篇）	得分	排名	国际合作论文数（篇）	得分	排名
英国	3.27	1	10132	0.55	3	1.91	0.86	5	406	1.00	1	8827	0.86	2
美国	3.22	2	17818	1.00	2	1.36	0.37	15	346	0.85	2	10155	1.00	1
中国	2.67	3	17856	1.00	1	1.18	0.22	18	260	0.62	3	8467	0.83	3
德国	1.82	4	5498	0.28	4	1.72	0.70	8	191	0.45	4	4314	0.40	4

（续表）

国家	科技论文竞争力指数（一级指标）		科研生产力（二级指标）			科研影响力（二级指标）			科研卓越力（二级指标）			国际合作力（二级指标）		
	得分	排名	发文量（篇）	得分	排名	CNCI	得分	排名	高被引论文数（篇）	得分	排名	国际合作论文数（篇）	得分	排名
澳大利亚	1.54	5	5251	0.26	5	1.60	0.58	11	160	0.37	5	3626	0.33	5
荷兰	1.53	6	2310	0.09	14	2.07	1.00	1	123	0.27	7	2047	0.17	11
意大利	1.39	7	4569	0.22	6	1.64	0.62	9	133	0.30	6	2771	0.24	6
法国	1.38	8	3247	0.15	12	1.77	0.73	6	121	0.27	8	2658	0.23	7
瑞士	1.34	9	1825	0.06	15	2.05	0.98	2	84	0.17	12	1632	0.12	13
瑞典	1.18	10	3372	0.15	9	1.63	0.61	10	96	0.20	11	2525	0.22	10
西班牙	1.16	11	3955	0.19	7	1.52	0.52	12	105	0.22	9	2620	0.23	8
加拿大	1.10	12	3766	0.18	8	1.49	0.49	13	101	0.21	10	2567	0.22	9
丹麦	1.09	13	1322	0.03	18	1.93	0.88	4	56	0.10	14	1169	0.08	16
挪威	1.07	14	1040	0.02	20	1.99	0.93	3	45	0.07	18	934	0.05	18
比利时	0.95	15	1464	0.04	17	1.75	0.72	7	58	0.10	13	1243	0.08	15
韩国	0.52	16	1268	0.03	19	1.36	0.37	15	44	0.07	19	858	0.05	19
巴西	0.48	17	2981	0.13	13	1.09	0.14	20	50	0.08	16	1614	0.12	14
日本	0.45	18	3276	0.15	11	1.03	0.09	21	47	0.07	17	1758	0.14	12
以色列	0.45	18	736	0.00	22	1.44	0.45	14	18	0.00	22	417	0.00	22
印度	0.31	20	3338	0.15	10	0.93	0.00	22	51	0.09	15	1144	0.07	17
波兰	0.27	21	1477	0.04	16	1.15	0.19	19	23	0.01	20	594	0.02	20
墨西哥	0.27	21	845	0.01	21	1.21	0.24	17	19	0.00	21	565	0.02	21

在科研生产力方面，中国、美国和英国位居前三，总发文量分别为 17856 篇、17818 篇、10132 篇；另外还有 9 个总发文量大于 3000 篇的国家，依次为德国、澳大利亚、意大利、西班牙、加拿大、瑞典、印度、日本和法国，分列第四至第十二位。

在科研影响力方面，荷兰、瑞士、挪威位居前三。该领域共有 21 个国家（包括中国）的 CNCI 值大于 1，其论文的被引表现高于全球平均水平。但中国的 CNCI 值排名较为靠后，为第十八位，有待进一步提升和发展。

在科研卓越力方面，英国排名第一，高被引论文总量 406 篇，领先优势明显。美国高被引论文总量 346 篇，排名第二。中国高被引论文总量 260 篇，排名第三。其他高被引论文总量在100篇以上的国家有德国、澳大利亚、意大利、荷兰、法国、西班牙和加拿大。

在科研合作力方面，美国排名第一，国际合作论文总量10155篇，领先优势明显。英国排名第二，国际合作论文总量8827篇。中国的国际合作论文总量8467篇，排名第三，较英国略少。其他国际合作论文总量在2000篇以上的国家有德国、澳大利亚、意大利、法国、西班牙、加拿大、瑞典和荷兰。

第一梯队的3个国家中，中国和美国科研生产力全球最强，科研卓越力和科研合作力表现也很优秀，但科研影响力略差，这也是导致两国科技论文竞争力落后于表现较均衡的英国的主要原因。第二梯队的荷兰、瑞士、挪威和丹麦科研影响力全球最强，但是其科研生产力、科研卓越力和科研合作力稍弱，科技论文竞争力均落后于同在第二梯队的德国和澳大利亚，后两个国家在4项指标上的表现更为均衡。第三梯队的比利时在科研影响力上表现相对较为突出。

（2）领域高质量论文分析：中国高质量论文数跟跑美国、澳大利亚、英国，且机构高质量论文数不多

在环境科学Top100高质量论文中（共101篇），美国占有21篇，澳大利亚和英国各有11篇，中国有10篇，处于跟跑地位（表2-10）。其中，欧盟委员会和澳大利亚联邦科学与工业研究组织有4篇，是全球拥有高质量论文最多的机构。另外，加利福尼亚大学、哥廷根大学和瓦赫宁根大学各有3篇。南京农业大学有2篇，是中国拥有高质量论文最多的机构。可见，中国拥有的高质量论文数不高，且单个机构拥有的高质量论文数也不高。

环境科学Top100高质量论文中有75篇来自大学，其次是科研机构和政府。

表2-10 环境科学Top100高质量论文

排名	被引频次	论文题目	国家	机构	机构类型
1	2400	Updated high - resolution grids of monthly climatic observations-the CRU TS3. 10 Dataset	英国	东安格利亚大学	大学
2	1074	Biochar as a sorbent for contaminant management in soil and water: a review	韩国	江原大学	大学
3	843	The NCEP climate forecast system version 2	美国	美国国家海洋和大气管理局	政府
4	727	Anion-exchange membranes in electrochemical energy systems	英国	萨里大学	大学
5	657	Increasing frequency of extreme El Nino events due to greenhouse warming	澳大利亚	澳大利亚联邦科学与工业研究组织	政府
6	639	Landsat-8: science and product vision for terrestrial global change research	美国	南达科他州立大学	大学

（续表）

排名	被引频次	论文题目	国家	机构	机构类型
7	571	NEESTIMATOR v2：re-implementation of software for the estimation of contemporary effective population size（N-e）from genetic data	澳大利亚	昆士兰大学	大学
8	548	Improved allometric models to estimate the aboveground biomass of tropical trees	法国	法国国家科研中心	科研机构
9	547	Remediation of heavy metal（loid）s contaminated soils-to mobilize or to immobilize?	澳大利亚	南澳大学	大学
10	504	On underestimation of global vulnerability to tree mortality and forest die-off from hotter drought in the Anthropocene	美国	美国地质调查局	政府
11	448	A meta-analysis of crop yield under climate change and adaptation	英国	利兹大学	大学
12	445	A review on the human health impact of airborne particulate matter	韩国	汉阳大学	大学
13	412	Rising temperatures reduce global wheat production	美国	佛罗里达大学	大学
14	395	APSIM-Evolution towards a new generation of agricultural systems simulation	澳大利亚	澳大利亚联邦科学与工业研究组织	政府
15	389	Agricultural expansion and its impacts on tropical nature	澳大利亚	詹姆斯·库克大学	大学
16	355	Review on research achievements of biogas from anaerobic digestion	中国	西北农林科技大学	大学
17	344	Soil contamination in China：current status and mitigation strategies	中国	南京农业大学	大学
18	342	Systemic insecticides（neonicotinoids and fipronil）：Trends，uses，mode of action and metabolites	比利时	乌得勒支大学	大学
19	326	Agricultural uses of plant biostimulants	美国	奥本大学	大学
20	312	Microbial hotspots and hot moments in soil：concept & review	德国	哥廷根大学	大学
20	312	A global analysis of the impacts of urbanization on bird and plant diversity reveals key anthropogenic drivers	美国	罗格斯大学	大学
22	297	Forward osmosis for application in wastewater treatment：a review	荷兰	代尔夫特理工大学	大学
23	294	Reconceptualising adaptation to climate change as part of pathways of change and response	澳大利亚	澳大利亚联邦科学与工业研究组织	政府

（续表）

排名	被引频次	论文题目	国家	机构	机构类型
24	292	Rapid and highly variable warming of lake surface waters around the globe	美国	伊利诺伊州立大学	大学
25	290	Environmental DNA for wildlife biology and biodiversity monitoring	丹麦	哥本哈根大学	大学
26	280	Graphene in the aquatic environment：adsorption，dispersion，toxicity and transformation	中国	中国海洋大学	大学
27	276	A global assessment of precipitation chemistry and deposition of sulfur，nitrogen，sea salt，base cations，organic acids，acidity and pH，and phosphorus	加拿大	加拿大环境部	政府
28	274	Biochar's role in mitigating soil nitrous oxide emissions：a review and meta-analysis	西班牙	西班牙高等科学研究理事会	科研机构
29	271	The significance of soils and soil science towards realization of the United Nations Sustainable Development Goals	荷兰	瓦赫宁根大学	大学
29	271	Importance of chemical pretreatment for bioconversion of lignocellulosic biomass	印度	Sardar Swaran Singh 国家可再生能源研究所	科研机构
31	269	Neonicotinoid contamination of global surface waters and associated risk to aquatic invertebrates：a review	加拿大	萨斯喀彻温大学	大学
32	267	A continental-scale hydrology and water quality model for Europe：calibration and uncertainty of a high-resolution large-scale SWAT model	瑞士	苏黎世联邦理工学院	科研机构
33	263	Flood risk and climate change：global and regional perspectives	波兰	波兰科学院	科研机构
34	259	SUDS，LID，BMPs，WSUD and more-the evolution and application of terminology surrounding urban drainage	澳大利亚	墨尔本大学	大学
34	259	Organophosphorus flame retardants and plasticizers：sources，occurrence，toxicity and human exposure	中国	中国科学院	科研机构
36	254	A comparative review of biochar and hydrochar in terms of production，physico-chemical properties and applications	加拿大	圭尔夫大学	大学
37	252	Using the class 1 integron-integrase gene as a proxy for anthropogenic pollution	澳大利亚	麦考瑞大学	大学
38	246	The global methane budget 2000-2012	法国	巴黎萨克雷大学	大学

（续表）

排名	被引频次	论文题目	国家	机构	机构类型
39	245	The geology of mankind? A critique of the anthropocene narrative	瑞典	隆德大学	大学
40	244	How do various maize crop models vary in their responses to climate change factors?	法国	法国农业科学院	科研机构
41	242	Comparison of halide impacts on the efficiency of contaminant degradation by sulfate and hydroxyl radical - based advanced oxidation processes (AOPs)	中国	哈尔滨工业大学	大学
42	237	MIX: a mosaic Asian anthropogenic emission inventory under the international collaboration framework of the MICS-Asia and HTAP	中国	清华大学	大学
43	234	A review of biochar as a low-cost adsorbent for aqueous heavy metal removal	美国	佛罗里达大学	大学
44	233	Long-term effects of mineral fertilizers on soil microorganisms-a review	美国	加利福尼亚大学	大学
45	230	Engineered/designer biochar for contaminant removal/immobilization from soil and water: potential and implication of biochar modification	中国	香港理工大学	大学
46	228	Current options for the valorization of food manufacturing waste: a review	意大利	米兰比科卡大学	大学
47	227	Land cover changes and their biogeophysical effects on climate	美国	西肯塔基大学	大学
48	226	Limited potential of no-till agriculture for climate change mitigation	英国	英国洛桑试验站	科研机构
49	224	Distinct soil microbial diversity under long-term organic and conventional farming	瑞士	瑞士联邦政府农业生态研究所	科研机构
50	221	Global carbon budget 2017	英国	东安格利亚大学	大学
50	221	A global meta-analysis of the relative extent of intraspecific trait variation in plant communities	美国	加利福尼亚大学	大学
52	218	Climate-smart agriculture for food security	意大利	联合国粮食及农业组织	政府
53	213	High - resolution topography for understanding Earth surface processes: opportunities and challenges	意大利	帕多瓦大学	大学
54	210	Heavy metals in agricultural soils of the European Union with implications for food safety	欧洲	欧盟委员会	政府
54	210	Improved annotation of antibiotic resistance determinants reveals microbial resistomes cluster by ecology	美国	华盛顿州立大学	大学

（续表）

排名	被引频次	论文题目	国家	机构	机构类型
56	209	Food choices, health and environment: effects of cutting Europe's meat and dairy intake	荷兰	荷兰环境评估署	政府
57	208	Catalytic pyrolysis of individual components of lignocellulosic biomass	美国	艾奥瓦州立大学	大学
58	207	Advances in plant growth-promoting bacterial inoculant technology: formulations and practical perspectives (1998-2013)	墨西哥	西北墨西哥生物多样性基因组学国家重点实验室	科研机构
59	205	Soil carbon 4 per mille	澳大利亚	悉尼大学	大学
59	205	Physico-chemical properties and microbial responses in biochar-amended soils: mechanisms and future directions	加拿大	麦吉尔大学	大学
61	204	Ecosystem services as a contested concept: a synthesis of critique and counter-arguments	荷兰	瓦赫宁根大学	大学
62	200	Redox properties of plant biomass-derived black carbon (Biochar)	瑞士	瑞士苏黎世联邦理工学院	大学
63	197	Importance of food-demand management for climate mitigation	英国	剑桥大学	大学
64	195	Carbon sequestration in agricultural soils via cultivation of cover crops-a meta-analysis	瑞典	瑞典农业科学大学	大学
64	195	A three-year experiment confirms continuous immobilization of cadmium and lead in contaminated paddy field with biochar amendment	中国	南京农业大学	大学
64	195	Unifying niche shift studies: insights from biological invasions	瑞士	洛桑大学	大学
64	195	Conservation agriculture and ecosystem services: an overview	美国	哥伦比亚大学	大学
68	194	Valuing nature's contributions to people: the IPBES approach	西班牙 西班牙 英国	巴斯克大学，巴斯克科学基金会，剑桥大学	大学 科研机构 大学
68	194	Agricultural benefits and environmental risks of soil fertilization with anaerobic digestates: a review	加拿大	圭尔夫大学	大学
70	193	The role of biomass and bioenergy in a future bioeconomy: policies and facts	欧洲	欧盟委员会	科研机构
71	192	Increased frequency of extreme La Nina events under greenhouse warming	澳大利亚	澳大利亚联邦科学与工业研究组织	政府
71	192	The dimensions of soil security	澳大利亚	悉尼大学	大学

（续表）

排名	被引频次	论文题目	国家	机构	机构类型
73	191	Bioenergy and biofuels: history, status, and perspective	美国	特拉华州立大学	大学
73	191	Occurrence of antibiotics and antibiotic resistance genes in a sewage treatment plant and its effluent-receiving river	中国	中国环境科学研究院	科研机构
73	191	Pervasive transition of the Brazilian land-use system	巴西	圣保罗州立大学	大学
76	190	Bioremediation of heavy metals from soil and aquatic environment: an overview of principles and criteria of fundamental processes	韩国	建国大学	大学
77	189	Development of constructed wetlands in performance intensifications for wastewater treatment: a nitrogen and organic matter targeted review	中国	中国农业大学	大学
77	189	A review of approaches for evapotranspiration partitioning	以色列	本·古里安大学	大学
77	189	Soil enzyme activities, microbial communities, and carbon and nitrogen availability in organic agroecosystems across an intensively-managed agricultural landscape	美国	加利福尼亚大学	大学
80	187	Genetic rescue to the rescue	美国	阿拉斯加大学	大学
81	184	The role of agri-environment schemes in conservation and environmental management	德国	哥廷根大学	大学
81	184	Effects of tropical deforestation on climate and agriculture	美国	弗吉尼亚大学	大学
83	183	Determination of tropical deforestation rates and related carbon losses from 1990 to 2010	欧洲	欧盟委员会	政府
84	181	Climate sensitivity of shrub growth across the tundra biome	英国	爱丁堡大学	大学
85	180	HYMEX A 10-year multidisciplinary program on the mediterranean water cycle	法国	巴黎综合理工大学	大学
85	180	Biochar stability in soil: decomposition during eight years and transformation as assessed by compound-specific ^{14}C analysis	德国	哥廷根大学	大学
87	179	Recent advances in utilization of biochar	美国	俄克拉荷马州立大学	大学
88	177	Genomics and the challenging translation into conservation practice	瑞典	乌普萨拉大学	大学
88	177	Aggregate-associated soil organic matter as an ecosystem property and a measurement tool	瑞士	瑞士苏黎世联邦理工学院	科研机构

（续表）

排名	被引频次	论文题目	国家	机构	机构类型
90	176	HTAP_ v2. 2：a mosaic of regional and global emission grid maps for 2008 and 2010 to study hemispheric transport of air pollution	欧洲	欧盟委员会	政府
90	176	A restatement of the natural science evidence base concerning neonicotinoid insecticides and insect pollinators	英国	牛津大学	大学
92	175	An international database for pesticide risk assessments and management	英国	赫特福德大学	大学
92	175	Linkages between biodiversity attributes and ecosystem services：a systematic review	英国	牛津大学	大学
94	174	Water，drought，climate change，and conflict in Syria	美国	太平洋研究院	科研机构
94	174	When and where does mortality occur in migratory birds? Direct evidence from long－term satellite tracking of raptors	瑞典	隆德大学	大学
96	173	Overview and current status of remote sensing applications based on unmanned aerial vehicles (UAVs)	西班牙	马德里康普顿斯大学	大学
96	173	Temperatures and the growth and development of maize and rice：a review	西班牙	马德里理工大学	大学
98	172	Effects of soil management techniques on soil water erosion in apricot orchards	荷兰	瓦赫宁根大学	大学
98	172	A synergistic biorefinery based on catalytic conversion of lignin prior to cellulose starting from lignocellulosic biomass	美国	普渡大学	大学
100	171	Integrated crop-livestock systems：strategies to achieve synergy between agricultural production and environmental quality	法国	法国农业科学院	科研机构
100	171	Biodiversity of Palaearctic grasslands：a synthesis	德国	拜罗伊大学	大学

2.2.4 园艺学

（1）科技论文竞争力指数分析：美国和中国遥遥领先，意大利整体表现均衡且较优

美国的园艺学科技论文竞争力排名第一，中国排名第二，意大利排名第三，这3个国家属于第一梯队（科技论文竞争力得分大于2）。法国、英国、荷兰、以色列、墨西哥、澳大利亚、西班牙、德国、加拿大和比利时10个国家处于第二梯队（科技论文竞争力得

分为 1~2)。第三梯队(科技论文竞争力得分小于 1)的 9 个国家依次为丹麦、瑞典、日本、瑞士、巴西、印度、韩国、挪威和波兰(表 2-11)。

表 2-11 主要 22 国园艺学科技论文竞争力指数及排名

国家	科技论文竞争力指数(一级指标)		科研生产力(二级指标)			科研影响力(二级指标)			科研卓越力(二级指标)			国际合作力(二级指标)		
	得分	排名	发文量(篇)	得分	排名	CNCI	得分	排名	高被引论文数(篇)	得分	排名	国际合作论文数(篇)	得分	排名
美国	3.26	1	2138	0.82	2	1.04	0.44	16	8	1.00	1	1025	1.00	1
中国	3.07	2	2613	1.00	1	1.09	0.50	15	7	0.88	3	722	0.70	2
意大利	2.52	3	675	0.25	3	1.54	0.98	2	8	1.00	1	310	0.29	3
法国	1.56	4	160	0.05	14	1.46	0.90	3	4	0.50	4	141	0.12	12
英国	1.43	5	329	0.12	10	1.37	0.80	6	2	0.25	8	288	0.26	4
荷兰	1.34	6	97	0.03	17	1.56	1.00	1	2	0.25	8	87	0.06	15
以色列	1.30	7	138	0.04	16	1.41	0.84	5	3	0.38	5	66	0.04	16
墨西哥	1.29	8	141	0.04	15	1.37	0.80	6	3	0.38	5	98	0.07	14
澳大利亚	1.28	9	488	0.18	7	1.18	0.60	12	2	0.25	8	285	0.26	5
西班牙	1.23	10	417	0.15	8	1.18	0.60	12	2	0.25	8	255	0.23	6
德国	1.15	11	267	0.09	12	1.22	0.64	11	2	0.25	8	192	0.17	7
加拿大	1.14	12	302	0.10	11	1.33	0.75	8	1	0.13	13	183	0.16	8
比利时	1.13	13	86	0.02	18	1.28	0.70	9	3	0.38	5	59	0.04	17
丹麦	0.87	14	39	0.00	21	1.43	0.86	4	0	0.00	18	31	0.01	21
瑞典	0.71	15	75	0.02	19	1.13	0.54	14	1	0.13	13	53	0.03	19
日本	0.69	16	553	0.20	6	0.84	0.24	17	1	0.13	13	145	0.12	11
瑞士	0.66	17	41	0.00	20	1.23	0.65	10	0	0.00	18	38	0.01	20
巴西	0.54	18	417	0.15	8	0.76	0.15	19	1	0.13	13	146	0.12	10
印度	0.46	19	627	0.23	4	0.62	0.00	22	1	0.13	13	130	0.11	13
韩国	0.36	20	556	0.20	5	0.64	0.02	21	0	0.00	18	156	0.13	9
挪威	0.22	21	31	0.00	22	0.83	0.22	18	0	0.00	18	23	0.00	22
波兰	0.20	22	194	0.06	13	0.72	0.10	20	0	0.00	18	55	0.03	18

在科研生产力方面，中国和美国位居第一和第二，总发文量分别为 2613 篇和 2138 篇，是第三名的 3 倍有余，领先优势十分明显。另外，还有 9 个总发文量大于 300 篇的国

家，依次为意大利、印度、韩国、日本、澳大利亚、西班牙、巴西、英国和加拿大，分列第三至第十一位。

在科研影响力方面，荷兰、意大利和法国排名前三。该领域共有 16 个国家（包括中国）的 CNCI 值大于 1，其论文的被引表现高于全球平均水平。但中国的 CNCI 值排名较为靠后，排在第十五位，有待进一步提升和发展。

在科研卓越力方面，意大利和美国并列第一，高被引论文总量均为 8 篇。中国高被引论文总量 7 篇，排名第三。其他高被引论文总量为 2 篇以上的国家有法国、以色列、墨西哥、比利时、英国、西班牙、荷兰、德国和澳大利亚。5 个国家在该学科没有高被引论文产出，分别是瑞士、挪威、韩国、丹麦和波兰。

在科研合作力方面，美国排名第一，国际合作论文总量 1025 篇，呈现绝对领先优势。中国的国际合作论文总量 722 篇，排名第二。其他国际合作论文总量为 100 篇以上的国家有意大利、英国、澳大利亚、西班牙、德国、加拿大、韩国、巴西、日本、法国和印度。

22 个国家的科研生产力、科研卓越力和科研合作力基本呈现一致的排名分布情况，但是科研影响力呈现较大的波动性。位于第一梯队的中国和美国在科研生产力方面全球最强，在科研卓越力和科研合作力上也表现优异，但科研影响力稍弱。第二梯队的荷兰科研影响力全球最强，但是其科研生产力、科研卓越力和科研合作力较弱。第一梯队的意大利则在 4 项指标上的表现较为均衡，且排名靠前，在园艺学方面发展比较突出。印度和韩国虽然处于第三梯队，但是其发文量较高，科研生产力优势明显，属于有一定发展潜力的国家。

（2）领域高质量论文分析：中国高质量论文数全球领跑，中国农业科学院极有优势

在园艺学 Top100 高质量论文（共 100 篇）中，中国占有 32 篇文章全球领跑，美国有 20 篇。其中中国农业科学院与美国农业部以 6 篇成为全球拥有高质量论文数最多的机构（表 2-12）。

园艺学 Top100 高质量论文中有 73 篇来自大学，其次是科研机构、政府和研究委员会。

表 2-12　园艺学 Top100 高质量论文

排名	被引频次	论文题目	国家	机构	机构类型
1	175	Genetic dissection of drought tolerance in chickpea (*Cicer arietinum* L.)	印度	国际半干旱热带作物研究所	科研机构
2	112	Humic and fulvic acids as biostimulants in horticulture	巴西	北弗鲁米嫩塞州立大学	大学

（续表）

排名	被引频次	论文题目	国家	机构	机构类型
3	103	Genome and transcriptome analysis of the grapevine (*Vitis vinifera* L.) WRKY gene family	中国	南京农业大学	大学
4	102	Integrating environmental covariates and crop modeling into the genomic selection framework to predict genotype by environment interactions	美国	康奈尔大学	大学
5	91	Training set optimization under population structure in genomic selection	美国	康奈尔大学	大学
6	87	Seaweed extracts as biostimulants in horticulture	加拿大	达尔豪斯大学	大学
6	87	Carotenoid metabolism and regulation in horticultural crops	美国	康奈尔大学	大学
8	84	Genome triplication drove the diversification of Brassica plants	中国	中国农业科学院	科研机构
9	82	Arbuscular mycorrhizal fungi act as biostimulants in horticultural crops	意大利	那不勒斯费德里科二世大学	大学
10	78	QTL-seq identifies an early flowering QTL located near Flowering Locus T in cucumber	中国	中国农业科学院	科研机构
11	76	Biostimulants and crop responses: a review	意大利	米兰大学	大学
12	67	Protein hydrolysates as biostimulants in horticulture	意大利	图西亚大学	大学
13	66	The effect of a plant-derived biostimulant on metabolic profiling and crop performance of lettuce grown under saline conditions	意大利	图西亚大学	大学
13	66	Identification of SSRs and differentially expressed genes in two cultivars of celery (*Apium graveolens* L.) by deep transcriptome sequencing	中国	南京农业大学	大学
15	63	MAGIC populations in crops: current status and future prospects	澳大利亚	澳大利亚联邦科学与工业研究组织	政府
16	62	Induced resistance to control postharvest decay of fruit and vegetables	意大利	马尔凯理工大学	大学
17	59	The science, development, and commercialization of postharvest biocontrol products	以色列	以色列农业农村发展部	大学
18	57	Bayesian QTL analyses using pedigreed families of an outcrossing species, with application to fruit firmness in apple	荷兰	瓦赫宁根大学	大学
19	56	A genome-wide association study reveals novel elite allelic variations in seed oil content of Brassica napus	中国	华中农业大学	大学

（续表）

排名	被引频次	论文题目	国家	机构	机构类型
19	56	Increasing the productivity and product quality of vegetable crops using arbuscular mycorrhizal fungi：a review	德国	罗斯托克大学	大学
19	56	Effects of carboxymethyl cellulose and chitosan bilayer edible coating on postharvest quality of citrus fruit	以色列	以色列农业农村发展部	大学
22	54	Integrated management of postharvest gray mold on fruit crops	意大利	马尔凯理工大学	大学
22	54	Flowering time in wheat（*Triticum aestivum* L.）：a key factor for global adaptability	加拿大	阿尔伯塔大学	大学
24	53	Genetic analysis and major QTL detection for maize kernel size and weight in multi-environments	中国	华中农业大学	大学
25	52	Changes in vineyard establishment and canopy management urged by earlier climate-related grape ripening：a review	意大利	佩鲁贾大学	大学
25	52	ABA and UV-C effects on quality，antioxidant capacity and anthocyanin contents of strawberry fruit（*Fragaria ananassa* Duch.）	中国	浙江大学	大学
25	52	Construction of an integrative linkage map and QTL mapping of grain yield-related traits using three related wheat RIL populations	中国	山东农业大学	大学
28	51	Assessment of biofortification with iodine and selenium of lettuce cultivated in the NFT hydroponic system	波兰	克拉科夫科翁泰农学院	大学
29	50	Rapid and reliable identification of tomato fruit weight and locule number loci by QTL-seq	美国	俄亥俄州立大学	大学
30	48	Association mapping of six yield-related traits in rapeseed（*Brassica napus* L.）	中国	华中农业大学	大学
31	47	The roles of metabolism of membrane lipids and phenolics in hydrogen peroxide-induced pericarp browning of harvested longan fruit	中国	福建农林大学	大学
31	47	Sodium carbonate and bicarbonate treatments induce resistance to postharvest green mould on citrus fruit	意大利	巴里奥尔多·莫罗大学	大学
31	47	Mapping and validation of quantitative trait loci associated with concentrations of 16 elements in unmilled rice grain	美国	美国农业部	政府

（续表）

排名	被引频次	论文题目	国家	机构	机构类型
34	46	Grapevine powdery mildew resistance and susceptibility loci identified on a high-resolution SNP map	美国	康奈尔大学	大学
34	46	NIR spectroscopy for the optimization of post-harvest apple management	意大利	米兰大学	大学
36	45	Molecular mapping of genes Yr64 and Yr65 for stripe rust resistance in hexaploid derivatives of durum wheat accessions PI 331260 and PI 480016	荷兰	瓦赫宁根大学	大学
36	45	Phomopsis longanae Chi - induced pericarp browning and disease development of harvested longan fruit in association with energy status	中国	福建农林大学	大学
36	45	The Ph-3 gene from Solanum pimpinellifolium encodes CC-NBS-LRR protein conferring resistance to Phytophthora infestans	中国	中国农业科学院	科研机构
39	44	Effect of cold plasma treatment on physico-chemical parameters and antioxidant activity of minimally processed kiwifruit	意大利	博洛尼亚大学	大学
39	44	Blue LED light enhances growth, phytochemical contents, and antioxidant enzyme activities of relunannia glutinosa cultured in vitro	韩国	庆尚大学	大学
41	43	Alternative management technologies for post-harvest disease control: the journey from simplicity to complexity	美国	美国农业部	政府
41	43	A splice acceptor site mutation in TaGW2-A1 increases thousand grain weight in tetraploid and hexaploid wheat through wider and longer grains	英国	英国生物技术和生物科学研究理事会	科研机构
41	43	Mapping QTLs for yield and nitrogen-related traits in wheat: influence of nitrogen and phosphorus fertilization on QTL expression	中国	中国科学院	科研机构
44	42	A high-density SNP genotyping array for Brassica napus and its ancestral diploid species based on optimised selection of single-locus markers in the allotetraploid genome	加拿大	加拿大农业与农业食品部	政府
44	42	Genome-wide association mapping for stripe rust (*Puccinia striiformis* F. sp tritici) in US Pacific Northwest winter wheat (*Triticum aestivum* L.)	荷兰	瓦赫宁根大学	大学

（续表）

排名	被引频次	论文题目	国家	机构	机构类型
44	42	Identification of Yr59 conferring high-temperature adult-plant resistance to stripe rust in wheat germplasm PI 178759	美国	美国农业部	政府
47	41	Genome-wide association study (GWAS) of carbon isotope ratio (delta ^{13}C) in diverse soybean [*Glycine max* (L.) Merr.] genotypes	美国	密苏里大学	大学
47	41	Ultra-dense genetic map of durum wheat x wild emmer wheat developed using the 90K iSelect SNP genotyping assay	以色列	特拉维夫大学	大学
47	41	Copy number and haplotype variation at the VRN-A1 and central FR-A2 loci are associated with frost tolerance in hexaploid wheat	美国	加利福尼亚大学	大学
50	40	Effects of LED supplemental lighting on yield and some quality parameters of lamb's lettuce grown in two winter cycles	波兰	克拉科夫科翁泰农学院	大学
50	40	Dynamic changes in proteins during apple (Malus x domestica) fruit ripening and storage	中国	南京农业大学	大学
52	39	Decay control in the postharvest system: role of microbial and plant volatile organic compounds	意大利	博洛尼亚大学	大学
52	39	Genome-wide association study, genomic prediction and marker-assisted selection for seed weight in soybean (*Glycine max*)	美国	弗吉尼亚州立大学	大学
52	39	Association mapping for root architectural traits in durum wheat seedlings as related to agronomic performance	意大利	博洛尼亚大学	大学
52	39	QTL mapping and phenotypic variation for root architectural traits in maize (*Zea mays* L.)	美国	宾夕法尼亚州立大学	大学
52	39	The role of active oxygen metabolism in hydrogen peroxide-induced pericarp browning of harvested longan fruit	中国	福建农林大学	大学
52	39	Growth and quality responses of 'Green Oak Leaf' lettuce as affected by monochromic or mixed radiation provided by fluorescent lamp (FL) and light-emitting diode (LED)	中国	北京市农林科学院	科研机构
58	38	The bZIP transcription factor MdHY5 regulates anthocyanin accumulation and nitrate assimilation in apple	中国	山东农业大学	大学
58	38	Genome-editing technologies and their potential application in horticultural crop breeding	中国	南京农业大学	大学

（续表）

排名	被引频次	论文题目	国家	机构	机构类型
58	38	Construction of genetic map and QTL analysis of fiber quality traits for Upland cotton (*Gossypium hirsutum* L.)	中国	西南大学	大学
58	38	Methyl jasmonate induces resistance against Penicillium citrinum in Chinese bayberry by priming of defense responses	中国	南京农业大学	大学
58	38	Effect of postharvest acibenzolar-S-methyl dipping on phenylpropanoid pathway metabolism in muskmelon (*Cucumis melo* L.) fruits	中国	渤海大学	大学
63	37	Development and evaluation of near-isogenic lines for major blast resistance gene (s) in Basmati rice	印度	印度农业研究理事会	科研机构
63	37	Effects of A. nodosum seaweed extracts on spinach growth, physiology and nutrition value under drought stress	美国	美国农业部	政府
63	37	Combined effects of ascorbic acid and chitosan on the quality maintenance and shelf life of plums	中国	湛江师范大学	大学
63	37	Blueberry leaf extracts incorporated chitosan coatings for preserving postharvest quality of fresh blueberries	美国	俄勒冈大学	大学
63	37	Quantitative trait loci that control the oil content variation of rapeseed (*Brassica napus* L.)	中国	华中农业大学	大学
63	37	Nondestructive detection of insect infested chestnuts based on NIR spectroscopy	意大利	图西亚大学	大学
69	36	Foliar applications of a legume-derived protein hydrolysate elicit dose-dependent increases of growth, leaf mineral composition, yield and fruit quality in two greenhouse tomato cultivars	意大利	那不勒斯费德里科二世大学	大学
69	36	GRAS, plant-and animal-derived compounds as alternatives to conventional fungicides for the control of postharvest diseases of fresh horticultural produce	西班牙	巴伦西亚农业研究院	科研机构
69	36	Envirotyping for deciphering environmental impacts on crop plants	中国，国际组织	中国农业科学院，国际玉米小麦改良中心	科研机构
69	36	Improving phosphorus use efficiency in agriculture: opportunities for breeding	荷兰	瓦赫宁根大学	大学
69	36	Biostimulants in horticulture Preface	意大利	图西亚大学	大学
69	36	Genome-wide association analysis reveals new targets for carotenoid biofortification in maize	国际组织	国际玉米小麦改良中心	科研机构

（续表）

排名	被引频次	论文题目	国家	机构	机构类型
69	36	A yield-associated gene TaCWI, in wheat: its function, selection and evolution in global breeding revealed by haplotype analysis	中国	西北农林科技大学	大学
69	36	Inheritance of growth and solid wood quality traits in a large Norway spruce population tested at two locations in southern Sweden	瑞典	瑞典农业科学大学	大学
69	36	A major and stable QTL associated with seed weight in soybean across multiple environments and genetic backgrounds	日本	日本农业和食品研究组织	科研机构
69	36	Nitric oxide reduces pericarp browning and preserves bioactive antioxidants in litchi	印度	比哈尔邦农业大学	大学
69	36	Development and characterization of wheat lines carrying stem rust resistance gene Sr43 derived from Thinopyrum ponticum	美国	美国农业部	政府
69	36	Diversity of the Fusarium graminearum species complex on French cereals	法国	法国食品、环境、职业健康与安全局	研究委员会
69	36	Temporal and spatial control of gene expression in horticultural crops	美国	佛罗里达大学	大学
82	35	Sequencing consolidates molecular markers with plant breeding practice	澳大利亚	西澳大利亚农业与食品部	政府
82	35	QTL characterization of resistance to leaf rust and stripe rust in the spring wheat line Francolin #1	国际组织	国际玉米小麦改良中心	科研机构
82	35	Mapping of Yr62 and a small-effect QTL for high-temperature adult-plant resistance to stripe rust in spring wheat PI 192252	美国	美国农业部	政府
82	35	Fine genetic characterization of elite maize germplasm using high-throughput SNP genotyping	中国	四川农业大学	大学
82	35	Molecular mapping of stripe rust resistance gene Yr51 in chromosome 4AL of wheat	澳大利亚	悉尼大学	大学
87	34	Global climate suitability of citrus huanglongbing and its vector, the Asian citrus psyllid, using two correlative species distribution modeling approaches, with emphasis on the USA	美国	佛罗里达大学	大学
87	34	Effect of brassinolide on energy status and proline metabolism in postharvest bamboo shoot during chilling stress	中国	浙江大学	大学
87	34	Effect of active modified atmosphere and cold storage on the postharvest quality of cherry tomatoes	巴西	圣卡塔琳娜联邦大学	大学

（续表）

排名	被引频次	论文题目	国家	机构	机构类型
87	34	Influence of postharvest chitosan treatment on enzymatic browning and antioxidant enzyme activity in sweet cherry fruit	意大利	意大利农业科研和农业经济分析理事会	科研机构
87	34	Multiple cold resistance loci confer the high cold tolerance adaptation of Dongxiang wild rice (*Oryza rufipogon*) to its high-latitude habitat	中国	中国科学院	科研机构
87	34	TaGS-D1, an ortholog of rice OsGS3, is associated with grain weight and grain length in common wheat	中国	中国农业科学院	科研机构
87	34	Genomics-assisted breeding in four major pulse crops of developing countries: present status and prospects	印度	国际半干旱热带作物研究所	科研机构
87	34	Increasing strawberry shelf-life with carvacrol and methyl cinnamate antimicrobial vapors released from edible films	意大利	帕多瓦大学	大学
95	33	Genetic mapping and molecular marker development for Pi65 (t), a novel broad-spectrum resistance gene to rice blast using next-generation sequencing	中国	中国农业科学院	科研机构
95	33	Glycosidically bound volatile aroma compounds in grapes and wine: a review	美国	加利福尼亚大学	大学
95	33	Ethylene synthesis, ripening capacity, and superficial scald inhibition in 1-MCP treated 'd'Anjou' pears are affected by storage temperature	美国	俄勒冈大学	大学
95	33	Genetic basis of grain yield heterosis in an "immortalized F-2" maize population	中国	华中农业大学	大学
95	33	Infection processes of Ustilaginoidea virens during artificial inoculation of rice panicles	中国	中国农业大学	大学
95	33	New evidence of ancestral polyploidy in the Genistoid legume *Lupinus angustifolius* L. (narrow-leafed lupin)	澳大利亚	西澳大学	大学

2.2.5 兽医学

（1）科技论文竞争力指数分析：中国位居第一，但科研影响力有待加强

中国的兽医学科技论文竞争力排名第一，美国排名第二，英国排名第三，这3个国家属于第一梯队（科技论文竞争力得分大于2）。意大利、澳大利亚、瑞士、荷兰、法国、

德国和瑞典7个国家处于第二梯队（科技论文竞争力得分为1~2）。第三梯队（科技论文竞争力得分小于1）的12个国家依次为日本、丹麦、西班牙、加拿大、比利时、挪威、印度、巴西、韩国、以色列、波兰和墨西哥（表2-13）。

表2-13　主要22国兽医学科技论文竞争力指数及排名

国家	科技论文竞争力指数（一级指标）		科研生产力（二级指标）			科研影响力（二级指标）			科研卓越力（二级指标）			国际合作力（二级指标）		
	得分	排名	发文量（篇）	得分	排名	CNCI	得分	排名	高被引论文数（篇）	得分	排名	国际合作论文数（篇）	得分	排名
中国	2.95	1	5753	1.00	1	1.21	0.31	14	26	1.00	1	1461	0.64	3
美国	2.91	2	3718	0.64	2	1.30	0.39	12	23	0.88	2	2222	1.00	1
英国	2.88	3	2346	0.39	3	1.85	0.81	3	20	0.76	3	2033	0.91	2
意大利	1.41	4	827	0.12	9	1.53	0.57	5	14	0.52	4	552	0.20	10
澳大利亚	1.24	5	1172	0.18	6	1.37	0.44	11	10	0.36	5	652	0.25	5
瑞士	1.15	6	332	0.03	19	2.09	1.00	1	2	0.04	16	287	0.08	15
荷兰	1.10	7	381	0.04	15	1.95	0.89	2	3	0.08	14	320	0.09	13
法国	1.08	8	689	0.10	12	1.47	0.52	8	7	0.24	7	595	0.22	8
德国	1.06	9	795	0.12	11	1.48	0.52	6	6	0.20	8	590	0.22	9
瑞典	1.05	10	919	0.14	8	1.47	0.52	8	5	0.16	10	613	0.23	6
日本	0.87	11	1915	0.32	4	0.83	0.02	20	8	0.28	6	665	0.26	4
丹麦	0.84	12	360	0.04	17	1.69	0.69	4	2	0.04	16	274	0.07	17
西班牙	0.81	13	684	0.10	13	1.28	0.38	13	5	0.16	10	506	0.18	11
加拿大	0.77	14	1106	0.17	7	1.12	0.25	18	4	0.12	12	611	0.23	7
比利时	0.64	15	370	0.04	16	1.43	0.49	10	2	0.04	16	287	0.08	15
挪威	0.57	16	136	0.00	22	1.48	0.52	6	2	0.04	16	128	0.00	22
印度	0.55	17	431	0.05	14	1.15	0.27	16	6	0.20	8	184	0.03	18
巴西	0.44	18	1192	0.19	5	0.8	0.00	22	4	0.12	12	413	0.14	12
韩国	0.40	19	819	0.12	10	0.95	0.12	19	3	0.08	14	290	0.08	14
以色列	0.34	20	245	0.02	21	1.21	0.31	14	1	0.00	22	131	0.00	21
波兰	0.33	21	253	0.02	20	1.14	0.27	17	2	0.04	16	138	0.00	20
墨西哥	0.11	22	343	0.04	18	0.82	0.01	21	2	0.04	16	177	0.02	19

在科研生产力方面，中国、美国和英国排名前三，总发文量分别为5753篇、3718篇

和 2346 篇；另外还有 4 个总发文量大于 1000 篇的国家，依次为日本、巴西、澳大利亚和加拿大，分列第四至第七位。

在科研影响力方面，瑞士、荷兰、英国排名前三。该领域共有 18 个国家（包括中国）的 CNCI 值大于 1，其论文的被引表现高于全球平均水平。但中国的 CNCI 值排名较为靠后，为第十四位，有待进一步提升和发展。

在科研卓越力方面，中国排名第一，高被引论文总量 26 篇；美国高被引论文总量 23 篇，排名第二；英国排名第三，高被引论文总量 20 篇。其他高被引论文总量为 5 篇以上的国家有意大利、澳大利亚、日本、法国、德国、印度、西班牙和瑞典。

在科研合作力方面，美国排名第一，国际合作论文总量 2222 篇；英国的国际合作论文总量 2033 篇，排名第二；美英两国领先优势明显。中国排名第三，国际合作论文总量 1461 篇。其他国际合作论文总量为 500 篇以上的国家有日本、澳大利亚、瑞典、加拿大、法国、德国、意大利和西班牙。

位于第一梯队的中国和美国在科研生产力和科研卓越力上均全球最强，科研合作力表现也很优秀，但是两国科研影响力都较弱。相比之下，同为第一梯队的英国则在 4 项指标上的表现较优且均衡。第二梯队的瑞士和荷兰科研影响力全球最强，分列第一和第二位，但是其科研生产力、科研卓越力和科研合作力较弱，导致其科技论文竞争力未进入第一梯队。日本和巴西虽然处于第三梯队，但是其发文量较高，科研生产力位列全球第四和第五，是具有发展潜力的国家；尤其是日本，其科研卓越力和科研合作力较强，未来或将成为该学科的有力竞争者。

（2）领域高质量论文分析：中国高质量论文数全球领跑

兽医学领域被引频次最高的文章出自中国，由华南农业大学和中国农业大学合作完成，其被引频次比第二名高出 4 倍有余（表 2-14）。国家表现上，102 篇论文中，美国最多，占 30 篇；中国有 23 篇。机构方面，Top100 高质量论文产出以大学为主，其次是科研机构，仅有少量来自企业和政府部门。4 篇企业产出的 Top100 论文分别来自澳大利亚、英国、美国和中国。政府部门论文中，美国的占比非常高，其他政府论文来自韩国、中国和澳大利亚，可见美国政府部门较他国政府部门更重视科研。

表 2-14　兽医学 Top100 高质量论文

排名	被引频次	论文题目	国家	机构	机构类型
1	1492	Emergence of plasmid-mediated colistin resistance mechanism MCR-1 in animals and human beings in China: a microbiological and molecular biological study	中国	华南农业大学，中国农业大学	大学

（续表）

排名	被引频次	论文题目	国家	机构	机构类型
2	319	Recent advances on the development of magnesium alloys for biodegradable implants	美国	北卡罗来纳农工州立大学	大学
3	309	Nanoparticle vaccines	澳大利亚	昆士兰大学	大学
4	302	Cell-intrinsic lysosomal lipolysis is essential for alternative activation of macrophages	美国	华盛顿大学	大学
5	281	Mast cell secretory granules: armed for battle	瑞典	瑞典农业科学大学	大学
6	252	The first identification and retrospective study of severe fever with thrombocytopenia syndrome in Japan	日本	日本国立传染病研究所	科研机构
7	226	Estimates of global, regional, and national incidence, prevalence, and mortality of HIV, 1980 - 2015: the Global Burden of Disease Study 2015	美国	华盛顿大学	大学
8	155	Severe fever with thrombocytopenia syndrome, an emerging tick-borne zoonosis	中国	中国农业科学院	科研机构
9	140	Amino acid nutrition in animals: protein synthesis and beyond	美国	得克萨斯 A&M 大学	大学
10	139	Porcine epidemic diarrhea virus infection: etiology, epidemiology, pathogenesis and immunoprophylaxis	美国	俄亥俄州立大学	大学
11	137	New variant of porcine epidemic diarrhea virus, United States, 2014	美国	俄亥俄州农业部	政府
12	134	Cytokine expression and secretion by skeletal muscle cells: regulatory mechanisms and exercise effects	澳大利亚	昆士兰科技大学	大学
13	131	Genomic and bioinformatic profiling of mutational neoepitopes reveals new rules to predict anticancer immunogenicity	美国	康涅狄格大学	大学
13	131	Iron/iron oxide core/shell nanoparticles for magnetic targeting MRI and near-infrared photothermal therapy	美国	新墨西哥大学	大学
15	129	Punicalagin induces Nrf2/HO - 1 expression via upregulation of PI3K/AKT pathway and inhibits LPS-induced oxidative stress in RAW264.7 macrophages	中国	北京农学院	大学
16	128	CD4 (+) T cell help guides formation of CD103 (+) lung - resident memory CD8 (+) T cells during influenza viral infection	美国	耶鲁大学	大学

（续表）

排名	被引频次	论文题目	国家	机构	机构类型
16	128	A Fast pH-switchable and self-healing supramolecular hydrogel carrier for guided, local catheter injection in the infarcted myocardium	荷兰	乌得勒支大学	大学
18	125	Review of influenza a virus in swine worldwide: a call for increased surveillance and research	美国	美国农业部	政府
19	123	A novel gene, optrA, that confers transferable resistance to oxazolidinones and phenicols and its presence in Enterococcus faecalis and Enterococcus faecium of human and animal origin	中国	中国农业大学	大学
19	123	Infant gut microbiota and food sensitization: associations in the first year of life	加拿大	阿尔伯塔大学	大学
21	120	Novel eurasian highly pathogenic avian influenza a h5 viruses in wild birds, Washington, USA, 2014	美国	美国农业部	政府
22	118	The allergy epidemics: 1870-2010	美国	弗吉尼亚大学	大学
22	118	Toll-like receptors (TLRs) in aquatic animals: signaling pathways, expressions and immune responses	印度	国家技术研究所	科研机构
24	112	Neutrophils prime a long-lived effector macrophage phenotype that mediates accelerated helminth expulsion	美国	罗格斯大学	大学
25	111	Carbapenem - resistant and colistin - resistant Escherichia coli co - producing NDM - 9 and MCR-1	中国	华南农业大学	大学
25	111	MERS coronavirus neutralizing antibodies in camels, Eastern Africa, 1983-1997	德国	波恩大学	大学
27	107	Highly pathogenic avian influenza virus (H5N8) in domestic poultry and its relationship with migratory birds in South Korea during 2014	韩国	动植物检疫局	政府
28	105	Pathology of US porcine epidemic diarrhea virus strain PC21A in Gnotobiotic pigs	美国	俄亥俄州立大学	大学
29	99	Nomenclature updates resulting from the evolution of avian influenza A (H5) virus clades 2.1.3.2a, 2.2.1, and 2.3.4 during 2013-2014	美国	美国疾病控制与预防中心	政府
30	96	Detection and genetic characterization of deltacoronavirus in pigs, Ohio, USA, 2014	美国	俄亥俄州农业部	政府
31	95	Antibodies against MERS coronavirus in dromedary camels, kenya, 1992-2013	德国	波恩大学	大学

（续表）

排名	被引频次	论文题目	国家	机构	机构类型
32	91	Geographic distribution of MERS coronavirus among dromedary camels, Africa	荷兰	鹿特丹大学	大学
33	89	Prevalence, risk factors, outcomes, and molecular epidemiology of mcr-1-positive Enterobacteriaceae in patients and healthy adults from China: an epidemiological and clinical study	中国，英国	中国农业大学，卡迪夫大学	大学
33	89	Early emergence of mcr-1 in Escherichia coli from food-producing animals	中国	中国农业大学	大学
33	89	Cronobacter spp. as emerging causes of healthcare-associated infection	英国	诺丁汉特伦特大学	大学
36	87	Epicardial application of cardiac progenitor cells in a 3D-printed gelatin/hyaluronic acid patch preserves cardiac function after myocardial infarction	荷兰	乌德勒支大学	大学
37	86	Subtyping cryptosporidium ubiquitum, a zoonotic pathogen emerging in Humans	中国	华东理工大学	大学
38	85	Cell culture isolation and sequence analysis of genetically diverse US porcine epidemic diarrhea virus strains including a novel strain with a large deletion in the spike gene	美国	俄亥俄州立大学	大学
39	84	Distribution of rotavirus strains and strain-specific effectiveness of the rotavirus vaccine after its introduction: a systematic review and meta-analysis	美国	美国疾病控制与预防中心	政府
40	83	Dietary tryptophan modulates intestinal immune response, barrier function, antioxidant status and gene expression of TOR and Nrf2 in young grass carp (Ctenopharyngodon idella)	中国	四川农业大学	大学
41	82	An overview of calf diarrhea-infectious etiology, diagnosis, and intervention	美国	艾奥瓦州立大学	大学
42	81	The impaired intestinal mucosal immune system by valine deficiency for young grass carp (Ctenopharyngodon idella) is associated with decreasing immune status and regulating tight junction proteins transcript abundance in the intestine	中国	四川农业大学	大学
42	81	Rapid whole-genome sequencing for surveillance of salmonella enterica serovar enteritidis	美国	纽约州卫生署	政府

（续表）

排名	被引频次	论文题目	国家	机构	机构类型
44	80	Contemporary status of insecticide resistance in the major Aedes vectors of arboviruses infecting humans	英国	牛津大学	大学
44	80	Novel reassortant influenza A （H5N8） viruses in domestic ducks，Eastern China	中国	浙江大学	大学
44	80	Microbial "old friends"，immunoregulation and socioeconomic status	英国	伦敦大学	大学
47	79	Streptococcus suis infection an emerging/reemerging challenge of bacterial infectious diseases?	中国	浙江大学	大学
48	78	Campylobacteriosis：the role of poultry meat	瑞典	乌普萨拉大学	大学
48	78	The evidence for improving housing to reduce malaria：a systematic review and meta-analysis	英国	伦敦大学	大学
50	77	Comparison of porcine epidemic diarrhea viruses from germany and the United States，2014	德国	弗里德里希·洛弗勒研究所	科研机构
50	77	Identification of new sub-genotypes of virulent Newcastle disease virus with potential panzootic features	美国	美国农业部	政府
52	76	Implications of white striping and wooden breast abnormalities on quality traits of raw and marinated chicken meat	意大利	博洛尼亚大学	大学
52	76	The dietary flavonoid kaempferol mediates anti-inflammatory responses via the Src，Syk，IRAK1，and IRAK4 molecular targets	韩国	全北国立大学	大学
54	75	Biology of acinetobacter baumannii：pathogenesis，antibiotic resistance mechanisms，and prospective treatment options	韩国	明知大学	大学
55	74	The evolution and epidemiology of Listeria monocytogenes in Europe and the United States	意大利	都灵大学	大学
55	74	Tannin containing legumes as a model for nutraceuticals against digestive parasites in livestock	法国	法国农业科学院	科研机构
57	73	Interactions between intestinal microbiota and host immune response in inflammatory bowel disease	中国	中国农业大学	大学
57	73	Metabolism of activated T lymphocytes	加拿大	萨斯喀彻温大学	大学
59	72	The transcription factor Bcl11b is specifically expressed in group 2 innate lymphoid cells and is essential for their development	英国	桑格研究院	科研机构

（续表）

排名	被引频次	论文题目	国家	机构	机构类型
59	72	Revolutionizing orthopaedic biomaterials: the potential of biodegradable and bioresorbable magnesium - based materials for functional tissue engineering	美国	匹兹堡大学	大学
61	70	NADC30-like strain of porcine reproductive and respiratory syndrome virus, China	中国	中国农业大学	大学
61	70	Evolution and genetic diversity of Theileria	日本	带广畜产大学	大学
63	69	Detecting the impact of temperature on transmission of Zika, dengue, and chikungunya using mechanistic models	美国	斯坦福大学	大学
63	69	Spatial distribution of schistosomiasis and treatment needs in sub-Saharan Africa: a systematic review and geostatistical analysis	瑞士	瑞士热带疾病与公共卫生研究所	科研机构
63	69	Do human extraintestinal escherichia coli infections resistant to expanded-spectrum cephalosporins originate from food-producing animals? a systematic review	澳大利亚	昆士兰大学	大学
63	69	Pathogenic pseudorabies virus, China, 2012	中国	中国动物疫病预防控制中心	政府
67	68	Punicalagin inhibits inflammation in LPS - induced RAW264.7 macrophages via the suppression of TLR4-mediated MAPKs and NF-kappa B activation	中国	中国农业大学	大学
68	67	Spatial and temporal distribution of soil-transmitted helminth infection in sub - Saharan Africa: a systematic review and geostatistical meta-analysis	瑞士	瑞士热带疾病与公共卫生研究所	科研机构
69	66	Combining deep learning and level set for the automated segmentation of the left ventricle of the heart from cardiac cine magnetic resonance	澳大利亚	阿德莱德大学	大学
70	65	Reduction of veterinary antimicrobial use in the netherlands. The dutch success model	荷兰	乌得勒支大学	大学
70	65	Bovine mastitis: frontiers in immunogenetics	加拿大	圭尔夫大学	大学
70	65	Finding alternatives to antibiotics	美国	美国农业部	政府
73	64	Identification and genetic characterization of porcine circovirus type 3 in China	中国	华中农业大学	大学
73	64	Pathogenicity of 2 porcine deltacoronavirus strains in gnotobiotic pigs	美国	俄亥俄州立大学	大学

（续表）

排名	被引频次	论文题目	国家	机构	机构类型
73	64	Reassortant highly pathogenic influenza A (H5N6) virus in Laos	澳大利亚	澳大利亚联邦科学与工业研究组织	政府
73	64	Polyphenol compounds in the chicken/animal diet: from the past to the future	英国	Feed Food Ltd	企业
73	64	Insecticide resistance mechanisms associated with different environments in the malaria vector Anopheles gambiae: a case study in Tanzania	法国	格勒诺布尔大学	大学
78	63	Targeted oral delivery of BmpB vaccine using porous PLGA microparticles coated with M cell homing peptide-coupled chitosan	韩国	首尔大学	大学
79	62	Dissemination of the mcr-1 colistin resistance gene	中国	华南农业大学	大学
79	62	Interaction effects of dietary supplementation of heat-killed Lactobacillus plantarum and beta-glucan on growth performance, digestibility and immune response of juvenile red sea bream, Pagrus major	日本	鹿儿岛大学	大学
81	61	World health organization ranking of antimicrobials according to their importance in human medicine: a critical step for developing risk management strategies to control antimicrobial resistance from food animal production	澳大利亚	堪培拉医院	企业
81	61	Telodendrimer nanocarrier for co-delivery of paclitaxel and cisplatin: a synergistic combination nanotherapy for ovarian cancer treatment	美国	纽约州立大学	大学
81	61	Insights into the antiviral immunity against grass carp (ctenopharyngodon idella) reovirus (GCRV) in grass carp	中国	西北农林科技大学	大学
81	61	Surveillance - response systems: the key to elimination of tropical diseases	瑞士	瑞士热带疾病与公共卫生研究所	科研机构
85	60	Retention in care outcomes for HIV pre-exposure prophylaxis implementation programmes among men who have sex with men in three US cities	美国	米瑞安医院	企业
85	60	Campylobacter in poultry: ecology and potential interventions	美国	艾奥瓦州立大学	大学
85	60	The challenge of West Nile virus in Europe: knowledge gaps and research priorities	意大利	埃德蒙·马赫基金会	基金会
85	60	An equine pain face	丹麦	哥本哈根大学	大学

（续表）

排名	被引频次	论文题目	国家	机构	机构类型
85	60	Characterization of extended－spectrum beta－lactamase（ESBL）－producing Escherichia coli obtained from Danish pigs，pig farmers and their families from farms with high or no consumption of third－or fourth－generation cephalosporins	丹麦	国家血清研究所	科研机构
90	59	Prevalence and genetic characteristics of Cryptosporidium，Enterocytozoon bieneusi and Giardia duodenalis in cats and dogs in Heilongjiang province，China	中国	东北农业大学	大学
90	59	Novel reassortant influenza A（H5N8）viruses among inoculated domestic and wild ducks，South Korea，2014	韩国	动植物检疫局	政府
90	59	TCF-1 and LEF-1 act upstream of Th-POK to promote the CD4（+）T cell fate and interact with Runx3 to silence Cd4 in CD8（+）T cells	美国	艾奥瓦大学	大学
90	59	Japanese encephalitis the virus and vaccines	美国	犹他州立大学	大学
94	58	Mucosal-associated invariant T-cell activation and accumulation after in vivo infection depends on microbial riboflavin synthesis and co-stimulatory signals	澳大利亚，英国	墨尔本大学，卡迪夫大学	大学
94	58	Perinatal antibiotic-induced shifts in gut microbiota have differential effects on inflammatory lung diseases	加拿大	不列颠哥伦比亚大学	大学
94	58	A size－exclusion nanocellulose filter paper for virus removal	瑞典	乌普萨拉大学	大学
94	58	Modulation of intestinal TLR4－inflammatory signaling pathways by probiotic microorganisms：lessons learned from *Lactobacillus jensenii* TL2937	日本	东北大学	大学
94	58	Design of imperfectly amphipathic alpha-helical antimicrobial peptides with enhanced cell selectivity	中国	东北农业大学	大学
99	57	Pathogenicity and genomic characterization of a pseudorabies virus variant isolated from Bartha-K61-vaccinated swine population in China	中国	中国农业科学院	科研机构
99	57	Practices to optimise gastrointestinal nematode control on sheep，goat and cattle farms in Europe using targeted（selective）treatments	英国	莫尔登研究所	科研机构

（续表）

排名	被引频次	论文题目	国家	机构	机构类型
99	57	Dietary supplementation of Bacillus subtilis and fructooligosaccharide enhance the growth, non-specific immunity of juvenile ovate pompano, Trachinotus ovatus and its disease resistance against Vibrio vulnificus	中国	潍坊学院，潍坊高新区天润生物工程研发中心	大学，企业
99	57	Cytokine-mediated bone destruction in rheumatoid arthritis	韩国	加图立大学	大学

2.2.6 农业乳品与动物科学

（1）科技论文竞争力指数分析：美英澳领跑，中国科研影响力对其整体实力影响巨大

美国的农业乳品与动物科学科技论文竞争力排名第一，英国排名第二，澳大利亚排名第三，这3个国家属于第一梯队（科技论文竞争力得分大于2）。中国、意大利、加拿大、法国、巴西、荷兰、德国、丹麦、西班牙、瑞典、瑞士、以色列和比利时处于第二梯队（科技论文竞争力得分为1~2）。第三梯队的国家依次为波兰、挪威、韩国、日本、墨西哥和印度。中国科研生产力排名第二，处于领先水平；科研影响力和国际合作力均排名第五，科研影响力排名第十四，排名相对靠后（表2-15）。

表2-15 主要22国农业乳品与动物科学科技论文竞争力指数及排名

国家	科技论文竞争力指数（一级指标）		科研生产力（二级指标）			科研影响力（二级指标）			科研卓越力（二级指标）			国际合作力（二级指标）		
	得分	排名	发文量（篇）	得分	排名	CNCI	得分	排名	高被引论文数（篇）	得分	排名	国际合作论文数（篇）	得分	排名
美国	3.84	1	9643	1.00	1	1.27	0.84	9	25	1.00	1	3469	1.00	1
英国	2.46	2	3198	0.32	4	1.40	0.95	4	15	0.60	3	2101	0.60	2
澳大利亚	2.16	3	1978	0.19	9	1.40	0.95	4	19	0.76	2	966	0.26	8
中国	1.81	4	4426	0.45	2	1.01	0.62	14	10	0.40	5	1224	0.34	5
意大利	1.80	5	1966	0.19	10	1.30	0.86	6	13	0.52	4	842	0.23	9
加拿大	1.78	6	2365	0.23	6	1.30	0.86	6	8	0.32	6	1336	0.37	3
法国	1.54	7	1373	0.13	13	1.41	0.95	2	6	0.24	7	813	0.22	10

（续表）

国家	科技论文竞争力指数（一级指标）		科研生产力（二级指标）			科研影响力（二级指标）			科研卓越力（二级指标）			国际合作力（二级指标）		
	得分	排名	发文量（篇）	得分	排名	CNCI	得分	排名	高被引论文数（篇）	得分	排名	国际合作论文数（篇）	得分	排名
巴西	1.33	8	3652	0.37	3	0.75	0.41	19	5	0.20	8	1253	0.35	4
荷兰	1.25	9	1054	0.09	15	1.30	0.86	6	3	0.12	9	665	0.17	11
德国	1.23	10	2115	0.21	8	1.00	0.61	15	3	0.12	9	1080	0.30	6
丹麦	1.16	11	869	0.07	17	1.25	0.82	11	3	0.12	9	557	0.14	12
西班牙	1.15	12	2124	0.21	7	0.97	0.59	16	2	0.08	12	1015	0.28	7
瑞典	1.14	13	566	0.04	20	1.47	1.00	1	0	0.00	21	394	0.09	17
瑞士	1.04	14	716	0.06	18	1.26	0.83	10	1	0.04	17	465	0.11	13
以色列	1.03	15	163	0.00	22	1.41	0.95	2	2	0.08	12	78	0.00	22
比利时	1.01	16	593	0.05	19	1.24	0.81	12	2	0.08	12	331	0.07	19
波兰	0.89	17	1835	0.18	11	0.92	0.54	17	2	0.08	12	392	0.09	18
挪威	0.81	18	353	0.02	21	1.11	0.70	13	1	0.04	17	219	0.04	20
韩国	0.73	19	1400	0.13	12	0.76	0.42	18	2	0.08	12	429	0.10	14
日本	0.67	20	1363	0.13	14	0.74	0.40	20	1	0.04	17	407	0.10	16
墨西哥	0.49	21	880	0.08	16	0.63	0.31	21	0	0.00	21	416	0.10	15
印度	0.37	22	3053	0.30	5	0.26	0.00	22	1	0.04	17	176	0.03	21

在科研生产力方面，美国领先优势异常明显，总发文量为9643篇，远超排名第二的中国（4426篇）。中国、巴西、英国、印度、加拿大、西班牙、德国、澳大利亚、意大利、波兰、韩国、法国、日本和荷兰分列第二至第十五位，总发文量均大于1000篇。

在科研影响力方面，瑞典第一，CNCI值为1.47，其次是法国和以色列。该领域共有15个国家（包括中国）CNCI值大于1，其论文的被引表现高于全球平均水平。但中国的CNCI值排名较为靠后，排在第十四位，并且这导致中国没能进入第一梯队。

在科研卓越力方面，美国排名第一，高被引论文总量25篇，领先优势明显。澳大利亚、英国、意大利和中国高被引论文总量均为10篇以上。

在科研合作力方面，美国排名第一，国际合作论文总量3469篇，处于领先地位。英国、加拿大、巴西、中国、德国和西班牙的国际合作论文总量均为1000篇以上。

22个国家的科研生产力、科研卓越力和科研合作力基本呈现一致的排名分布情况，只有科研影响力的波动较大。位于第一梯队的美国在科研生产力、科研卓越力和科研合作力均全球第一，但科研影响力较弱。第二梯队的瑞典、法国和以色列科研影响力全球最强，分列第一、第二和第三位，但是其科研生产力、科研卓越力和科研合作力较差。同处第二梯队的中国，其科研生产力、科研卓越力和科研合作力较强。第一梯队的英国在4项指标上的表现较为均衡。印度虽然处于第三梯队，但是其发文量较高，科研生产力排名第五，是有发展潜力的国家。

（2）领域高质量论文分析：美国高质量论文数量领跑全球，并以过半优势超过中国

农业乳品与动物科学领域的102篇Top100论文中，美国最多，占28篇；中国有10篇。高质量论文产出的机构类型以大学为主，其次是科研机构、企业和政府部门，后三者占比相近。政府部门的文章多来自西班牙和澳大利亚；企业文章多来自英国；科研机构的文章多来自中国和法国。中国的Top100高质量论文均来自大学、科研机构和政府，没有企业的参与。美国的论文也主要集中在大学，另有2篇来自企业，2篇来自政府部门（表2-16）。

表2-16 农业乳品与动物科学Top100高质量论文

排名	被引频次	论文题目	国家	机构	机构类型
1	249	State-of-the-art on use of insects as animal feed	国际组织	联合国粮食及农业组织	国际组织
2	220	Invited review：Enteric methane in dairy cattle production：quantifying the opportunities and impact of reducing emissions	美国	Fox Hollow Consulting LLC	企业
3	117	Invited review：mid-infrared spectroscopy as phenotyping tool for milk traits	意大利	帕多瓦大学	大学
4	115	Growth，efficiency，and yield of commercial broilers from 1957，1978，and 2005	加拿大	阿尔伯塔大学	大学
5	109	Dietary requirements of synthesizable amino acids by animals：a paradigm shift in protein nutrition	美国	得克萨斯A&M大学	大学
6	107	beta-Hydroxybutyrate induces bovine hepatocyte apoptosis via an ROS-p38 signaling pathway	中国	吉林大学	大学
7	104	Porcine reproductive and respiratory syndrome virus（PRRSV）：pathogenesis and interaction with the immune system	美国，中国	美国农业部，堪萨斯州立大学，扬州大学，俄亥俄州立大学	政府，大学
8	101	Invited review：changes in the dairy industry affecting dairy cattle health and welfare	加拿大	卡尔加里大学	大学
9	94	Development of an antioxidant system after early weaning in piglets	中国	中国科学院	科研机构

（续表）

排名	被引频次	论文题目	国家	机构	机构类型
10	84	Essential oil and aromatic plants as feed additives in non-ruminant nutrition：a review	中国	中国农业大学	大学
10	84	Single Step，a general approach for genomic selection	法国	法国农业科学院	科研机构
10	84	Effect of a probiotic mixture on intestinal microflora，morphology，and barrier integrity of broilers subjected to heat stress	中国	浙江大学	大学
13	83	Meat quality in fast-growing broiler chickens	意大利	博洛尼亚大学	大学
14	80	Invited review：inflammation during the transition to lactation：new adventures with an old flame	美国	堪萨斯州立大学	大学
14	80	Effect of induced subclinical hypocalcemia on physiological responses and neutrophil function in dairy cows	美国	佛罗里达大学	大学
16	79	Evaluation of amino acid and energy utilization in feedstuff for swine and poultry diets	美国	普渡大学	大学
16	79	Milestones in avian coccidiosis research：a review	美国	阿肯色大学	大学
18	77	The Sperm Chromatin Structure Assay（SCSA（R））and other sperm DNA fragmentation tests for evaluation of sperm nuclear DNA integrity as related to fertility	美国	SCSA 诊断公司	企业
18	77	Fiber and nonstarch polysaccharide content and variation in common crops used in broiler diets	丹麦	奥胡斯大学	大学
20	76	Seaweeds for livestock diets：a review	国际组织	联合国粮食及农业组织	国际组织
20	76	Implications of white striping and wooden breast abnormalities on quality traits of raw and marinated chicken meat	意大利	博洛尼亚大学	大学
20	76	Physiological and practical effects of progesterone on reproduction in dairy cattle	美国	威斯康星大学	大学
20	76	The effects of heat stress in Italian Holstein dairy cattle	意大利	图西亚大学	大学
24	75	The cornell net carbohydrate and protein system：updates to the model and evaluation of version 6.5	美国	康奈尔大学	大学
25	73	Controlling feed cost by including alternative ingredients into pig diets：a review	加拿大	阿尔伯塔大学	大学
26	72	Bovine milk exosomes contain microRNA and mRNA and are taken up by human macrophages	日本	森永乳业株式会社	企业

（续表）

排名	被引频次	论文题目	国家	机构	机构类型
26	72	Development of chocolate dairy dessert with addition of prebiotics and replacement of sucrose with different high-intensity sweeteners	巴西	坎皮纳斯州立大学	大学
28	71	Invited review: transitioning from milk to solid feed in dairy heifers	加拿大	不列颠哥伦比亚大学	大学
29	70	Prevalence of lameness and associated risk factors in Canadian Holstein－Friesian cows housed in freestall barns	加拿大	卡尔加里大学	大学
29	70	Invited review: effect, persistence, and virulence of coagulase-negative Staphylococcus species associated with ruminant udder health	比利时	根特大学	大学
31	66	Preference mapping of dulce de leche commercialized in Brazilian markets	巴西	弗鲁米嫩塞联邦大学	大学
32	65	The impact of the milk glycobiome on the neonate gut microbiota	美国	加利福尼亚大学	大学
32	65	Invited review: microbial evolution in raw－milk, long-ripened cheeses produced using undefined natural whey starters	意大利	帕多瓦大学	大学
34	64	Manufacture of probiotic Minas Frescal cheese with *Lactobacillus casei* Zhang	巴西	Inst Fed Educ Ciencia & Tecnol Rio de Janeiro IFR	科研机构
34	64	Polyphenol compounds in the chicken/animal diet: from the past to the future	英国	Feed Food Ltd	企业
36	62	Nutritional value of two insect larval meals (*Tenebrio molitor* and *Hermetia illucens*) for broiler chickens: apparent nutrient digestibility, apparent ileal amino acid digestibility and apparent metabolizable energy	意大利	都灵大学	大学
37	61	Genomic selection: a paradigm shift in animal breeding	挪威	挪威生命科学大学	大学
37	61	A review of feeding supplementary nitrate to ruminant animals: nitrate toxicity, methane emissions, and production performance	加拿大	加拿大农业与农业食品部	政府
39	60	Function of the digestive system	挪威	挪威生命科学大学	大学
39	60	An evaluation of the performance and efficiency of nitrogen utilization in cattle fed tropical grass pastures with supplementation	巴西	维索萨联邦大学	大学
41	59	Carryover effect of postpartum inflammatory diseases on developmental biology and fertility in lactating dairy cows	美国	佛罗里达大学	大学

（续表）

排名	被引频次	论文题目	国家	机构	机构类型
41	59	Effects of 3-nitrooxypropanol on methane emission, digestion, and energy and nitrogen balance of lactating dairy cows	英国	雷丁大学	大学
41	59	Effects of multistrain probiotics on growth performance, apparent ileal nutrient digestibility, blood characteristics, cecal microbial shedding, and excreta odor contents in broilers	韩国	檀国大学	大学
44	58	Tenebrio molitor meal in diets for European sea bass (*Dicentrarchus labrax* L.) juveniles: growth performance, whole body composition and in vivo apparent digestibility	意大利	都灵大学	大学
44	58	Breed differences in insulin sensitivity and insulinemic responses to oral glucose in horses and ponies of moderate body condition score	澳大利亚	墨尔本大学	大学
46	57	Chronic wasting disease of cervids: current knowledge and future perspectives	美国	堪萨斯州立大学	大学
46	57	Biomarkers of inflammation, metabolism, and oxidative stress in blood, liver, and milk reveal a better immunometabolic status in peripartal cows supplemented with Smartamine M or MetaSmart	美国	伊利诺伊大学	大学
46	57	Identification of genomic regions associated with inbreeding depression in Holstein and Jersey dairy cattle	澳大利亚	维多利亚州环境和基础工业部	政府
46	57	Genomic selection for producer-recorded health event data in US dairy cattle	美国	北卡罗来纳州立大学	大学
50	56	Diseases, reproductive performance, and changes in milk production associated with subclinical ketosis in dairy cows: a meta-analysis and review	法国	图卢兹大学	大学
51	55	Use of polyphenol-rich grape by-products in monogastric nutrition. A review	西班牙	西班牙高等科学研究理事会	政府
51	55	Microbiota characterization of a Belgian protected designation of origin cheese, Herve cheese, using metagenomic analysis	比利时	列日大学	大学
51	55	Genomics and disease resistance studies in livestock	英国	爱丁堡大学	大学
51	55	Grape marc reduces methane emissions when fed to dairy cows	澳大利亚	维多利亚州环境和基础工业部	政府
51	55	Accuracy of imputation to whole-genome sequence data in Holstein Friesian cattle	荷兰	瓦赫宁根大学	大学

（续表）

排名	被引频次	论文题目	国家	机构	机构类型
51	55	Human directed aggression in domestic dogs (*Canis familiaris*): occurrence in different contexts and risk factors	英国	布里斯托大学	大学
57	54	Effect of Bacillus subtilis C-3102 spores as a probiotic feed supplement on growth performance, noxious gas emission, and intestinal microflora in broilers	韩国	檀国大学	大学
57	54	Prevalence and impacts of genetically engineered feedstuffs on livestock populations	美国	加利福尼亚大学	大学
57	54	A class of Bayesian methods to combine large numbers of genotyped and non - genotyped animals for whole-genome analyses	美国	艾奥瓦州立大学	大学
57	54	Influence of high pre-rigor temperature and fast pH fall on muscle proteins and meat quality: a review	美国	普渡大学	大学
61	53	Morin suppresses inflammatory cytokine expression by downregulation of nuclear factor-kappa B and mitogen - activated protein kinase (MAPK) signaling pathways in lipopolysaccharide-stimulated primary bovine mammary epithelial cells	中国	吉林大学	大学
61	53	Wet litter not only induces footpad dermatitis but also reduces overall welfare, technical performance, and carcass yield in broiler chickens	荷兰	瓦赫宁根大学	大学
63	52	Novel metabolic and physiological functions of branched chain amino acids: a review	中国	中国农业大学	大学
63	52	Genomic prediction of host resistance to sea lice in farmed Atlantic salmon populations	英国	爱丁堡大学	大学
63	52	A review of feed efficiency in swine: biology and application	美国	艾奥瓦州立大学	大学
63	52	Probiotic potential of selected lactic acid bacteria strains isolated from Brazilian kefir grains	巴西	里约热内卢联邦大学	大学
63	52	Inbreeding depression in livestock species: review and meta-analysis	法国	巴黎高科农业学院	科研机构
63	52	Neonatal piglet survival: impact of sow nutrition around parturition on fetal glycogen deposition and production and composition of colostrum and transient milk	丹麦	奥胡斯大学	大学

（续表）

排名	被引频次	论文题目	国家	机构	机构类型
69	51	High concentrations of fatty acids and beta-hydroxybutyrate impair the growth hormone-mediated hepatic JAK2-STAT5 pathway in clinically ketotic cows	中国	吉林大学	大学
69	51	Sequence-vs. chip-assisted genomic selection: accurate biological information is advised	西班牙	西班牙高等科学研究理事会	政府
69	51	Comparison of methods to determine methane emissions from dairy cows in farm conditions	瑞典	瑞典农业科学大学	大学
69	51	Behavioral differences among breeds of domestic dogs (*Canis lupus familiaris*): current status of the science	美国	佛罗里达大学	大学
69	51	Effect of calcium level and phytase addition on ileal phytate degradation and amino acid digestibility of broilers fed corn-based diets 1	英国	杜邦工业生物科学公司	企业
69	51	Effect of Lactobacillus plantarum on diarrhea and intestinal barrier function of young piglets challenged with enterotoxigenic *Escherichia coli* K88	中国	广东省农业科学院	科研机构
69	51	Resveratrol induces antioxidant and heat shock protein mRNA expression in response to heat stress in black-boned chickens	中国	湖南农业大学	大学
76	50	Strawberry-flavored yogurts and whey beverages: what is the sensory profile of the ideal product?	巴西	隆德里纳州立大学	大学
76	50	A review of the effects of dietary organic acids fed to swine	印度	斯里文卡泰斯瓦拉兽医大学	大学
76	50	Yellow mealworm larvae (*Tenebrio molitor*, L.) as a possible alternative to soybean meal in broiler diets	意大利	那不勒斯费德里科二世大学	大学
76	50	Detection of selection signatures in dairy and beef cattle using high-density genomic information	中国	中国农业科学院	科研机构
76	50	Dietary antioxidant supplementation enhances lipid and protein oxidative stability of chicken broiler meat through promotion of antioxidant enzyme activity	美国	肯塔基大学	大学
76	50	Fiber effects in nutrition and gut health in pigs	瑞典	瑞典农业科学大学	大学
82	49	Evaluation of the suitability of a partially defatted black soldier fly (*Hermetia illucens* L.) larvae meal as ingredient for rainbow trout (*Oncorhynchus mykiss* Walbaum) diets	意大利	意大利国家研究委员会	政府

（续表）

排名	被引频次	论文题目	国家	机构	机构类型
82	49	Investigation of bacterial diversity in the feces of cattle fed different diets	美国	美国农业部	政府
82	49	Interactions between microbial consortia in biofilms: a paradigm shift in rumen microbial ecology and enteric methane mitigation	澳大利亚	新英格兰大学	大学
85	48	White striping and woody breast myopathies in the modern poultry industry: a review	美国	阿肯色大学	大学
85	48	Histology, composition, and quality traits of chicken Pectoralis major muscle affected by wooden breast abnormality	意大利	博洛尼亚大学	大学
85	48	A universal equation to predict methane production of forage-fed cattle in Australia	澳大利亚	澳大利亚联邦科学与工业研究组织	政府
85	48	Updating the Cornell Net Carbohydrate and Protein System feed library and analyzing model sensitivity to feed inputs	美国	康奈尔大学	大学
85	48	Comparing environmental impacts of beef production systems: a review of life cycle assessments	荷兰	瓦赫宁根大学	大学
85	48	African indigenous cattle: unique genetic resources in a rapidly changing world	韩国	CHO & KIM Genomics	企业
85	48	Short-term exposure to heat stress attenuates appetite and intestinal integrity in growing pigs	美国	艾奥瓦州立大学	大学
85	48	Relationships between fertility and postpartum changes in body condition and body weight in lactating dairy cows	美国	威斯康星大学	大学
85	48	Effects of ethyl-3-nitrooxy propionate and 3-nitrooxypropanol on ruminal fermentation, microbial abundance, and methane emissions in sheep	西班牙	西班牙高等科学研究理事会	政府
94	47	Outbreak of staphylococcal food poisoning among children and staff at a Swiss boarding school due to soft cheese made from raw milk	瑞士	苏黎世大学	大学
94	47	Carbohydrate composition and in vitro digestibility of dry matter and nonstarch polysaccharides in corn, sorghum, and wheat and coproducts from these grains	美国	伊利诺伊大学	大学
94	47	Enteric methane production, rumen volatile fatty acid concentrations, and milk fatty acid composition in lactating Holstein-Friesian cows fed grass silage-or corn silage-based diets	荷兰	荷兰食品和营养研究所	科研机构

（续表）

排名	被引频次	论文题目	国家	机构	机构类型
94	47	Milk fatty acid composition, rumen microbial population, and animal performances in response to diets rich in linoleic acid supplemented with chestnut or quebracho tannins in dairy ewes	意大利	佛罗伦萨大学	大学
94	47	Using recursion to compute the inverse of the genomic relationship matrix	美国	佐治亚大学	大学
94	47	Growth performance, nutrient utilization, and digesta characteristics in broiler chickens fed corn or wheat diets without or with supplemental xylanase	英国	Dupont Ind Biosci Danisco Anim Nutr	企业
94	47	Selenium in poultry breeder nutrition: an update	英国	Feed Food Ltd	企业
94	47	Influence of superdoses of a novel microbial phytase on growth performance, tibia ash, and gizzard phytate and inositol in young broilers	英国	AB Vista Feed Ingredients	企业
94	47	The extent of linkage disequilibrium in beef cattle breeds using high-density SNP genotypes	澳大利亚	澳大利亚联邦科学与工业研究组织	政府

2.2.7 渔业学

（1）科技论文竞争力指数分析：英国优势明显，美国和中国表现相当，整体略逊英国

英国的渔业学科技论文竞争力排名第一，美国排名第二，中国排名第三，这3个国家属于第一梯队（科技论文竞争力得分大于2）。澳大利亚、挪威、加拿大、西班牙、法国、丹麦、意大利、荷兰、德国和瑞典处于第二梯队（科技论文竞争力得分为1~2）。第三梯队的国家依次为比利时、巴西、瑞士、日本、韩国、以色列、波兰、印度和墨西哥（表2-17）。

在科研生产力方面，美国和中国的总发文量分别为7666篇和6507篇。英国、澳大利亚、加拿大、巴西、西班牙、日本、挪威、印度和法国分列第三至第十一位，总发文量均大于1000篇。

在科研影响力方面，荷兰排名第一，CNCI值为1.70，其次是丹麦和英国。该领域共有16个国家（包括中国）的CNCI值大于1，其论文的被引表现高于全球平均水平。但中国的CNCI值为1.15，排名较为靠后，为第十四位，有待进一步提升和发展。

表 2-17 主要 22 国渔业学科技论文竞争力指数及排名

国家	科技论文竞争力指数（一级指标）		科研生产力（二级指标）			科研影响力（二级指标）			科研卓越力（二级指标）			国际合作力（二级指标）		
	得分	排名	发文量（篇）	得分	排名	CNCI	得分	排名	高被引论文数（篇）	得分	排名	国际合作论文数（篇）	得分	排名
英国	3.30	1	3279	0.42	3	1.64	0.94	3	82	1.00	1	2414	0.94	2
美国	3.10	2	7666	1.00	1	1.10	0.42	15	57	0.69	2	2559	1.00	1
中国	2.15	3	6507	0.85	2	1.15	0.47	14	31	0.36	4	1259	0.47	3
澳大利亚	1.82	4	2162	0.27	4	1.38	0.69	11	37	0.44	3	1150	0.43	4
挪威	1.67	5	1453	0.18	9	1.55	0.86	5	27	0.31	6	890	0.32	8
加拿大	1.66	6	1962	0.24	5	1.40	0.70	8	27	0.31	6	1083	0.40	6
西班牙	1.50	7	1819	0.22	7	1.22	0.53	13	28	0.33	5	1115	0.41	5
法国	1.42	8	1203	0.14	11	1.40	0.70	8	21	0.24	8	899	0.33	7
丹麦	1.36	9	684	0.07	16	1.66	0.96	2	15	0.16	10	507	0.17	13
意大利	1.35	10	993	0.11	12	1.49	0.80	6	21	0.24	8	598	0.20	11
荷兰	1.29	11	475	0.05	18	1.70	1.00	1	13	0.14	13	360	0.11	14
德国	1.21	12	950	0.11	13	1.38	0.69	11	15	0.16	10	693	0.24	9
瑞典	1.16	13	490	0.05	17	1.60	0.90	4	11	0.11	14	346	0.10	15
比利时	0.87	14	356	0.03	20	1.40	0.70	8	7	0.06	16	268	0.07	17
巴西	0.82	15	1849	0.23	6	0.92	0.24	19	14	0.15	12	585	0.20	12
瑞士	0.75	16	127	0.00	22	1.44	0.75	7	2	0.00	20	107	0.00	21
日本	0.70	17	1800	0.22	8	0.84	0.17	20	8	0.08	15	663	0.23	10
韩国	0.46	18	713	0.08	15	0.97	0.29	17	4	0.03	17	250	0.06	18
以色列	0.43	19	159	0.00	21	1.10	0.42	15	2	0.00	20	98	0.00	22
波兰	0.37	20	405	0.04	19	0.97	0.29	17	3	0.01	19	159	0.02	20
印度	0.25	21	1385	0.17	10	0.66	0.00	22	4	0.03	17	234	0.06	19
墨西哥	0.23	22	878	0.10	14	0.70	0.04	21	2	0.00	20	342	0.10	16

在科研卓越力方面，英国排名第一，高被引论文总量 82 篇，处于领先地位。美国、澳大利亚、中国、西班牙、加拿大、挪威、意大利和法国高被引论文总量均为 20 篇以上。

在科研合作力方面，美国和英国位居第一和第二，国际合作论文总量分别为 2559 篇和 2414 篇，处于领先地位。中国、澳大利亚、西班牙和加拿大的国际合作论文总量均为

1000 篇以上。

22 个国家的科研生产力、科研卓越力和科研合作力基本呈现一致的排名分布情况，科研影响力的波动较大。第一梯队的英国在 4 项指标上的表现均衡且都较为优异。美国和中国的科研生产力、科研卓越力和科研合作力均较强，但科研影响力较弱。第二梯队的荷兰和丹麦科研影响力全球最强，但是其科研生产力、科研卓越力和科研合作力均较弱。

（2）领域高质量论文分析：美国高质量论文数量领跑全球，并以过半优势超过中国

渔业学领域的 100 篇 Top100 论文中，美国最多，占 28 篇，中国有 10 篇。机构方面，该领域 Top100 高质量论文产出以大学为主，其次是科研机构和政府部门，企业仅有一篇论文，且来自美国。另外，政府部门的文章大多来自美国。中国的 Top100 高质量论文全部产自大学，没有科研机构、政府和企业产出。美国的论文也主要集中在大学，另有 5 篇来自政府部门，1 篇来自企业，没有科研机构产出（表 2-18）。

表 2-18　渔业学 Top100 高质量论文

排名	被引频次	论文题目	国家	机构	机构类型
1	260	How much wetland has the world lost? Long-term and recent trends in global wetland area	澳大利亚	查尔斯特大学	大学
2	191	Use of plant extracts in fish aquaculture as an alternative to chemotherapy: current status and future perspectives	法国	环境观测和岛屿研究中心	科研机构
3	177	A Bayesian approach for estimating length-weight relationships in fishes	德国	德国亥姆霍兹联合会	科研机构
4	172	BOFFFFs: on the importance of conserving old-growth age structure in fishery populations	美国	夏威夷大学	大学
5	168	Microplastics in sediments: a review of techniques, occurrence and effects	比利时	根特大学	大学
5	168	Identification of global marine hotspots: sentinels for change and vanguards for adaptation action	澳大利亚	塔斯马尼亚大学	大学
7	157	Reinventing residual reserves in the sea: are we favouring ease of establishment over need for protection?	加拿大	纽芬兰纪念大学	大学
8	152	Algae as nutritional and functional food sources: revisiting our understanding	美国	缅因大学	大学
9	141	Omega-3 long-chain polyunsaturated fatty acids and aquaculture in perspective	英国	斯特林大学	大学
10	138	The global contribution of forage fish to marine fisheries and ecosystems	美国	纽约州立大学	大学

（续表）

排名	被引频次	论文题目	国家	机构	机构类型
11	135	The seascape nursery: a novel spatial approach to identify and manage nurseries for coastal marine fauna	澳大利亚	阿德莱德大学	大学
12	130	Quality assessment of the blue mussel (*Mytilus edulis*): comparison between commercial and wild types	比利时	农业与渔业研究所	科研机构
12	130	Multispecies fisheries management and conservation: tactical applications using models of intermediate complexity	澳大利亚	澳大利亚联邦科学与工业研究组织	政府
14	125	Ecological impacts of global warming and water abstraction on lakes and reservoirs due to changes in water level and related changes in salinity	丹麦	奥胡斯大学	大学
15	124	Prebiotics as immunostimulants in aquaculture: a review	韩国	韩东国际大学	大学
16	123	utilisation of feed resources in production of Atlantic salmon (*Salmo salar*) in Norway	挪威	挪威食品、渔业和水产养殖研究所	科研机构
17	121	Soil pH determines microbial diversity and composition in the park grass experiment	美国	佛罗里达大学	大学
18	119	Different continuous cropping spans significantly affect microbial community membership and structure in a vanilla-grown soil as revealed by deep pyrosequencing	中国	南京农业大学	大学
19	118	Energy acquisition and allocation to egg production in relation to fish reproductive strategies	美国	国家海洋渔业服务处	政府
20	116	Importance of prebiotics in aquaculture as immunostimulants. Effects on immune system of *Sparus aurata* and *Dicentrarchus labrax*	意大利	梅西纳大学	大学
20	116	Review: developments in the use of probiotics for disease control in aquaculture	英国	斯特林大学	大学
22	113	Management strategy evaluation: best practices	美国	华盛顿大学	大学
23	111	Recent advances in the role of probiotics and prebiotics in carp aquaculture: a review	日本	鹿儿岛大学	大学
24	110	Microplastic contamination in brown shrimp (Crangon crangon, Linnaeus 1758) from coastal waters of the Southern North Sea and Channel area	比利时	农业与渔业研究所	科研机构
25	106	Fish biodiversity and conservation in South America	巴西	南里奥格兰德天主教大学	大学

（续表）

排名	被引频次	论文题目	国家	机构	机构类型
25	106	The ways in which fish use estuaries: a refinement and expansion of the guild approach	澳大利亚	莫道克大学	大学
25	106	Antibiotic pollution in the environment: a review	印度	印度理工学院	大学
25	106	Risk assessment of the environmental impact of Norwegian Atlantic salmon farming	挪威	挪威海洋研究所	科研机构
25	106	Diverse immune functions of hemocyanins	英国	斯特林大学	大学
30	105	Adaptive immune responses at mucosal surfaces of teleost fish	挪威	诺德兰大学	大学
30	105	An overview of ecological status, vulnerability and future perspectives of European large shallow, semi-enclosed coastal systems, lagoons and transitional waters	挪威	挪威大气研究所	科研机构
30	105	The potential of various insect species for use as food for fish	西班牙	阿尔梅里亚大学	大学
33	103	Fish gut content analysis: robust measures of diet composition	澳大利亚	詹姆斯·库克大学	大学
34	102	Probiotics and prebiotics associated with aquaculture: a review	中国	浙江大学	大学
34	102	Feed matters: satisfying the feed demand of aquaculture	美国	水产养殖场有限责任公司	企业
36	101	Microplastic pollution in St. Lawrence River sediments	加拿大	麦吉尔大学	大学
36	101	The Drosophila IMD pathway in the kactivation of the humoral immune response	美国	马萨诸塞大学	大学
38	100	Effect of dietary components on the gut microbiota ofaquatic animals. A never-ending story?	挪威	挪威北极圈大学	大学
39	99	Ligand specificities of Toll-like receptors in fish: indications from infection studies	荷兰	瓦赫宁根大学	大学
40	97	Patterns and predictors of fish dispersal in rivers	德国	德国莱布尼茨学会	科研机构
41	95	Toll-like receptor recognition of bacteria in signal pathways fish: ligand specificity and signal pathways	中国	河南师范大学	大学
41	95	Ecological value of coastal habitats for commercially and ecologically important species	美国	威廉与玛丽学院	大学
43	94	Annotated checklist of the living sharks, batoids and chimaeras (Chondrichthyes) of the world, with a focus on biogeographical diversity	德国	汉堡大学	大学，科研机构

（续表）

排名	被引频次	论文题目	国家	机构	机构类型
44	94	Evaluating methods for setting catch limits in data-limited fisheries	加拿大	不列颠哥伦比亚大学	大学
44	94	Phosphorus sorption and availability from biochars and soil/biochar mixtures	美国	南达科他州立大学	大学
46	93	The determination of standard metabolic rate in fishes	加拿大	加拿大渔业与海洋部	政府
47	92	Mitigating cyanobacterial harmful algal blooms in aquatic ecosystems impacted by climate change and anthropogenic nutrients	美国	北卡罗来纳州立大学	大学
48	91	Homing and straying by anadromous salmonids: a review of mechanisms and rates	美国	爱达荷大学	大学
49	89	Phosphorus loading to Lake Erie from the Maumee, Sandusky and Cuyahoga rivers: the importance of bioavailability	美国	海德堡大学	大学
50	88	Large reservoirs as ecological barriers to down-stream movements of Neotropical migratory fish	巴西	托坎廷斯州联邦大学	大学
50	88	A review of detection range testing in aquatic passive acoustic telemetry studies	加拿大	温莎大学	大学
52	87	Does individual variation in metabolic phenotype predict fish behaviour and performance?	英国	格拉斯哥大学	大学
52	87	Examining common assumptions about recruitment: a meta-analysis of recruitment dynamics for worldwide marine fisheries	美国	加利福尼亚大学	大学
54	86	Experimental design in ocean acidification research: problems and solutions	澳大利亚	塔斯马尼亚大学，西澳大学	大学
54	86	Comparative skin mucus and serum humoral defence mechanisms in the teleost gilthead seabream (*Sparus aurata*)	西班牙	穆尔西亚大学	大学
56	85	Impact of date palm fruits extracts and probiotic enriched diet on antioxidant status, innate immune response and immune-related gene expression of European seabass (*Dicentrarchus labrax*)	西班牙	鱼类天然免疫系统研究组	政府
56	85	Fish behavioral types and their ecological consequences	美国	密歇根州立大学	大学
58	83	Health impacts from cyanobacteria harmful algae blooms: implications for the North American Great Lakes	美国	莱特州立大学	大学

（续表）

排名	被引频次	论文题目	国家	机构	机构类型
58	83	The use of medicinal plants as immunostimulants in aquaculture：a review	澳大利亚	科廷科技大学	大学
58	83	Taurine：a critical nutrient for future fish feeds	美国	奥本大学	大学
58	83	Dietary tryptophan modulates intestinal immune response，barrier function，antioxidant status and gene expression of TOR and Nrf2 in young grass carp（*Ctenopharyngodon idella*）	中国	四川农业大学	大学
58	83	The development of the gut microbiota in rainbow trout（*Oncorhynchus mykiss*）is affected by first feeding and diet type	丹麦	丹麦技术大学	大学
63	82	Measurement and relevance of maximum metabolic rate in fishes	澳大利亚	澳大利亚海洋科学研究所，塔斯马尼亚大学，澳大利亚联邦科学与工业研究组织	科研机构，大学，政府
63	82	Fish to 2030：the role and opportunity for aquaculture	国际组织	世界银行	国际组织
63	82	Evaluating the predictive performance of empirical estimators of natural mortality rate using information on over 200 fish species	美国	威廉与玛丽学院	大学
63	82	Peptidoglycan recognition proteins in *Drosophila immunity*	日本	东北大学	大学
67	81	Photorhabdus insect－related（Pir）toxin－like genes in a plasmid of Vibrio parahaemolyticus，the causative agent of acute hepatopancreatic necrosis disease（AHPND）of shrimp	美国	亚利桑那大学	大学
67	81	The impaired intestinal mucosal immune system by valine deficiency for young grass carp（*Ctenopharyngodon idella*）is associated with decreasing immune status and regulating tight junction proteins transcript abundance in the intestine	中国	四川农业大学	大学
67	81	Probiotics in fish and shellfish culture：immunomodulatory and ecophysiological responses	印度	中央内陆渔业研究所	科研机构
70	77	The 'Great Southern Reef'：social，ecological and economic value of Australia's neglected kelp forests	澳大利亚	西澳大学	大学
70	77	Fisheries management under climate and environmental uncertainty：control rules and performance simulation	美国	华盛顿大学	大学
70	77	Importance of live coral habitat for reef fishes	澳大利亚	詹姆斯·库克大学	大学

（续表）

排名	被引频次	论文题目	国家	机构	机构类型
73	75	Ecosystem processes are rarely included in tactical fisheries management	挪威	挪威海洋研究所	科研机构
73	75	The river as a chemostat：fresh perspectives on dissolved organic matter flowing down the river continuum	加拿大	西安大略大学	大学
73	75	Explaining participation rates in recreational fishing across industrialised countries	德国	德国莱布尼茨学会	科研机构
73	75	Declining sediments and rising seas：an unfortunate convergence for Tidal Wetlands	美国	维拉诺瓦大学	大学
77	74	The immune system and its modulation mechanism in scallop	中国	大连海洋大学	大学
77	74	China's distant-water fisheries in the 21st century	加拿大	不列颠哥伦比亚大学	大学
77	74	Detection of acute hepatopancreatic necrosis disease（AHPND）in Mexico	美国	亚利桑那大学	大学
77	74	Integrating what? Levels of marine ecosystem-based assessment and management introduction	美国	美国国家海洋和大气管理局	政府
81	73	Functional classifications and their application in phytoplankton ecology	意大利	Istituto Agrario di S.Michele all' Adige	科研机构
81	73	Managing fisheries for human and food security	国际组织	国际野生生物保护学会	科研机构
81	73	Commercial aquaponics production and profitability：findings from an international survey	美国	约翰斯·霍普金斯大学	大学
84	72	Can fish really feel pain?	加拿大	卡尔顿大学	大学
85	71	A techno-economic analysis of industrial production of marine microalgae as a source of EPA and DHA-rich raw material for aquafeed：research challenges and possibilities	挪威	应用生物技术中心	科研机构
85	71	Copper exposure induces oxidative injury, disturbs the antioxidant system and changes the Nrf2/ARE（CuZnSOD）signaling in the fish brain：protective effects of myo-inositol	中国	四川农业大学	大学
87	70	Effects of ammonia exposure on apoptosis, oxidative stress and immune response in pufferfish（*Takifugu obscurus*）	中国	华南师范大学	大学
87	70	The toxicity of chlorpyrifos on the early life stage of zebrafish：a survey on the endpoints at development, locomotor behavior, oxidative stress and immunotoxicity	中国	浙江工业大学	大学

（续表）

排名	被引频次	论文题目	国家	机构	机构类型
87	70	Latitudinal shifts in coral reef fishes: why some species do and others do not shift	澳大利亚	悉尼科技大学	大学
87	70	Annual variation in neustonic micro-and meso-plastic particles and zooplankton in the Bay of Calvi (*Mediterranean-Corsica*)	比利时	列日大学	大学
91	69	Early environment influences later performance in fishes	挪威	挪威自然研究所	科研机构
91	69	Reflections on the success of traditional fisheries management	美国	华盛顿大学	大学
91	69	The art of ecosystem-based fishery management	美国	美国国家海洋和大气管理局	政府
91	69	Flow-ecology relationships: closing the loop on effective environmental flows	澳大利亚	西澳大学	大学
95	68	Estimation of time-varying selectivity in stock assessments using state-space models	丹麦	丹麦技术大学	大学
95	68	Evolutionary impact assessment: accounting for evolutionary consequences of fishing in an ecosystem approach to fisheries management	瑞典	瑞典农业科学大学	大学
97	67	Climate change effects on North American Inland fish populations and assemblages	美国	美国地质调查局	政府
97	67	Growth performance, lipid deposition and hepatic lipid metabolism related gene expression in juvenile turbot (*Scophthalmus maximus* L.) fed diets with various fish oil substitution levels by soybean oil	中国	中国海洋大学	大学
99	66	Soil-Borne microbiome: linking diversity to function	荷兰	荷兰皇家艺术与科学院	科研机构
99	66	Anadromy and residency in steelhead and rainbow trout (Oncorhynchus mykiss): a review of the processes and patterns	美国	华盛顿鱼类和野生动物部	政府

2.2.8 林业学

（1）科技论文竞争力指数分析：美德英处于第一梯队，以中国为首的第二梯队紧随其后，中国科研影响力再现“短板”

美国的林业学科技论文竞争力排名第一，德国排名第二，英国排名第三，这3个国家属于第一梯队（科技论文竞争力得分大于2）。中国、法国、意大利、瑞士、西班牙、加拿大、荷兰、澳大利亚、瑞典、比利时和丹麦处于第二梯队（科技论文竞争力得分为1~2）。第三梯队的国家依次为波兰、挪威、以色列、日本、巴西、韩国、墨西哥和印度（表2-19）。

表2-19 主要22国林业学科技论文竞争力指数及排名

国家	科技论文竞争力指数（一级指标）		科研生产力（二级指标）			科研影响力（二级指标）			科研卓越力（二级指标）			国际合作力（二级指标）		
	得分	排名	发文量（篇）	得分	排名	CNCI	得分	排名	高被引论文数（篇）	得分	排名	国际合作论文数（篇）	得分	排名
美国	3.49	1	6504	1.00	1	1.24	0.49	15	49	1.00	1	2519	1.00	1
德国	2.35	2	1916	0.29	5	1.61	0.77	7	40	0.82	2	1226	0.48	4
英国	2.27	3	1967	0.29	4	1.62	0.78	5	31	0.63	3	1438	0.56	3
中国	1.85	4	3480	0.53	2	1.08	0.37	17	18	0.37	8	1501	0.59	2
法国	1.78	5	1183	0.17	10	1.57	0.74	8	27	0.55	4	834	0.32	7
意大利	1.77	6	1140	0.16	11	1.65	0.80	3	27	0.55	4	690	0.26	9
瑞士	1.72	7	648	0.09	13	1.92	1.00	1	22	0.45	6	501	0.18	12
西班牙	1.59	8	1579	0.23	7	1.39	0.60	10	19	0.39	7	949	0.37	6
加拿大	1.41	9	2184	0.33	3	1.14	0.41	16	15	0.31	9	956	0.37	5
荷兰	1.38	10	400	0.05	18	1.85	0.95	2	13	0.27	12	344	0.12	14
澳大利亚	1.35	11	1370	0.20	8	1.35	0.57	14	14	0.29	10	767	0.29	8
瑞典	1.26	12	1080	0.16	12	1.38	0.59	11	14	0.29	10	599	0.22	10
比利时	1.06	13	360	0.04	19	1.62	0.78	5	7	0.14	14	287	0.10	15
丹麦	1.00	14	321	0.04	20	1.63	0.78	4	5	0.10	17	243	0.08	18
波兰	0.97	15	587	0.08	14	1.36	0.58	12	12	0.24	13	212	0.07	19
挪威	0.91	16	432	0.05	17	1.44	0.64	9	6	0.12	15	274	0.09	16
以色列	0.62	17	85	0.00	22	1.36	0.58	12	2	0.04	19	45	0.00	22
日本	0.61	18	1257	0.18	9	0.76	0.13	20	6	0.12	15	483	0.18	13
巴西	0.58	19	1622	0.24	6	0.65	0.05	21	5	0.10	17	533	0.20	11
韩国	0.39	20	291	0.03	21	0.95	0.27	18	2	0.04	19	160	0.05	20

（续表）

国家	科技论文竞争力指数（一级指标）		科研生产力（二级指标）			科研影响力（二级指标）			科研卓越力（二级指标）			国际合作力（二级指标）		
	得分	排名	发文量（篇）	得分	排名	CNCI	得分	排名	高被引论文数（篇）	得分	排名	国际合作论文数（篇）	得分	排名
墨西哥	0.33	21	512	0.07	15	0.84	0.19	19	0	0.00	21	246	0.08	17
印度	0.09	22	465	0.06	16	0.59	0.00	22	0	0.00	21	126	0.03	21

在科研生产力方面，美国总发文量为6504篇，领先优势明显。中国、加拿大、英国、德国、巴西、西班牙、澳大利亚、日本、法国、意大利和瑞典分列第二至第十二位，总发文量均大于1000篇。

在科研影响力方面，瑞士排名第一，CNCI值为1.92，其次是荷兰和意大利。该领域共有17个国家（包括中国）的CNCI值大于1，其论文的被引表现高于全球平均水平。但中国的CNCI为1.08，排名较为靠后，为第十七位。

在科研卓越力方面，美国排名第一，高被引论文总量49篇，处于领先位置。德国、英国、意大利、法国和瑞士高被引论文总量均为20篇以上。

在科研合作力方面，美国排名第一，国际合作论文总量2519篇，领先优势明显。中国的国际合作论文总量1501篇，排名第二。中国、英国、德国、加拿大、西班牙、法国、澳大利亚、意大利、瑞典、巴西和瑞士的国际合作论文总量均为500篇以上。

22个国家的科研生产力、科研卓越力和科研合作力基本呈现一致的排名分布情况，科研影响力的波动较大。第一梯队的美国在科研生产力、科研卓越力和科研合作力均全球第一，但科研影响力稍弱。德国和英国在4项指标上的表现较为均衡且优秀。第二梯队的瑞士和荷兰科研影响力全球最强，但是其科研生产力、科研卓越力和科研合作力稍弱。

（2）领域高质量论文分析：美国高质量论文数全球第一，中国全球第三

在林业学领域的102篇Top100高质量论文中，美国论文数量全球排名第一（26篇），德国（14篇）、中国（12篇）和澳大利亚（11篇）论文数量分列第二到第四名。意大利、法国、加拿大、瑞典、瑞士、西班牙、英国、巴西、比利时、丹麦、荷兰、墨西哥、日本、以色列、欧洲、国际组织也都有Top100高质量论文产出，但是论文产出数量均不足10篇（表2-20）。

美国有18家机构发表了Top100高质量论文。意大利排名第二，有7家机构。中国有

5家机构。美国农业部、弗莱堡大学和中国科学院的Top100高质量论文数量最多，均为6篇。

从产出Top100高质量论文的机构类型来看，全球林业学基础研究的创新主体是科研机构和高校。

表2-20 林业学Top100高质量论文

排名	被引频次	论文题目	国家	机构	机构类型
1	310	Dynamics of global forest area: results from the FAO global forest resources assessment 2015	澳大利亚	墨尔本大学	大学
2	235	Transpiration in the global water cycle	美国	卡里生态系统研究学院	科研机构
3	189	A review of approaches for evapotranspiration partitioning	以色列，法国	本·古里安大学，法国旱地农业和生物技术联合研究所	大学，科研机构
4	180	The spatial and temporal dynamics of species interactions in mixed-species forests: from pattern to process	德国	弗赖堡大学	大学
5	176	Vegetation of Europe: hierarchical floristic classification system of vascular plant, bryophyte, lichen, and algal communities	澳大利亚	西澳大学	大学
6	151	The impact of climate change and anthropogenic activities on alpine grassland over the Qinghai-Tibet Plateau	中国	中国科学院	科研机构
7	146	Canopy space filling and tree crown morphology in mixed-species stands compared with monocultures	德国	慕尼黑工业大学	大学
8	144	Stable isotopes in tree rings: towards a mechanistic understanding of isotope fractionation and mixing processes from the leaves to the wood	德国	德国莱布尼茨农业景观研究中心	科研机构
9	143	Assessment of forest structure using two uav techniques: a comparison of airborne laser scanning and structure from motion (SfM) point clouds	澳大利亚	塔斯马尼亚大学，皇家墨尔本理工大学	大学
10	129	Contemporary forest restoration: a review emphasizing function	美国	美国农业部	政府
11	124	Challenges and strategies for urban green-space planning in cities undergoing densification: a review	瑞典	瑞典农业科技大学	大学
11	124	Which is a better predictor of plant traits: temperature or precipitation?	澳大利亚	新南威尔士大学	大学

（续表）

排名	被引频次	论文题目	国家	机构	机构类型
13	122	Health benefits of green spaces in the living environment: a systematic review of epidemiological studies	荷兰	阿姆斯特丹大学	大学
14	114	The impact of heavy traffic on forest soils: a review	意大利	佛罗伦萨大学	大学
15	113	Increasing altitudinal gradient of spring vegetation phenology during the last decade on the Qinghai-Tibetan Plateau	中国	中国科学院	科研机构
15	113	Mapping attributes of Canada's forests at moderate resolution through kNN and MODIS imagery	加拿大	加拿大自然资源部	政府
17	104	Multi - site evaluation of terrestrial evaporation models using FLUXNET data	澳大利亚	新南威尔士大学	大学
17	104	Dendroecological dating of geomorphic disturbance in trees	瑞士	伯尔尼大学	大学
19	101	Growth and yield of mixed versus pure stands of Scots pine (*Pinus sylvestris* L.) and European beech (*Fagus sylvatica* L.) analysed along a productivity gradient through Europe	德国	慕尼黑工业大学	大学
19	101	Climate change impacts and adaptation in forest management: a review	澳大利亚	墨尔本大学	大学
21	97	Suitability of close-to-nature silviculture for adapting temperate European forests to climate change	瑞士	苏黎世联邦理工学院	大学
22	93	Quantifying consequences of removing harvesting residues on forest soils and tree growth-A meta-analysis	法国	法国农业科学院	科研机构
22	93	A survey on technologies for automatic forest fire monitoring, detection, and fighting using unmanned aerial vehicles and remote sensing techniques	加拿大	康考迪亚大学	大学
22	93	On seeing the wood from the leaves and the role of voxel size in determining leaf area distribution of forests with terrestrial LiDAR	美国	加利福尼亚伯克利大学	大学
22	93	Updated generalized biomass equations for North American tree species	美国	加利福尼亚伯克利大学	大学
26	92	Climate forcing datasets for agricultural modeling: merged products for gap-filling and historical climate series estimation	美国	美国国家航空航天局	政府
27	90	Climate change presents increased potential for very large fires in the contiguous United States	美国	爱达荷州立大学	大学

（续表）

排名	被引频次	论文题目	国家	机构	机构类型
27	90	Actor-centred power: The driving force in decentralised community based forest governance	德国	哥廷根大学	大学
29	88	Drone remote sensing for forestry research and practices	美国	普渡大学	大学
30	86	The relationship between leaf area index and microclimate in tropical forest and oil palm plantation: forest disturbance drives changes in microclimate	英国	帝国理工学院	大学
30	86	Small drones for community-based forest monitoring: an assessment of their feasibility and potential in tropical areas	墨西哥	墨西哥州自治大学	大学
30	86	Effects of vegetation, urban density, building height, and atmospheric conditions on local temperatures and thermal comfort	意大利	热那亚大学	大学
33	85	Mapping daily evapotranspiration at field scales over rainfed and irrigated agricultural areas using remote sensing data fusion	欧洲	欧洲共同体委员会	政府
34	84	Spatiotemporal vegetation cover variations associated with climate change and ecological restoration in the Loess Plateau	中国	西北农林科技大学	大学
34	84	Tree species is the major factor explaining C : N ratios in European forest soils	比利时	比利时森林与自然研究所	科研机构
36	83	Improving winter wheat yield estimation by assimilation of the leaf area index from Landsat TM and MODIS data into the WOFOST model	中国	中国农业大学	大学
37	81	Projections of regional changes in forest net primary productivity for different tree species in Europe driven by climate change and carbon dioxide	德国	波茨坦气候影响研究所	科研机构
38	79	Effects of different vegetation restoration on soil water storage and water balance in the Chinese Loess Plateau	中国	兰州大学	大学
38	79	Silvicultural alternatives to conventional even-aged forest management-what limits global adoption?	美国	俄勒冈大学	大学
38	79	Assessing street-level urban greenery using Google Street View and a modified green view index	美国	康涅狄格大学	大学
41	78	Observed and anticipated impacts of drought on forest insects and diseases in the United States	美国	北亚利桑那大学	大学

（续表）

排名	被引频次	论文题目	国家	机构	机构类型
42	76	A review of processes behind diversity-productivity relationships in forests	德国	弗赖堡大学	大学
43	75	SimpleTree - an efficient open source tool to build tree models from TLS clouds	德国	弗赖堡大学	大学
43	75	Negative consequences of positive feedbacks in US wildfire management	美国	美国农业部	政府
45	74	Drivers of forest harvesting intensity patterns in Europe	德国	柏林洪堡大学	大学
46	73	Global comparison of light use efficiency models for simulating terrestrial vegetation gross primary production based on the La Thuile database	中国	北京师范大学	大学
46	73	Are trait - based species rankings consistent across data sets and spatial scales?	法国	蒙彼利埃高等农学院	大学
48	72	High spatial resolution land use and land cover mapping wf the Brazilian Legal Amazon in 2008 using Landsat-5/TM and MODIS data	巴西	巴西国家空间研究所	科研机构
49	71	European forest types and forest Europe SFM indicators: tools for monitoring progress on forest biodiversity conservation	意大利	图西亚大学	大学
49	71	Adapting National Forest Inventories to changing requirements-the case of the Swedish National Forest Inventory at the turn of the 20th century	瑞典	瑞典农业科技大学	大学
51	70	A recent growth increase of European beech (*Fagus sylvatica* L.) at its Mediterranean distribution limit contradicts drought stress	德国	弗赖堡大学	大学
51	70	ROXAS-A new tool to build centuries-long tracheid-lumen chronologies in conifers	瑞士	苏黎世联邦理工学院	大学
53	69	Terrestrial laser scanning for plot - scale forest measurement	澳大利亚	澳大利亚联邦科学与工业研究组织	政府
53	69	A review of recent application of near infrared spectroscopy to wood science and technology	日本	名古屋大学	大学
53	69	A refinement of models projecting future Canadian fire regimes using homogeneous fire regime zones	加拿大	加拿大自然资源部	政府
56	68	Forest disturbance across the conterminous United States from 1985-2012: the emerging dominance of forest decline	美国	美国农业部	政府
57	67	Air pollution removal by trees in public green spaces in Strasbourg city, France	法国	斯特拉斯堡大学	大学

（续表）

排名	被引频次	论文题目	国家	机构	机构类型
57	67	Intra-annual density fluctuations in tree rings: how, when, where, and why?	意大利	那不勒斯菲里德里克第二大学	大学
57	67	Global forest resources assessment 2015: what, why and how?	意大利	联合国粮食及农业组织	政府
57	67	Developing a dual-wavelength full-waveform terrestrial laser scanner to characterize forest canopy structure	英国	萨尔福德大学	大学
57	67	Stand age and soils as drivers of plant functional traits and aboveground biomass in secondary tropical dry forest	美国	明尼苏达大学	大学
57	67	Spatial scale resolves the niche versus neutral theory debate	美国	方邦大学	大学
63	66	Forest restoration following surface mining disturbance: challenges and solutions	加拿大	阿尔伯塔大学	大学
63	66	Comparing ALS and image-based point cloud metrics and modelled forest inventory attributes in a complex coastal forest environment	加拿大	加拿大自然资源部	政府
63	66	Forest Resources Assessment of 2015 shows positive global trends but forest loss and degradation persist in poor tropical countries	澳大利亚	詹姆斯·库克大学	大学
66	65	A review of the roles of forest canopy gaps	意大利	卡拉布里亚大学	大学
66	65	Potential roles of Swedish forestry in the context of climate change mitigation	瑞典	瑞典农业科技大学	大学
68	64	Water balance and topography predict fire and forest structure patterns	美国	华盛顿大学	大学
69	63	Non-structural carbohydrates in woody plants compared among laboratories	澳大利亚	澳大利亚联邦科学与工业研究组织	政府
69	63	Quantifying carbon stores and decomposition in dead wood: a review	美国	明尼苏达大学	大学
69	63	Distilling allometric and environmental information from time series of conduit size: the standardization issue and its relationship to tree hydraulic architecture	意大利	帕多瓦大学	大学
69	63	Genetic considerations in ecosystem restoration using native tree species	国际组织	国际生物多样性中心	政府
69	63	Highly accurate tree models derived from terrestrial laser Scan Data: a method description	德国	弗赖堡大学	大学

（续表）

排名	被引频次	论文题目	国家	机构	机构类型
74	62	Temperate and boreal forest tree phenology: from organ-scale processes to terrestrial ecosystem models	法国	巴黎第十一大学	大学
74	62	Identification of the Worldwide Olive Germplasm Bank of Crdoba (Spain) using SSR and morphological markers	西班牙	科尔多瓦大学	大学
76	61	Climate change, fire management, and ecological services in the southwestern US	美国	宾夕法尼亚州立大学	大学
76	61	Climate, weather, and recent mountain pine beetle outbreaks in the western United States	美国	爱达荷州立大学	大学
78	60	Effectiveness of forestry best management practices in the United States: literature review	美国	弗吉尼亚理工大学	大学
78	60	Intervessel pit membrane thickness as a key determinant of embolism resistance in angiosperm xylem	德国	乌尔姆大学	大学
78	60	Using the gradient method to determine soil gas flux: a review	德国	弗赖堡大学	大学
78	60	Two alternatives to the stress-gradient hypothesis at the edge of life: the collapse of facilitation and the switch from facilitation to competition	法国	波尔多大学	大学
78	60	Effects of uncertainty in model predictions of individual tree volume on large area volume estimates	美国	美国农业部	政府
83	59	Assimilating a synthetic Kalman filter leaf area index series into the WOFOST model to improve regional winter wheat yield estimation	中国	中国农业大学	大学
83	59	Characterization of the structure, dynamics, and productivity of mixed-species stands: review and perspectives	西班牙	西班牙国家农业与食品技术研究院，巴亚多利德大学	科研机构，大学
83	59	Severity of an uncharacteristically large wildfire, the rim fire, in forests with relatively restored frequent fire regimes	美国	美国农业部	大学
83	59	Photoperiod and temperature responses of bud swelling and bud burst in four temperate forest tree species	瑞士	巴塞尔大学	大学
83	59	Wildland fire emissions, carbon, and climate: wildfire-climate interactions	美国	美国农业部	大学
83	59	Monitoring plant condition and phenology using infrared sensitive consumer grade digital cameras	加拿大	不列颠哥伦比亚大学	大学

（续表）

排名	被引频次	论文题目	国家	机构	机构类型
83	59	A socio-ecological exploration of fear of crime in urban green spaces-a systematic review	丹麦	哥本哈根大学	大学
83	59	Challenges of assessing fire and burn severity using field measures, remote sensing and modelling	澳大利亚	爱达荷州立大学	大学
91	58	Impacts of recent climate warming, cultivar changes, and crop management on winter wheat phenology across the Loess Plateau of China	中国	中国科学院	科研机构
91	58	Water use efficiency threshold for terrestrial ecosystem carbon sequestration in China under afforestation	中国	中国科学院	科研机构
91	58	Climate change impacts on fire regimes and key ecosystem services in Rocky Mountain forests	美国	科罗拉多州立大学	大学
91	58	Responses of wheat growth and yield to climate change in different climate zones of China, 1981-2009	中国	中国科学院	科研机构
95	57	Changes in forest production, biomass and carbon: results from the 2015 UN FAO Global Forest Resource Assessment	德国	汉堡大学	大学
96	56	Upscaling evapotranspiration measurements from multi-site to the satellite pixel scale over heterogeneous land surfaces	中国	北京师范大学	大学
96	56	Assessing the evolution of soil moisture and vegetation conditions during the 2012 United States flash drought	美国	威斯康星大学	大学
96	56	Model-based thinking for community ecology	澳大利亚	新南威尔士大学	大学
96	56	Fire severity, size, and climate associations diverge from historical precedent along an ecological gradient in the Pinaleno Mountains, Arizona, USA	美国	亚利桑那大学	大学
96	56	A review of methods for mapping and prediction of inventory attributes for operational forest management	美国	密歇根理工大学	大学
96	56	Spatial and temporal variations in the end date of the vegetation growing season throughout the Qinghai-Tibetan Plateau from 1982 to 2011	中国	中国科学院	科研机构
96	56	Shades of green: a social scientific view on bioeconomy in the forest sector	瑞典	瑞典农业科技大学	大学

2.2.9 基因与遗传学

（1）科技论文竞争力指数分析：美中综合实力最强，但科研影响力落后，英国各方面较为均衡且优

美国的基因与遗传学科技论文竞争力排名第一，中国排名第二，英国排名第三，这3个国家属于第一梯队（科技论文竞争力得分大于2）。法国、瑞士、德国、荷兰、澳大利亚、挪威和丹麦处于第二梯队（科技论文竞争力得分为1~2）。第三梯队的国家依次为意大利、加拿大、比利时、瑞典、西班牙、以色列、墨西哥、日本、波兰、巴西、韩国和印度（表2-21）。

表2-21 主要22国基因与遗传学科技论文竞争力指数及排名

国家	科技论文竞争力指数（一级指标）		科研生产力（二级指标）			科研影响力（二级指标）			科研卓越力（二级指标）			国际合作力（二级指标）		
	得分	排名	发文量（篇）	得分	排名	CNCI	得分	排名	高被引论文数（篇）	得分	排名	国际合作论文数（篇）	得分	排名
美国	2.83	1	2989	0.44	2	1.52	0.38	16	38	1.00	1	2140	1.00	1
中国	2.49	2	6590	1.00	1	0.82	0.08	21	22	0.56	3	1827	0.85	2
英国	2.18	3	1288	0.18	3	2.14	0.64	7	31	0.81	2	1197	0.54	3
法国	1.24	4	445	0.05	12	2.32	0.72	6	13	0.31	4	410	0.16	7
德国	1.11	5	555	0.07	10	1.88	0.54	8	13	0.31	4	486	0.20	5
瑞士	1.11	5	180	0.01	17	2.64	0.86	2	9	0.19	8	165	0.04	17
荷兰	1.05	7	258	0.02	15	2.40	0.76	4	9	0.19	8	236	0.08	13
澳大利亚	1.04	8	800	0.11	5	1.68	0.45	13	10	0.22	6	621	0.26	4
挪威	1.04	8	102	0.00	22	2.97	1.00	1	3	0.03	19	99	0.01	20
丹麦	1.00	10	192	0.01	16	2.49	0.80	3	7	0.14	10	173	0.05	16
意大利	0.90	11	484	0.06	11	1.77	0.49	10	10	0.22	6	335	0.13	10
加拿大	0.86	12	581	0.07	9	1.73	0.47	12	7	0.14	10	444	0.18	6
比利时	0.85	13	149	0.01	19	2.34	0.73	5	5	0.08	13	140	0.03	19
瑞典	0.74	14	368	0.04	14	1.67	0.44	14	7	0.14	10	324	0.12	11
西班牙	0.70	15	434	0.05	13	1.64	0.43	15	5	0.08	13	349	0.13	9
以色列	0.59	16	127	0.00	20	1.85	0.52	9	4	0.06	17	97	0.01	21
墨西哥	0.53	17	171	0.01	18	1.76	0.48	11	2	0.00	21	143	0.03	18

（续表）

国家	科技论文竞争力指数（一级指标）		科研生产力（二级指标）			科研影响力（二级指标）			科研卓越力（二级指标）			国际合作力（二级指标）		
	得分	排名	发文量（篇）	得分	排名	CNCI	得分	排名	高被引论文数（篇）	得分	排名	国际合作论文数（篇）	得分	排名
日本	0.47	18	858	0.12	4	0.95	0.14	18	5	0.08	13	361	0.14	8
波兰	0.41	19	114	0.00	21	1.52	0.38	16	3	0.03	19	74	0.00	22
巴西	0.35	20	601	0.08	8	0.93	0.13	19	4	0.06	17	266	0.09	12
韩国	0.32	21	614	0.08	7	0.84	0.09	20	5	0.08	13	226	0.07	14
印度	0.17	22	734	0.10	6	0.63	0.00	22	2	0.00	21	215	0.07	15

在科研生产力方面，中国总发文量为6590篇，拥有绝对优势。美国、英国、日本、澳大利亚、印度、韩国、巴西、加拿大和德国分列第二至第十位，总发文量均大于500篇。

在科研影响力方面，挪威第一，CNCI值为2.97，其次是瑞士和丹麦。该领域共有17个国家的CNCI值大于1，其论文的被引表现高于全球平均水平。但中国的CNCI值为0.82，排名较为靠后，为第二十一位，低于全球平均水平。

在科研卓越力方面，美国和英国位居第一和第二，高被引论文总量分别为38篇和31篇，领先优势明显。中国高被引论文总量22篇，排名第三。中国、德国、法国、意大利和澳大利亚高被引论文总量均在10篇以上。

在科研合作力方面，美国、中国和英国排名前三，国际合作论文总量分别为2140篇、1827篇和1197篇。澳大利亚、德国、加拿大、法国、日本、西班牙、意大利和瑞典的国际合作论文总量均在300篇以上。

22个国家的科研生产力、科研卓越力和科研合作力基本呈现一致的排名分布情况，科研影响力的波动较大。第一梯队的美国和中国的科研生产力、科研卓越力和科研合作力均较强，但科研影响力稍弱。第二梯队的挪威和瑞士科研影响力全球最强，但是其科研生产力、科研卓越力和科研合作力较弱。日本、巴西、韩国和印度虽然处于第三梯队，但其发文量较高，属于有发展潜力的国家。

（2）领域高质量论文分析：美国高质量论文数量全球第一，中国第二

在基因与遗传学领域101篇Top100高质量论文中，美国论文数量排名第一（37篇）、中国排名第二（26篇）、澳大利亚排名第三（9篇），日本、英国、德国、法国、瑞典、巴西、丹麦、加拿大、西班牙、比利时、韩国、荷兰、瑞士、印度和国际组织也都有

Top100 高质量论文产出，论文产出数量在 1~4 篇不等（表 2-22）。

美国有 26 家机构发表了 Top100 高质量论文。中国次之，有 14 家机构。澳大利亚有 5 家机构。中国科学院 Top100 高质量论文数量最多，产出 6 篇。康奈尔大学、加利福尼亚大学和昆士兰大学产出 5 篇，并列第二。中国农业科学院和华中农业大学产出 4 篇，并列第四（表 2-22）。

从机构类型来看，全球基因与遗传学基础研究的创新主体是科研机构和高校。

表 2-22 基因与遗传学 Top100 高质量论文

排名	被引频次	论文题目	国家	机构	机构类型
1	719	Defining the role of common variation in the genomic and biological architecture of adult human height	澳大利亚	昆士兰大学	大学
2	459	Analysis of chemosensory gene families in the beetle Monochamus alternatus and its parasitoid Dastarcus helophoroides	中国	华中农业大学	大学
3	428	A survey of best practices for RNA-seq data analysis	美国	佛罗里达州大学，加利福尼亚大学	大学
4	412	A reference genome for common bean and genome-wide analysis of dual domestications	美国	佐治亚大学	大学
5	394	Genome sequence of the cultivated cotton Gossypium arboreum	中国	北京大学	大学
6	389	Agricultural expansion and its impacts on tropical nature	澳大利亚	詹姆斯·库克大学	大学
7	328	DNA methylation age of blood predicts all-cause mortality in later life	澳大利亚	昆士兰大学	大学
8	322	Whole-genome sequencing of 234 bulls facilitates mapping of monogenic and complex traits in cattle	澳大利亚	维多利亚州环境和基础工业部	政府
9	312	Convergent losses of decay mechanisms and rapid turnover of symbiosis genes in mycorrhizal mutualists	法国	法国农业科学院	科研机构
10	293	Genome sequence of the hot pepper provides insights into the evolution of pungency in Capsicum species	韩国	首尔大学	大学
11	290	Environmental DNA for wildlife biology and biodiversity monitoring	丹麦	哥本哈根大学	大学
12	289	Integration of summary data from GWAS and eQTL studies predicts complex trait gene targets	澳大利亚	昆士兰大学	大学

（续表）

排名	被引频次	论文题目	国家	机构	机构类型
13	283	Whole-genome sequence of a flatfish provides insights into ZW sex chromosome evolution and adaptation to a benthic lifestyle	中国	华大基因	企业
14	248	Genomic analyses provide insights into the history of tomato breeding	中国	中国农业科学院	科研机构
15	230	Genetic mechanisms of abiotic stress tolerance that translate to crop yield stability	美国	加利福尼亚大学	大学
16	215	Genetic variance estimation with imputed variants finds negligible missing heritability for human height and body mass index	澳大利亚	昆士兰大学	大学
16	215	Genome sequencing highlights the dynamic early history of dogs	美国	加利福尼亚大学	大学
18	212	Natural variation in genome architecture among 205 Drosophila melanogaster Genetic Reference Panel lines	美国	北卡罗来纳州立大学	大学
19	206	The genome sequences of *Arachis duranensis* and *Arachis ipaensis*, the diploid ancestors of cultivated peanut	巴西，美国	巴西利亚大学，佐治亚大学	大学
20	203	Recognition of seven species in the Cryptococcus gattii/Cryptococcus neoformans species complex	荷兰	荷兰皇家艺术与科学院	科研机构
21	195	Unifying niche shift studies：insights from biological invasions	瑞士	洛桑大学	大学
22	187	Genetic rescue to the rescue	美国	阿拉斯加大学	大学
23	182	Genome-wide association analyses provide genetic and biochemical insights into natural variation in rice metabolism	中国	华中农业大学	大学
23	182	Finding the missing honey bee genes：lessons learned from a genome upgrade	美国	密苏里大学	大学
25	177	Genomics and the challenging translation into conservation practice	瑞典	乌普萨拉大学	大学
26	175	Genetic dissection of drought tolerance in chickpea（*Cicer arietinum* L.）	国际组织	国际半干旱热带作物研究所	科研机构
27	170	Genomic selection and association mapping in rice（*Oryza sativa*）：effect of trait genetic architecture，training population composition，marker number and statistical model on accuracy of rice genomic selection in elite，tropical rice breeding Lines	美国	康奈尔大学	大学

（续表）

排名	被引频次	论文题目	国家	机构	机构类型
28	169	PopGenome：an efficient Swiss army knife for population genomic analyses in R	德国	杜塞尔多夫大学	大学
29	163	OsSPL13 controls grain size in cultivated rice	中国	中国科学院	科研机构
30	157	Hybridization，introgression，and the nature of species boundaries	美国	康奈尔大学	大学
31	155	Phylogeographical analysis of the dominant multidrug-resistant H58 clade of Salmonella Typhi identifies inter-and intracontinental transmission events	英国	桑格研究院	科研机构
32	154	Chloroplast genomes：diversity，evolution，and applications in genetic engineering	美国	宾夕法尼亚大学	大学
32	154	Copy number variation at the GL7 locus contributes to grain size diversity in rice	中国	中国农业科学院	科研机构
32	154	Egg cell-specific promoter-controlled CRISPR/Cas9 efficiently generates homozygous mutants for multiple target genes in Arabidopsis in a single generation	中国	中国农业大学	大学
32	154	The genome sequence of African rice（Oryza glaberrima）and evidence for independent domestication	美国	亚利桑那大学	大学
32	154	Transcriptome and methylome profiling reveals relics of genome dominance in the mesopolyploid Brassica oleracea	加拿大	加拿大农业与农业食品部	政府
32	154	Genomes of the rice pest brown planthopper and its endosymbionts reveal complex complementary contributions for host adaptation	中国	浙江大学	大学
38	147	Modeling linkage disequilibrium increases accuracy of polygenic risk scores	美国	哈佛大学	大学
39	145	Worldwide patterns of ancestry，divergence，and admixture in domesticated cattle	美国	密苏里大学	大学
40	143	The evolutionary significance of polyploidy	比利时	根特大学	大学
41	141	The OsSPL16-GW7 regulatory module determines grain shape and simultaneously improves rice yield and grain quality	中国	中国科学院	科研机构
42	139	Co-occurrence of resistance genes to antibiotics，biocides and metals reveals novel insights into their co-selection potential	瑞典	哥德堡大学	大学
42	139	The genome of the stress-tolerant wild tomato species *Solanum pennellii*	德国	马克斯·普朗克科学促进学会	科研机构

（续表）

排名	被引频次	论文题目	国家	机构	机构类型
44	138	The genomes of two key bumblebee species with primitive eusocial organization	美国	伊利诺伊州立大学	大学
45	134	Population genomics of Populus trichocarpa identifies signatures of selection and adaptive trait associations	美国	弗吉尼亚大学	大学
45	134	Genome-wide identification of long noncoding natural antisense transcripts and their responses to light in Arabidopsis	美国	洛克菲勒大学	大学
45	134	Single nucleus genome sequencing reveals high similarity among nuclei of an endomycorrhizal fungus	中国	北京师范大学	大学
48	133	Contrasting patterns of Y chromosome and mtDNA variation in Africa: evidence for sex-biased demographic processes	美国	亚利桑那大学	大学
49	131	Convergent evolution of the genomes of marine mammals	丹麦	哥本哈根大学	大学
50	130	The pineapple genome and the evolution of CAM photosynthesis	中国	福建农林大学	大学
51	129	The draft genome of the grass carp (Ctenopharyngodon idellus) provides insights into its evolution and vegetarian adaptation	中国	中国科学院	科研机构
51	129	Statistical power to detect genetic (Co) JP variance of complex traits using SNP data in unrelated samples	澳大利亚	昆士兰大学	大学
53	126	Critical evaluation of the Illumina MethylationEPIC BeadChip microarray for whole-genome DNA methylation profiling	澳大利亚	加文医学研究所	科研机构
53	126	A recently evolved hexose transporter variant confers resistance to multiple pathogens in wheat	澳大利亚	澳大利亚联邦科学与工业研究组织	政府
55	125	Sequencing and Assembly of the 22-Gb Loblolly Pine Genome	美国	加利福尼亚大学	大学
56	124	Autumn, the neglected season in climate change research	美国	波士顿大学	大学
56	124	The genome sequence of the orchid Phalaenopsis equestris	中国	中国科学院	科研机构
58	120	A whole-genome shotgun approach for assembling and anchoring the hexaploid bread wheat genome	美国	美国能源部	政府

（续表）

排名	被引频次	论文题目	国家	机构	机构类型
59	118	The genome sequence of allopolyploid Brassica juncea and analysis of differential homoeolog gene expression influencing selection	中国	浙江大学，中国农业农村部	大学，政府
60	117	Single-molecule sequencing and chromatin conformation capture enable de novo reference assembly of the domestic goat genome	美国	美国农业部，美国国立卫生研究院	政府，科研机构
61	115	Epigenetic modification and inheritance in sexual reversal of fish	中国	中国水产科学研究院	科研机构
62	111	High-quality de novo assembly of the apple genome and methylome dynamics of early fruit development	法国	法国布列塔尼—卢瓦尔大学	大学
63	110	Genome-wide association study using whole-genome sequencing rapidly identifies new genes influencing agronomic traits in rice	日本	名古屋大学	大学
63	110	Methane yield phenotypes linked to differential gene expression in the sheep rumen microbiome	美国	美国能源部	政府
65	108	Dissection of the octoploid strawberry genome by deep sequencing of the genomes of fragaria species	日本	Kazusa DNA 研究所	科研机构
66	107	The two-speed genomes of filamentous pathogens: waltz with plants	英国	剑桥大学	科研机构
66	107	Harnessing the clustered regularly interspaced short palindromic repeat (CRISPR) /CRISPR-associated Cas9 system to disrupt the hepatitis B virus	中国	中国医学科学院	科研机构
66	107	Wild Sex in zebrafish: loss of the natural sex determinant in domesticated strains	美国	俄勒冈大学	大学
69	106	A maize wall-associated kinase confers quantitative resistance to head smut	中国	中国农业大学	大学
69	106	A worldwide survey of genome sequence variation provides insight into the evolutionary history of the honeybee *Apis mellifera*	瑞典	乌普萨拉大学	大学
71	105	Genome wide association studies using a new nonparametric model reveal the genetic architecture of 17 agronomic traits in an enlarged maize association panel	中国	华中农业大学	大学
72	104	The influence of age and sex on genetic associations with adult body size and shape: a large-scale genome-wide interaction study	德国	雷根斯堡大学	大学

（续表）

排名	被引频次	论文题目	国家	机构	机构类型
73	103	Novel Methods to Optimize Genotypic Imputation for Low-Coverage, Next-Generation Sequence Data in Crop Plants	美国	康奈尔大学	大学
73	103	Heterotrimeric G proteins regulate nitrogen-use efficiency in rice	中国	中国科学院	科研机构
75	102	Integrating environmental covariates and crop modeling into the genomic selection framework to predict genotype by environment interactions	美国	康奈尔大学	大学
76	101	Oligonucleotides replacing the roles of repetitive sequences pAs1, pSc119.2, pTa-535, pTa71, CCS1, and pAWRC.1 for FISH analysis	中国	四川农业大学	大学
77	99	Adaptation and possible ancient interspecies introgression in pigs identified by whole-genome sequencing	中国	江西农业大学	大学
77	99	Evolutionary origins and dynamics of octoploid strawberry subgenomes revealed by dense targeted capture linkage Maps	美国	俄勒冈大学	大学
77	99	Dynamics of chromatin accessibility and gene regulation by MADS-domain transcription factors in flower development	西班牙	西班牙高等科学研究理事会	研究委员会
80	97	A genome-wide association study of resistance to stripe rust (*Puccinia striiformis f.* sp tritici) in a worldwide collection of hexaploid spring wheat (*Triticum aestivum* L.)	美国	加利福尼亚大学	大学
81	96	Coordinated international action to accelerate genome-to-phenome with FAANG, the Functional Annotation of Animal Genomes project	法国	法国农业科学院	科研机构
81	96	RNA-Seq technology and its application in fish transcriptomics	美国	佛蒙特大学	大学
83	95	A haplotype map of allohexaploid wheat reveals distinct patterns of selection on homoeologous genomes	美国	堪萨斯州立大学	大学
83	95	Unique features of the loblolly pine (*Pinus taeda* L.) megagenome revealed through sequence annotation	美国	康涅狄格大学	大学
85	94	Functional traits in agriculture: agrobiodiversity and ecosystem services	美国	哥伦比亚大学	大学
85	94	Variation in NRT1.1B contributes to nitrate-use divergence between rice subspecies	中国	中国科学院	科研机构

（续表）

排名	被引频次	论文题目	国家	机构	机构类型
85	94	Chalk5 encodes a vacuolar H^+-translocating pyrophosphatase influencing grain chalkiness in rice	中国	华中农业大学	大学
88	92	A phylogenetic analysis of 34 chloroplast genomes elucidates the relationships between wild and domestic species within the genus citrus	西班牙	西班牙 CIPF 研究中心	科研机构
89	91	The Fasciola hepatica genome: gene duplication and polymorphism reveals adaptation to the host environment and the capacity for rapid evolution	英国	利物浦大学	大学
89	91	Training set optimization under population structure in genomic selection	美国	康奈尔大学	大学
91	90	A cascade of arabinosyltransferases controls shoot meristem size in tomato	美国	冷泉港实验室	科研机构
91	90	Genome-wide association study dissects the genetic architecture of seed weight and seed quality in rapeseed (*Brassica napus* L.)	中国	中国农业科学院	科研机构
91	90	A single mutation in the GSTe2 gene allows tracking of metabolically based insecticide resistance in a major malaria vector	英国	利物浦大学	大学
94	89	Microsatellite markers: what they mean and why they are so useful	巴西	圣保罗大学	大学
94	89	Evolution of plant genome architecture	美国	爱荷华州立大学	大学
94	89	LinkImpute: fast and accurate genotype imputation for nonmodel organisms	加拿大	达尔豪斯大学	大学
97	88	A high-quality carrot genome assembly provides new insights into carotenoid accumulation and asterid genome evolution	美国	威斯康星大学，美国农业部	大学，政府
97	88	A complete view of the genetic diversity of the Escherichia coli O-antigen biosynthesis gene cluster	日本	宫崎大学	大学
97	88	Multiple polyploidy events in the early radiation of nodulating and nonnodulating legumes	美国	美国农业部	政府
97	88	Draft genome sequence of eggplant (*Solanum melongena* L.): the representative solanum species indigenous to the old world	日本	日本农业和食品研究组织	科研机构
97	88	Genome sequencing of the high oil crop sesame provides insight into oil biosynthesis	中国	中国农业科学院	科研机构

2.2.10 生物学

(1) 科技论文竞争力指数分析：中美英表现俱佳，中国总体表现较好，科研影响力有待提升

中国的生物学科技论文竞争力排名第一，美国排名第二，英国排名第三，这3个国家属于第一梯队（科技论文竞争力得分大于2）。荷兰、德国、意大利、法国、瑞士、挪威处于第二梯队（科技论文竞争力得分为1~2）。第三梯队的11个国家依次为丹麦、西班牙、澳大利亚、瑞典、比利时、加拿大、日本、印度、巴西、墨西哥、韩国、以色列和波兰（表2-23）。

表2-23 主要22国生物学科技论文竞争力指数及排名

国家	科技论文竞争力指数（一级指标）		科研生产力（二级指标）			科研影响力（二级指标）			科研卓越力（二级指标）			国际合作力（二级指标）		
	得分	排名	发文量（篇）	得分	排名	CNCI	得分	排名	高被引论文数（篇）	得分	排名	国际合作论文数（篇）	得分	排名
中国	2.88	1	23801	1.00	1	1.02	0.09	20	194	0.89	3	7126	0.90	2
美国	2.79	2	12037	0.50	2	1.39	0.32	15	211	0.98	2	7841	1.00	1
英国	2.55	3	5150	0.20	4	2.10	0.76	5	216	1.00	1	4819	0.59	3
荷兰	1.32	4	929	0.02	15	2.49	1.00	1	61	0.24	7	851	0.06	15
德国	1.28	5	2370	0.08	10	1.91	0.64	7	81	0.33	5	2054	0.22	5
意大利	1.25	6	2408	0.08	9	1.81	0.58	10	98	0.42	4	1651	0.17	9
法国	1.09	7	1805	0.06	13	1.86	0.61	8	64	0.25	6	1660	0.17	8
瑞士	1.02	8	718	0.01	20	2.33	0.90	3	28	0.07	17	662	0.03	17
挪威	1.01	9	438	0.00	22	2.49	1.00	1	14	0.00	21	420	0.00	21
丹麦	0.97	10	681	0.01	21	2.29	0.88	4	24	0.05	18	609	0.03	18
西班牙	0.94	11	2077	0.07	11	1.66	0.48	11	59	0.23	8	1614	0.16	10
澳大利亚	0.91	12	2659	0.10	7	1.52	0.40	12	55	0.21	9	1929	0.21	6
瑞典	0.91	12	1662	0.05	14	1.84	0.60	9	40	0.13	14	1317	0.12	11
比利时	0.85	14	911	0.02	16	1.98	0.68	6	33	0.10	15	779	0.05	16
加拿大	0.83	15	2492	0.09	8	1.52	0.40	12	48	0.17	12	1698	0.17	7
日本	0.78	16	6975	0.28	3	0.88	0.00	22	54	0.20	10	2597	0.29	4
印度	0.55	17	2025	0.07	12	1.24	0.22	17	51	0.19	11	904	0.07	14

（续表）

国家	科技论文竞争力指数（一级指标）		科研生产力（二级指标）			科研影响力（二级指标）			科研卓越力（二级指标）			国际合作力（二级指标）		
	得分	排名	发文量（篇）	得分	排名	CNCI	得分	排名	高被引论文数（篇）	得分	排名	国际合作论文数（篇）	得分	排名
巴西	0.46	18	2758	0.10	6	1.04	0.10	19	46	0.16	13	1177	0.10	12
墨西哥	0.36	19	722	0.01	19	1.41	0.33	14	17	0.02	19	439	0.00	20
韩国	0.33	20	3001	0.11	5	0.94	0.04	21	29	0.08	16	1167	0.10	13
以色列	0.31	21	755	0.01	18	1.34	0.29	16	13	0.00	22	469	0.01	19
波兰	0.23	22	763	0.01	17	1.21	0.21	18	15	0.01	20	403	0.00	22

在科研生产力方面，中国最强，总发文量为23801篇，领先优势明显。美国、日本、英国和韩国分别位居第二到第五位，总发文量分别为12037篇、6975篇、5150篇和3001篇。另外，还有7个总发文量大于2000篇的国家，依次为巴西、澳大利亚、加拿大、意大利、德国、西班牙和印度，分列第六到第十二位。

在科研影响力方面，荷兰和挪威并列第一位，瑞士和丹麦紧随其后。该领域共有20个国家（包括中国）的CNCI值大于1，其论文的被引表现高于全球平均水平。中国的CNCI值排名靠后，仅为第二十位。

在科研卓越力方面，英国、美国和中国位列前三，高被引论文总量分别为216篇、211篇和194篇。其他高被引论文总量在50篇以上的国家有意大利、德国、法国、荷兰、西班牙、澳大利亚、日本和印度。

在科研合作力方面，美国和中国分列第一和第二，国际合作论文总量分别为7841篇和7126篇，领先优势明显。英国国际合作论文总量为4819篇，排名第三。其他国际合作论文总量在1000篇以上的国家有日本、德国、澳大利亚、加拿大、法国、意大利、西班牙、瑞典、巴西和韩国。

22个国家的科研生产力、科研卓越力和科研合作力基本呈现一致的排名分布情况，但是科研影响力呈现出较大的波动性。位于第一梯队的中国和美国的科研生产力、科研卓越力和科研合作力均较强，但科研影响力较弱。第二梯队的瑞士和荷兰的科研影响力全球最强，但是其科研生产力、科研卓越力和科研合作力稍弱。第一梯队的英国、第二梯队的澳大利亚、德国、意大利和法国在4项指标上的表现较为均衡。日本、韩国和巴西虽然处于第三梯队，但是其发文量较高，科研生产力排名第三、第五和第六，属于有一定发展潜力的国家。

(2) 领域高质量论文分析：美国高质量论文数全球排名第一，中国紧随其后

在生物学 Top100 高质量论文中，美国论文数量排名第一（34 篇）、中国排名第二（19 篇）、德国排名第三（7 篇）。荷兰、加拿大、澳大利亚、瑞典、意大利、英国、韩国、丹麦、西班牙、巴西、比利时、波兰、法国、日本、瑞士、印度和国际组织也都有 Top100 高质量论文产出，论文产出数量在 1~5 篇不等（表 2-24）。

美国有 28 家机构发表了 Top100 高质量论文。中国次之，有 10 家机构。德国排名第三，有 7 家机构。贵州农业科学院论文数量最多，产出 4 篇。荷兰皇家艺术与科学院、华中农业大学、罗格斯大学、中国科学院和中国农业大学并列第二，产出 3 篇。

从 Top100 高质量论文产出机构类型来看，全球生物学基础研究的创新主体是科研机构和高校。

表 2-24 生物学 Top100 高质量论文

排名	被引频次	论文题目	国家	机构	机构类型
1	1973	Guidelines for the use and interpretation of assays for monitoring autophagy (3rd edition)	美国	密歇根大学	大学
2	1223	Ribosomal database project: data and tools for high throughput rRNA analysis	美国	密歇根州立大学	大学
3	878	A standardised static in vitro digestion method suitable for food-an international consensus	荷兰	荷兰应用科学研究机构	科研机构
4	571	NEESTIMATOR v2: re-implementation of software for the estimation of contemporary effective population size (N-e) from genetic data	澳大利亚	昆士兰大学	大学
5	459	Analysis of chemosensory gene families in the beetle Monochamus alternatus and its parasitoid Dastarcus helophoroides	中国	华中农业大学	大学
6	406	Plant-mediated biosynthesis of nanoparticles as an emerging tool against mosquitoes of medical and veterinary importance: a review	意大利	比萨大学	大学
7	389	Agricultural expansion and its impacts on tropical nature	澳大利亚	詹姆斯·库克大学	大学
8	356	A robust CRISPR/CAS9 system for convenient, high-efficiency multiplex genome editing in monocot and dicot plants	中国	华南农业大学	大学
9	334	Model selection in historical biogeography reveals that founder-event speciation is a crucial process in island clades	美国	田纳西大学	大学
10	315	Novel insights of dietary polyphenols and obesity	美国	德州理工大学	大学

（续表）

排名	被引频次	论文题目	国家	机构	机构类型
11	313	Inactivation of the ferroptosis regulator Gpx4 triggers acute renal failure in mice	德国	德国亥姆霍兹联合会	科研机构
12	312	A global analysis of the impacts of urbanization on bird and plant diversity reveals key anthropogenic drivers	美国	罗格斯大学	大学
13	309	Growth-defense tradeoffs in plants：a balancing act to optimize fitness	美国	密歇根州立大学	大学
14	290	A scoping review of scoping reviews：advancing the approach and enhancing the consistency	加拿大	圭尔夫大学	大学
14	290	Environmental DNA for wildlife biology and biodiversity monitoring	丹麦	哥本哈根大学	大学
16	276	Phylogeny, identification and nomenclature of the genus Aspergillus	荷兰	荷兰皇家艺术与科学院	科研机构
17	272	CTCF-mediated human 3D genome architecture reveals chromatin topology for transcription	美国	美国杰克逊实验室	科研机构
18	260	A phylum-level phylogenetic classification of zygomycete fungi based on genome-scale data	美国	俄勒冈大学	大学
19	258	Concerning RNA-guided gene drives for the alteration of wild populations	美国	哈佛大学	大学
20	253	First report of behavioural lateralisation in mosquitoes：right-biased kicking behaviour against males in females of the Asian tiger mosquito, *Aedes albopictus*	意大利	比萨大学	大学
21	232	Minimum information about a biosynthetic gene cluster	德国	马克斯·普朗克科学促进学会	科研机构
21	232	Carotenoid metabolism in plants	澳大利亚	澳大利亚国立大学	大学
23	226	Revision of *Begomovirus taxonomy* based on pairwise sequence comparisons	美国	亚利桑那大学	大学
23	226	IRAC：Mode of action classification and insecticide resistance management	美国	陶氏化学公司	公司
25	225	Food security and sustainable intensification	英国	牛津大学	大学
26	218	InteractiVenn：a web-based tool for the analysis of sets through Venn diagrams	巴西	圣保罗大学	大学
27	212	Natural variation in genome architecture among 205 Drosophila melanogaster Genetic Reference Panel lines	美国	美国北卡罗来纳州立大学	大学

（续表）

排名	被引频次	论文题目	国家	机构	机构类型
28	205	Large chromosomal deletions and heritable small genetic changes induced by CRISPR/Cas9 in rice	美国	爱荷华州立大学	大学
29	203	Recognition of seven species in the *Cryptococcus gattii/Cryptococcus neoformans* species complex	荷兰	荷兰皇家艺术与科学院	科研机构
30	202	Fungal diversity notes 111-252-taxonomic and phylogenetic contributions to fungal taxa	中国	贵州农业科学院	科研机构
30	202	Translation rate is controlled by coupled trade-offs between site accessibility, selective RNA unfolding and sliding at upstream standby sites	美国	宾夕法尼亚州立大学	大学
32	200	Taxonomy of the order Mononegavirales: update 2016	美国	美国国立卫生研究院	政府
32	200	Towards a natural classification and backbone tree for Sordariomycetes	中国	贵州农业科学院	科研机构
34	197	Identification and nomenclature of the genus Penicillium	荷兰	荷兰皇家艺术与科学院	科研机构
35	195	Unifying niche shift studies: insights from biological invasions	瑞士	洛桑大学	大学
36	192	Nomenclatural realignment of Neotyphodium species with genus Epichloe	美国	罗格斯大学	大学
37	187	Genetic rescue to the rescue	美国	罗格斯大学	大学
38	185	Fungal diversity notes 1-110: taxonomic and phylogenetic contributions to fungal species	中国	贵州农业科学院	科研机构
39	184	A roadmap for natural product discovery based on large-scale genomics and metabolomics	美国	西北大学	大学
39	184	NADPH oxidases in vascular pathology	波兰	克拉科夫雅盖隆大学	大学
41	182	agriGO v2.0: a GO analysis toolkit for the agricultural community, 2017 update	中国	中国农业大学	大学
42	181	mRNA destabilization is the dominant effect of mammalian microRNAs by the time substantial repression ensues	美国	麻省理工学院	大学
43	178	Interactions between JARID2 and noncoding RNAs regulate PRC2 recruitment to chromatin	美国	霍华德·休斯医学研究所	科研机构
44	177	Genomics and the challenging translation into conservation practice	瑞典	乌普萨拉大学	大学

（续表）

排名	被引频次	论文题目	国家	机构	机构类型
45	176	A restatement of the natural science evidence base concerning neonicotinoid insecticides and insect pollinators	英国	牛津大学	大学
46	173	PIFs：Systems integrators in plant development	西班牙	巴塞罗那大学	大学
47	172	Naming and outline of Dothideomycetes－2014 including proposals for the protection or suppression of generic names	中国	中国科学院	科研机构
48	171	The beetle tree of life reveals that Coleoptera survived end－Permian mass extinction to diversify during the Cretaceous terrestrial revolution	美国	孟菲斯大学	大学
49	170	CRISPR－P：a web tool for synthetic single－guide RNA design of CRISPR－system in plants	中国	华中农业大学	大学
50	169	Functional identity and diversity of animals predict ecosystem functioning better than species－based indices	瑞典	瑞典农业科技大学	大学
50	169	PopGenome：an efficient Swiss army knife for population genomic analyses in R	德国	杜塞尔多夫大学	大学
52	168	Microplastics in sediments：a review of techniques，occurrence and effects	比利时	根特大学	大学
53	167	A Plant immune receptor detects pathogen effectors that target WRKY transcription factors	英国	剑桥大学	科研机构
54	166	Qualimap 2：advanced multi－sample quality control for high－throughput sequencing data	德国	马克斯·普朗克科学促进学会	科研机构
54	166	Epigenetics and human obesity	澳大利亚	阿德莱德大学	大学
56	165	A first line of stress defense：small heat shock proteins and their function in protein homeostasis	德国	慕尼黑工业大学	大学
57	163	50－plus years of fungal viruses	美国	肯塔基大学	大学
58	162	Intermittent rivers：a challenge for freshwater ecology	法国	法国国家环境与农业科技研究院	科研机构
59	161	One－month strawberry－rich anthocyanin supplementation ameliorates cardiovascular risk，oxidative stress markers and platelet activation in humans	意大利	马尔凯理工大学	大学
60	160	Heatmapper：web－enabled heat mapping for all	加拿大	阿尔伯塔大学	大学
60	160	Intercontinental spread of Asian－origin H5N8 to North America through beringia by migratory birds	美国	美国农业部	政府

（续表）

排名	被引频次	论文题目	国家	机构	机构类型
62	158	Plant DNA barcoding：from gene to genome	中国	澳门大学	大学
63	157	Reinventing residual reserves in the sea：are we favouring ease of establishment over need for protection?	加拿大	纽芬兰纪念大学	大学
63	157	Diversification practices reduce organic to conventional yield gap	美国	加利福尼亚伯克利大学	大学
63	157	Hybridization，introgression，and the nature of species boundaries	美国	康奈尔大学	大学
66	156	Precision genome engineering and agriculture：opportunities and regulatory challenges	美国	明尼苏达大学	大学
67	155	Fungal diversity notes 367–490：taxonomic and phylogenetic contributions to fungal taxa	中国	云南省农业科学院	科研机构
68	154	Families of sordariomycetes	中国	贵州农业科学院	科研机构
68	154	COLD1 confers chilling tolerance in rice	中国	中国科学院	科研机构
68	154	The ribonuclease activity of SAMHD1 is required for HIV-1 restriction	韩国	首尔大学	大学
68	154	Dietary sugar and body weight：have we reached a crisis in the epidemic of obesity and diabetes?	美国	路易斯安那州立大学	大学
72	152	Algae as nutritional and functional food sources：revisiting our understanding	美国	缅因大学	大学
72	152	Bone marrow adipose tissue is an endocrine organ that contributes to increased circulating adiponectin during caloric restriction	美国	密歇根大学	大学
72	152	Are structural analogues to bisphenol a safe alternatives?	丹麦	丹麦技术大学	大学
75	150	A new subfamily classification of the Leguminosae based on a taxonomically comprehensive phylogeny	加拿大	蒙特利尔大学	大学
75	150	The Sol Genomics Network（SGN）–from genotype to phenotype to breeding	美国	康奈尔大学	大学
77	148	Ecological dynamics of emerging bat virus spillover	美国	蒙大拿州立大学	大学
77	148	One stop shop：backbones trees for important phytopathogenic genera：I（2014）	中国	中国科学院	科研机构
79	147	The 3000 rice genomes project	中国	中国农业科学院	科研机构
80	146	A molecular chaperone breaks the catalytic cycle that generates toxic A beta oligomers	瑞典	卡罗林斯卡学院	大学

（续表）

排名	被引频次	论文题目	国家	机构	机构类型
81	145	Insights into land plant evolution garnered from the marchantia polymorpha genome	日本	蒙纳士大学	大学
81	145	50 years of the International Committee on Taxonomy of Viruses：progress and prospects	国际组织	国际微生物学会联合会	科研机构
81	145	iHyd - PseAAC：Predicting hydroxyproline and hydroxylysine in proteins by incorporating dipeptide position - specific propensity into pseudo amino acid composition	中国	北京科技大学	大学
84	144	Biosynthesis of nanoparticles using microbes - a review	印度	卡纳塔克大学	大学
84	144	Allicin：chemistry and biological properties	德国	亚琛工业大学	大学
84	144	Natural product-derived pharmacological modulators of Nrf2/ARE pathway for chronic diseases	韩国	建国大学	大学
87	143	OST1 kinase modulates freezing tolerance by enhancing ICE1 stability in arabidopsis	中国	中国农业大学	大学
87	143	The impact of microbial symbionts on host plant utilization by herbivorous insects	美国	耶鲁大学	大学
89	142	Pharmaceuticals in the environment-global occurrences and perspectives	德国	杜伊斯堡—埃森大学	大学
89	142	Health effects and toxicity mechanisms of rare earth elements - knowledge gaps and research prospects	意大利	那不勒斯菲里德里克第二大学	大学
89	142	General mechanisms of drought response and their application in drought resistance improvement in plants	中国	华中农业大学	大学
89	142	Enhanced non-enzymatic glucose sensing based on copper nanoparticles decorated nitrogen - doped graphene	中国	江苏大学	大学
89	142	Nitrogen-sparing mechanisms in chlamydomonas affect the transcriptome, the proteome, and photosynthetic metabolism	美国	加利福尼亚大学	大学
94	141	Geographical patterns of Toxoplasma gondii genetic diversity revealed by multilocus PCR - RFLP genotyping	美国	田纳西大学	大学
95	140	CRISPR/Cas9：a molecular Swiss army knife for simultaneous introduction of multiple genetic modifications in Saccharomyces cerevisiae	荷兰	代尔夫特理工大学	大学
95	140	Bacillus thuringiensis Toxins：an overview of their biocidal activity	西班牙	西班牙高等科学研究理事会	研究委员会

（续表）

排名	被引频次	论文题目	国家	机构	机构类型
97	137	Zika virus causes testis damage and leads to male infertility in mice	中国	中国农业大学，中国农业科学院	大学，科研机构
98	136	Silver nanoparticles: synthesis, characterization, properties, applications, and therapeutic approaches	韩国	建国大学	大学
98	136	Role of melatonin in alleviating cold stress in Arabidopsis thaliana	加拿大	圭尔夫大学	大学
100	135	A factor xiia inhibitory antibody provides thromboprotection in extracorporeal circulation without increasing bleeding risk	瑞典	卡罗林斯卡学院	大学

2.2.11 生物技术与应用微生物学

（1）科技论文竞争力指数分析：美国、中国和英国表现比肩，远超法国和德国，且英国发展最为均衡

美国的生物技术与应用微生物学论文竞争力排名第一，中国排名第二，英国排名第三，这 3 个国家属于第一梯队（科技论文竞争力得分大于 2）。法国、澳大利亚、德国和挪威这 4 个国家处于第二梯队（科技论文竞争力得分为 1~2）。第三梯队的 11 个国家依次为瑞士、意大利、荷兰、加拿大、丹麦、瑞典、西班牙、比利时、日本、以色列、巴西、韩国、波兰、印度和墨西哥（表 2-25）。

表 2-25 主要 22 国生物技术与应用微生物学科技论文竞争力指数及排名

国家	科技论文竞争力指数（一级指标）		科研生产力（二级指标）			科研影响力（二级指标）			科研卓越力（二级指标）			国际合作力（二级指标）		
	得分	排名	发文量（篇）	得分	排名	CNCI	得分	排名	高被引论文数（篇）	得分	排名	国际合作论文数（篇）	得分	排名
美国	2.90	1	6641	0.55	2	1.27	0.34	15	96	1.00	1	3959	1.00	1
中国	2.88	2	11861	1.00	1	0.97	0.15	19	76	0.78	3	3767	0.95	2
英国	2.31	3	2194	0.17	4	1.91	0.76	3	85	0.88	2	2011	0.49	3
法国	1.12	4	778	0.05	13	1.84	0.71	5	23	0.22	6	684	0.15	10

（续表）

国家	科技论文竞争力指数（一级指标）		科研生产力（二级指标）			科研影响力（二级指标）			科研卓越力（二级指标）			国际合作力（二级指标）		
	得分	排名	发文量（篇）	得分	排名	CNCI	得分	排名	高被引论文数（篇）	得分	排名	国际合作论文数（篇）	得分	排名
澳大利亚	1.09	5	1142	0.08	10	1.59	0.55	7	29	0.28	4	779	0.17	7
德国	1.09	5	1352	0.10	9	1.52	0.51	9	27	0.26	5	1001	0.23	4
挪威	1.02	7	149	0.00	22	2.29	1.00	1	5	0.02	20	128	0.00	21
瑞士	0.98	8	268	0.01	21	2.06	0.85	2	11	0.09	14	240	0.03	18
意大利	0.93	9	1385	0.11	8	1.43	0.45	13	23	0.22	6	760	0.17	8
荷兰	0.92	10	487	0.03	15	1.77	0.66	6	17	0.15	9	428	0.08	15
加拿大	0.86	11	1428	0.11	7	1.36	0.40	14	19	0.17	8	834	0.18	6
丹麦	0.82	12	305	0.01	18	1.85	0.72	4	8	0.05	17	265	0.04	17
瑞典	0.76	13	601	0.04	14	1.56	0.53	8	13	0.11	11	452	0.09	14
西班牙	0.75	14	944	0.07	12	1.45	0.46	12	11	0.09	14	656	0.14	11
比利时	0.62	15	470	0.03	16	1.51	0.50	11	6	0.03	19	375	0.06	16
日本	0.62	15	3014	0.24	3	0.74	0.00	22	17	0.15	9	978	0.22	5
以色列	0.58	17	298	0.01	19	1.52	0.51	9	7	0.04	18	185	0.02	20
巴西	0.52	18	1085	0.08	11	1.08	0.22	17	13	0.11	11	546	0.11	13
韩国	0.47	19	2161	0.17	5	0.79	0.03	20	13	0.11	11	722	0.16	9
波兰	0.33	20	278	0.01	20	1.23	0.32	16	3	0.00	22	126	0.00	22
印度	0.31	21	1556	0.12	6	0.77	0.02	21	9	0.06	16	559	0.11	12
墨西哥	0.24	22	337	0.02	17	1.03	0.19	18	4	0.01	21	230	0.03	19

在科研生产力方面，中国排名第一，总发文量为 11861 篇，领先优势明显。美国和日本分列第二和第三位，总发文量分别为 6641 篇和 3014 篇。另外，还有 8 个总发文量大于 1000 篇的国家，依次为英国、韩国、印度、加拿大、意大利、德国、澳大利亚和巴西，分列第四至第十一位。

在科研影响力方面，挪威、瑞士和英国分列前三。该领域共有 18 个国家的 CNCI 值大于 1。中国的 CNCI 值排名第十九，其值小于 1 且低于全球平均水平。

在科研卓越力方面，美国、英国和中国排名前三，高被引论文总量分别为 96 篇、85 篇和 76 篇。其他高被引论文总量为 20 篇以上的国家有澳大利亚、德国、法国和意大利。

在科研合作力方面，美国、中国和英国排名前三，国际合作论文总量分别为 3959 篇、3767 篇和 2011 篇。其他国际合作论文总量为 500 篇以上的国家有德国、日本、加拿大、澳大利亚、意大利、韩国、法国、西班牙、印度和巴西。

22 个国家的科研生产力、科研卓越力和科研合作力基本呈现一致的排名分布情况，但是科研影响力呈现出较大的波动性。位于第一梯队的美国和中国的科研生产力、科研卓越力和科研合作力均排名全球前三位，但科研影响力较弱，英国在各项指标上均较强。第二梯队的挪威和瑞士的科研影响力全球最强，但是其科研生产力、科研卓越力和科研合作力较弱。第一梯队的英国、第二梯队的德国、澳大利亚在 4 项指标上的表现较为均衡。日本、韩国和印度虽然处于第三梯队，但是其发文量较高，科研生产力排名第三、第五和第六，属于有发展潜力的国家。

（2）领域高质量论文分析：美国高质量论文数量绝对领跑，中国胶着紧随

在生物技术与应用微生物学 Top100 高质量论文中，美国发文量 38 篇，排名第一，中国 21 篇，排名第二，其余国家发文量均小于 10 篇。这说明在生物技术与应用微生物学领域，美国和中国在高质量论文发文量上绝对领先（表 2-26）。

Top100 高质量论文的机构共有 87 家，其中美国有 29 家机构，排名第一；中国有 12 家，排名第二；其余国家均少于 10 家机构。发文量前五名的机构为佛罗里达大学（美国）、中国农业大学（中国）、美国能源部（美国）、加利福尼亚大学（美国）和南京农业大学（中国），其发文量分别为 6 篇、5 篇、5 篇、4 篇和 3 篇。这说明在生物技术与应用微生物学领域，美国和中国在高质量论文机构量上也绝对领先。

表 2-26 生物技术与应用微生物学 Top100 高质量论文

排名	被引频次	论文题目	国家	机构	机构类型
1	599	Characterization of polyploid wheat genomic diversity using a high-density 90000 single nucleotide polymorphism array	澳大利亚	拉筹伯大学	大学
2	509	Sequencing of allotetraploid cotton (*Gossypium hirsutum* L. acc. TM-1) provides a resource for fiber improvement	中国	南京农业大学	大学
3	428	A survey of best practices for RNA-seq data analysis	美国，英国	佛罗里达大学，桑格研究院，加利福尼亚大学	大学，科研机构

（续表）

排名	被引频次	论文题目	国家	机构	机构类型
4	398	Sharing and community curation of mass spectrometry data with Global Natural Products Social Molecular Networking	美国	加利福尼亚大学	大学
5	384	The hidden world within plants: ecological and evolutionary considerations for defining functioning of microbial endophytes	巴西	里约热内卢联邦大学	大学
6	381	Bacteria with ACC deaminase can promote plant growth and help to feed the world	加拿大	滑铁卢大学	大学
7	367	Genome sequence of cultivated Upland cotton (*Gossypium hirsutum* TM_1) provides insights into genome evolution	中国	北京大学	大学
8	328	DNA methylation age of blood predicts all-cause mortality in later life	澳大利亚	昆士兰大学	大学
9	288	Proteobacteria: microbial signature of dysbiosis in gut microbiota	韩国	庆熙大学	大学
10	266	Resequencing 302 wild and cultivated accessions identifies genes related to domestication and improvement in soybean	中国	中国科学院	科研机构
11	254	Bioremediation of soils contaminated with polycyclic aromatic hydrocarbons, petroleum, pesticides, chlorophenols and heavy metals by composting: applications, microbes and future research needs	中国	湖南大学	大学
12	252	Using the class 1 integron-integrase gene as a proxy for anthropogenic pollution	澳大利亚	麦考瑞大学	大学
12	252	The first identification and retrospective study of severe fever with thrombocytopenia syndrome in Japan	日本	国家传染病研究所	科研机构
14	251	Discovery of microbial natural products by activation of silent biosynthetic gene clusters	英国	华威大学	大学
15	224	Distinct soil microbial diversity under long-term organic and conventional farming	瑞士	瑞士联邦政府农业生态研究所	政府
16	222	The importance of the viable but non-culturable state in human bacterial pathogens	加拿大	麦吉尔大学	大学
17	218	InteractiVenn: a web-based tool for the analysis of sets through Venn diagrams	巴西	圣保罗大学	大学
18	212	Natural variation in genome architecture among 205 Drosophila melanogaster Genetic Reference Panel lines	美国	北卡罗来纳州立大学	大学

（续表）

排名	被引频次	论文题目	国家	机构	机构类型
19	210	Improved annotation of antibiotic resistance determinants reveals microbial resistomes cluster by ecology	美国	华盛顿州立大学	大学
20	208	Sequencing of diverse mandarin, pummelo and orange genomes reveals complex history of admixture during citrus domestication	美国	美国能源部	政府
21	206	A large - scale evaluation of algorithms to calculate average nucleotide identity	韩国	首尔大学	大学
22	189	The soil microbiome influences grapevine-associated microbiota	美国	美国能源部	科研机构
23	182	Biological synthesis of nanoparticles from plants and microorganisms	韩国，中国	庆熙大学，上海交通大学	大学
23	182	Finding the missing honey bee genes: lessons learned from a genome upgrade	美国	密苏里大学	大学
25	178	Organic solvent pretreatment of lignocellulosic biomass for biofuels and biochemicals: a review	美国	堪萨斯州立大学	大学
26	176	Staphylococcus aureus and Staphylococcal food-borne disease: an ongoing challenge in public health	美国	肯特州立大学	大学
27	174	Plant growth-promoting bacterial endophytes	墨西哥	米却肯大学	大学
28	173	Bioenergy and climate change mitigation: an assessment	德国	柏林工业大学	大学
28	173	Genotypic and epidemiologic trends of norovirus outbreaks in the United States, 2009 to 2013	美国	美国疾病控制与预防中心	政府
30	171	Anaerobic digestion of lignocellulosic biomass: challenges and opportunities	美国	夏威夷大学	大学
31	170	Rapid and easy in silico serotyping of escherichia coli isolates by use of whole-genome sequencing data	丹麦	国家血清研究所	科研机构
32	167	Teleost microbiomes: the state of the art in their characterization, manipulation and importance in aquaculture and fisheries	加拿大	拉瓦尔大学	大学
33	166	Qualimap 2: advanced multi - sample quality control for high-throughput sequencing data	德国	马克斯·普朗克科学促进学会	科研机构
34	164	Biochar stability in soil: meta-analysis of decomposition and priming effects	德国，中国	哥廷根大学，南京农业大学	大学
34	164	De novo assembly of soybean wild relatives for pan-genome analysis of diversity and agronomic traits	中国	中国农业科学院	科研机构

（续表）

排名	被引频次	论文题目	国家	机构	机构类型
36	162	Removal of arsenic by magnetic biochar prepared from pinewood and natural hematite	美国	佛罗里达大学	大学
37	161	Nanocellulose, a tiny fiber with huge applications	以色列	希伯来大学	大学
38	159	Age-related changes in gut microbiota composition from newborn to centenarian: a cross-sectional study	日本	森永乳业株式会社	企业
39	158	Virus taxonomy in the age of metagenomics	英国	牛津大学	大学
39	158	Synthetic biology to access and expand nature's chemical diversity	美国	麻省理工学院	大学
39	158	Oleaginous yeasts for biodiesel: current and future trends in biology and production	美国	加利福尼亚大学	大学
42	155	Challenges in microbial ecology: building predictive understanding of community function and dynamics	英国	华威大学，爱丁堡大学	大学
43	154	Novel plasmid - mediated colistin resistance gene mcr-3 in escherichia coli	中国	中国农业大学	大学
43	154	Chloroplast genomes: diversity, evolution, and applications in genetic engineering	美国	宾夕法尼亚大学	大学
43	154	Egg cell-specific promoter-controlled CRISPR/Cas9 efficiently generates homozygous mutants for multiple target genes in Arabidopsis in a single generation	中国	中国农业大学	大学
43	154	Germination of spores of bacillus species: what we know and do not know	美国	康涅狄格大学	大学
43	154	Transcriptome and methylome profiling reveals relics of genome dominance in the mesopolyploid *Brassica oleracea*	加拿大	加拿大农业与农业食品部	政府
43	154	Genomes of the rice pest brown planthopper and its endosymbionts reveal complex complementary contributions for host adaptation	中国	浙江大学	大学
49	153	A critical assessment of the "sterile womb" and "in utero colonization" hypotheses: implications for research on the pioneer infant microbiome	加拿大	阿尔伯塔大学	大学
50	152	Algae as nutritional and functional food sources: revisiting our understanding	美国	缅因大学	大学

（续表）

排名	被引频次	论文题目	国家	机构	机构类型
51	145	Global dissemination of carbapenemase-producing *Klebsiella pneumoniae*: epidemiology, genetic context, treatment options, and detection Methods	韩国	明知大学	大学
52	144	Removal of Pb (Ⅱ), Cu (Ⅱ), and Cd (Ⅱ) from aqueous solutions by biochar derived from $KMnO_4$ treated hickory wood	美国	佛罗里达大学	大学
53	142	Enhanced non-enzymatic glucose sensing based on copper nanoparticles decorated nitrogen-doped graphene	中国	江苏大学	大学
54	140	CRISPR/Cas9: a molecular Swiss army knife for simultaneous introduction of multiple genetic modifications in Saccharomyces cerevisiae	荷兰	代尔夫特理工大学	大学
54	140	Amino acid nutrition in animals: protein synthesis and beyond	美国	得克萨斯 A&M 大学	大学
56	139	Co-occurrence of resistance genes to antibiotics, biocides and metals reveals novel insights into their co-selection potential	瑞典	哥德堡大学	大学
57	138	The Ecology of Acidobacteria: moving beyond Genes and Genomes	荷兰	荷兰皇家艺术与科学院	科研机构
57	138	The genomes of two key bumblebee species with primitive eusocial organization	美国	伊利诺伊州立大学	大学
57	138	Biofertilizers function as key player in sustainable agriculture by improving soil fertility, plant tolerance and crop productivity	印度	国际遗传工程和生物技术中心	政府
60	136	Green synthesized nanoparticles in the fight against mosquito-borne diseases and cancer-a brief review	意大利	比萨大学	大学
61	135	Microbial regulation of terrestrial nitrous oxide formation: understanding the biological pathways for prediction of emission rates	中国	中国科学院	科研机构
62	134	Genome-wide identification of long noncoding natural antisense transcripts and their responses to light in Arabidopsis	美国	洛克菲勒大学	大学
62	134	Programmable removal of bacterial strains by use of genome-targeting CRISPR-Cas systems	美国	北卡罗来纳州立大学	大学
64	132	Lignocellulosic agriculture wastes as biomass feedstocks for second-generation bioethanol production: concepts and recent developments	印度	印度石油公司	企业

（续表）

排名	被引频次	论文题目	国家	机构	机构类型
65	130	Replacing antibodies with aptamers in lateral flow immunoassay	中国	中国农业科学院	科研机构
65	130	Bacteria, phages and pigs: the effects of in-feed antibiotics on the microbiome at different gut locations	美国	美国农业部	科研机构
65	130	Microbial transglutaminase and its application in the food industry. A review	波兰	华沙生命科学大学	大学
68	129	Biochar-supported zerovalent iron for removal of various contaminants from aqueous solutions	美国	佛罗里达大学	大学
69	127	Bees under stress: sublethal doses of a neonicotinoid pesticide and pathogens interact to elevate honey bee mortality across the life cycle	德国	哈勒—维腾贝格大学	大学
70	126	Critical evaluation of the Illumina MethylationEPIC BeadChip microarray for whole-genome DNA methylation profiling	澳大利亚	嘉万医学研究所，新南威尔士大学	科研机构，大学
71	125	Health benefits of fermented foods: microbiota and beyond	美国	内布拉斯加大学	大学
71	125	Water uptake in biochars: the roles of porosity and hydrophobicity	美国	俄勒冈大学	大学
73	124	Effectors as tools in disease resistance breeding against biotrophic, hemibiotrophic, and necrotrophic plant pathogens	荷兰	瓦赫宁根大学	大学
74	123	A novel gene, optrA, that confers transferable resistance to oxazolidinones and phenicols and its presence in *Enterococcus faecalis* and *Enterococcus faecium* of human and animal origin	中国	中国农业大学	大学
75	122	Bacterial populations and the volatilome associated to meat spoilage	意大利	那不勒斯费德里科二世大学	大学
75	122	New approaches to measuring biochar density and porosity	美国	新墨西哥州立大学	大学
77	121	Soil pH determines microbial diversity and composition in the park grass experiment	美国	佛罗里达大学	大学
78	120	A whole-genome shotgun approach for assembling and anchoring the hexaploid bread wheat genome	美国	美国能源部	科研机构
79	119	Different continuous cropping spans significantly affect microbial community membership and structure in a vanilla-grown soil as revealed by deep pyrosequencing	中国	南京农业大学	大学

（续表）

排名	被引频次	论文题目	国家	机构	机构类型
80	118	Manganese oxide-modified biochars: preparation, characterization, and sorption of arsenate and lead	美国	佛罗里达大学	大学
80	118	Deterministic processes guide long-term synchronised population dynamics in replicate anaerobic digesters	澳大利亚	昆士兰大学	大学
80	118	Microsatellites in the genome of the edible mushroom, *Volvariella volvacea*	中国	上海交通大学	大学
83	117	Effect of liquid hot water pretreatment severity on properties of hardwood lignin and enzymatic hydrolysis of cellulose	美国	普渡大学	大学
84	116	An In-Depth comparison of latency-reversing agent combinations in various in vitro and Ex Vivo HIV-1 latency models identified bryostatin-1+JQ1 and Ingenol-B+JQ1 to potently reactivate viral gene expression	比利时	布鲁塞尔自由大学	大学
84	116	Direct interspecies electron transfer accelerates syntrophic oxidation of butyrate in paddy soil enrichments	中国	中国农业大学	大学
84	116	The way forward in biochar research: targeting trade-offs between the potential wins	荷兰	瓦赫宁根大学	大学
84	116	An overview of the last 10 years of genetically engineered crop safety research	瑞典	瑞典农业科学大学	大学
84	116	Hydrothermal liquefaction of mixed-culture algal biomass from wastewater treatment system into bio-crude oil	美国	伊利诺伊大学	大学
89	115	The chicken gastrointestinal microbiome	美国	健康科学西部大学	大学
89	115	Epigenetic modification and inheritance in sexual reversal of fish	中国	中国水产科学研究院	科研机构
91	114	Investigating the mechanisms of biochar's removal of lead from solution	中国	中国海洋大学	大学
91	114	Antibiotic alternatives: the substitution of antibiotics in animal husbandry?	中国	华中农业大学	大学
93	112	Targeted base editing in rice and tomato using a CRISPR-Cas9 cytidine deaminase fusion	日本	神户大学，筑波大学	大学
93	112	An overview of key pretreatment processes for biological conversion of lignocellulosic biomass to bioethanol	印度	Sam Higginbottom 农业科技大学	大学

（续表）

排名	被引频次	论文题目	国家	机构	机构类型
93	112	Biocontrol mechanism by root - associated Bacillus amyloliquefaciens FZB42-a review	德国	柏林洪堡大学	大学
93	112	Flowering time regulation in crops-what did we learn from Arabidopsis?	德国	德国基尔大学	大学
93	112	Trait-based approaches for understanding microbial biodiversity and ecosystem functioning	美国	华盛顿大学	大学
93	112	A comparative study of ethanol production using dilute acid, ionic liquid and AFEX (TM) pretreated corn stover	美国	密歇根州立大学	大学
99	111	Biofilm dispersion and quorum sensing	西班牙	纳瓦拉公立大学	大学
100	110	Minimum information about a single amplified genome (MISAG) and a metagenome-assembled genome (MIMAG) of bacteria and archaea	美国	美国能源部，加利福尼亚大学	科研机构，大学
100	110	Critical review on biofilm methods	丹麦	丹麦技术大学	大学
100	110	Methane yield phenotypes linked to differential gene expression in the sheep rumen microbiome	美国	美国能源部	科研机构
100	110	Exposure to a social stressor disrupts the community structure of the colonic mucosa-associated microbiota	美国	俄亥俄州立大学	大学
100	110	Conversion efficiency and oil quality of low-lipid high-protein and high-lipid low-protein microalgae via hydrothermal liquefaction	中国	中国农业大学	大学

2.2.12 食品科学与技术

（1）科技论文竞争力指数分析：中国总体表现超群，美国胶着紧随

中国的食品科学与技术科技论文竞争力排名第一，美国排名第二，这两个国家属于第一梯队（科技论文竞争力得分大于2）。英国、意大利、加拿大、西班牙、澳大利亚和挪威6个国家处于第二梯队（科技论文竞争力得分为1~2）。第三梯队的11个国家依次为德国、荷兰、以色列、法国、瑞士、比利时、瑞典、巴西、丹麦、韩国、日本、波兰、墨西哥和印度（表2-27）。

表 2-27 主要 22 国食品科学与技术科技论文竞争力指数及排名

国家	科技论文竞争力指数（一级指标）		科研生产力（二级指标）			科研影响力（二级指标）			科研卓越力（二级指标）			国际合作力（二级指标）		
	得分	排名	发文量（篇）	得分	排名	CNCI	得分	排名	高被引论文数（篇）	得分	排名	国际合作论文数（篇）	得分	排名
中国	3.35	1	10658	1.00	1	1.31	0.49	15	203	1.00	1	3563	0.86	2
美国	2.85	2	7923	0.74	2	1.27	0.46	16	135	0.65	2	4119	1.00	1
英国	1.68	3	2505	0.22	7	1.53	0.66	5	68	0.31	3	2118	0.50	3
意大利	1.46	4	3385	0.30	3	1.37	0.54	12	65	0.29	4	1458	0.33	4
加拿大	1.29	5	2666	0.23	5	1.34	0.52	14	51	0.22	5	1398	0.32	5
西班牙	1.14	6	1977	0.17	8	1.37	0.54	12	40	0.16	6	1204	0.27	6
澳大利亚	1.09	7	1731	0.14	9	1.41	0.57	10	37	0.15	7	1067	0.23	7
挪威	1.03	8	223	0.00	22	1.97	1.00	1	12	0.02	17	191	0.01	21
德国	0.97	9	1157	0.09	12	1.50	0.64	6	21	0.07	10	808	0.17	8
荷兰	0.97	9	624	0.04	16	1.68	0.78	4	19	0.06	12	512	0.09	13
以色列	0.92	11	264	0.00	21	1.84	0.90	2	11	0.02	19	137	0.00	22
法国	0.90	12	863	0.06	13	1.49	0.63	7	22	0.07	9	707	0.14	10
瑞士	0.86	13	273	0.00	20	1.75	0.83	3	8	0.00	22	237	0.03	19
比利时	0.79	14	628	0.04	15	1.47	0.62	8	18	0.05	13	490	0.09	14
瑞典	0.71	15	463	0.02	18	1.44	0.59	9	17	0.05	14	331	0.05	16
巴西	0.69	16	1385	0.11	10	1.18	0.39	17	21	0.07	10	602	0.12	12
丹麦	0.65	17	503	0.03	17	1.38	0.55	11	10	0.01	20	396	0.07	15
韩国	0.58	18	2535	0.22	6	0.87	0.15	20	23	0.08	8	671	0.13	11
日本	0.42	19	2706	0.24	4	0.67	0.00	22	14	0.03	16	744	0.15	9
波兰	0.37	20	687	0.04	14	1.05	0.29	18	10	0.01	20	232	0.02	20
墨西哥	0.36	21	443	0.02	19	1.05	0.29	18	12	0.02	17	247	0.03	18
印度	0.34	22	1315	0.10	11	0.87	0.15	20	16	0.04	15	301	0.04	17

在科研生产力方面，中国排名第一，总发文量为 10658 篇，领先优势明显。美国和意大利分列第二和第三位，总发文量分别为 7923 篇和 3385 篇。另外，还有 9 个总发文量大于 1000 篇的国家，依次为日本、加拿大、韩国、英国、西班牙、澳大利亚、巴西、印度和德国，分列第四到第十二位。

在科研影响力方面，挪威排名第一，以色列排名第二，瑞士排名第三。该领域共有19个国家（包括中国）的CNCI值大于1，其论文的被引表现高于全球平均水平。中国的CNCI值排名第十五。

在科研卓越力方面，中国高被引论文总量为203篇，领先优势明显。美国和英国分列第二和第三位，高被引论文总量分别为135篇和68篇。其他高被引论文总量在20篇以上的国家有意大利、加拿大、西班牙、澳大利亚、韩国、法国、巴西和德国。

在科研合作力方面，美国、中国和英国位居前三，国际合作论文总量分别为4119篇、3563篇和2118篇。其他国际合作论文总量在1000篇以上的国家有意大利、加拿大、西班牙和澳大利亚。

22个国家的科研生产力、科研卓越力和科研合作力基本呈现一致的排名分布情况，但是科研影响力呈现出较大的波动性。位于第一梯队的中国和美国的科研生产力、科研卓越力和科研合作力均排名全球前三位，但科研影响力稍弱。第二梯队的挪威和以色列，以及第三梯队的瑞士科研影响力全球最强，但是其科研生产力、科研卓越力和科研合作力较弱。第一梯队的英国、第二梯队的澳大利亚在4项指标上的表现较为均衡。日本和韩国虽然处于第三梯队，但是其发文量较高，科研生产力排名第四和第六，属于有发展潜力的国家。

（2）领域高质量论文分析：美中高质量论文数量高居榜首

在食品科学与技术领域Top100高质量论文中，美国发文量24篇，排名第一；中国23篇，排名第二；意大利10篇，排名第三；其余国家发文量均小于10篇。这说明在食品科学与技术领域，美国和中国在高质量论文数量上绝对领先（表2-28）。

发表Top100高质量论文的机构共有79家，其中，中国有17家机构，排名第一，美国有16家机构，排名第二，其余国家均小于10家机构。发文量前五名的机构为马萨诸塞大学（美国）、马尔凯理工大学（意大利）、华南理工大学（中国）、国立木浦大学（韩国）、昆士兰大学（澳大利亚）和南京农业大学（中国），其发文量分别为8篇、4篇、3篇、3篇、3篇和3篇。这说明在食品科学与技术领域，中国和美国在高质量论文机构量上也全球领先。

表2-28 食品科学与技术Top100高质量论文

排名	被引频次	论文题目	国家	机构	机构类型
1	878	A standardised static in vitro digestion method suitable for food-an international consensus	荷兰	荷兰应用科学研究组织	科研机构
2	315	Novel insights of dietary polyphenols and obesity	美国	德州理工大学	大学

(续表)

排名	被引频次	论文题目	国家	机构	机构类型
3	276	Probiotic functional foods: survival of probiotics during processing and storage	印度	印度农业研究理事会	科研机构
4	271	Natural products as antimicrobial agents	美国	北卡罗来纳农工州立大学	大学
5	216	Soy proteins: a review on composition, aggregation and emulsification	中国	湖北科技大学	大学
6	207	Dietary polyphenols, oxidative stress and antioxidant and anti-inflammatory effects	加拿大	加拿大农业与农业食品部	政府
7	204	Starch retrogradation: a comprehensive review	中国	天津科技大学	大学
8	182	Dietary gut microbial metabolites, short-chain fatty acids, and host metabolic regulation	日本	东京农工大学	大学
9	179	ESPEN guidelines on definitions and terminology of clinical nutrition	瑞典	乌普萨拉大学	大学
10	177	Recent advances in wavelength selection techniques for hyperspectral image processing in the food industry	中国	华南理工大学	大学
11	168	Higher antioxidant and lower cadmium concentrations and lower incidence of pesticide residues in organically grown crops: a systematic literature review and meta-analyses	英国	纽卡斯尔大学	大学
12	166	Epigenetics and human obesity	澳大利亚	阿德莱德大学	大学
13	161	Consumption of nuts and legumes and risk of incident ischemic heart disease, stroke, and diabetes: a systematic review and meta-analysis	美国	哈佛大学	大学
13	161	One-month strawberry-rich anthocyanin supplementation ameliorates cardiovascular risk, oxidative stress markers and platelet activation in humans	意大利	马尔凯理工大学	大学
15	147	Consumers' perceptions and preferences for local food: a review	德国	卡塞尔大学	大学
15	147	Determination of the bioactive compounds, antioxidant activity and chemical composition of Brazilian blackberry, red raspberry, strawberry, blueberry and sweet cherry fruits	巴西	Federal University Vales of Jequitinhonha and Mucuri	大学
17	142	Strawberry and human health: effects beyond antioxidant activity	意大利	马尔凯理工大学	大学
18	140	Bacillus thuringiensis Toxins: an overview of their biocidal activity	西班牙	西班牙高等科学研究理事会	科研机构

（续表）

排名	被引频次	论文题目	国家	机构	机构类型
19	138	Beverage emulsions: recent developments in formulation, production, and applications	美国	马萨诸塞大学	大学
20	137	Lean tissue imaging: a new era for nutritional assessment and intervention	加拿大	阿尔伯塔大学	大学
21	135	Interaction of dietary compounds, especially polyphenols, with the intestinal microbiota: a review	波兰	克拉科夫科翁泰农学院	大学
22	133	Effect of convective and vacuum-microwave drying on the bioactive compounds, color, and antioxidant capacity of sour cherries	波兰	弗罗茨瓦夫环境与生命科学院	大学
23	132	Absorption and metabolism of proanthocyanidins	美国	佛罗里达大学	大学
24	131	Profiling consumers who are ready to adopt insects as a meat substitute in a Western society	比利时	根特大学	大学
25	130	Probiotics, gut microbiota, and their influence on host health and disease	西班牙	西班牙高等科学研究理事会	研究委员会
25	130	Optimization of microwave-assisted extraction of polyphenols from *Myrtus communis* L. leaves	美国	缅因大学	大学
27	128	Surface-enhanced raman spectroscopy for the chemical analysis of food	美国	马萨诸塞大学	大学
28	124	Physical, mechanical and antimicrobial properties of gelatin based active nanocomposite films containing AgNPs and nanoclay	韩国	国立木浦大学	大学
29	123	Land pressures, the evolution of farming systems, and development strategies in Africa: a synthesis	美国	密歇根州立大学	大学
29	123	Recent advances and uses of Grape flavonoids as nutraceuticals	美国	佛罗里达农工大学	大学
31	122	Bacterial populations and the volatilome associated to meat spoilage	意大利	那不勒斯费德里科二世大学	大学
32	120	A mini-review of chemical composition and nutritional value of edible wild-grown mushroom from China	中国	云南省农业科学院	科研机构
33	119	Principles, developments and applications of computer vision for external quality inspection of fruits and vegetables: a review	中国	北京市农林科学院	科研机构

（续表）

排名	被引频次	论文题目	国家	机构	机构类型
34	118	Phenolic profiles of 20 Canadian lentil cultivars and their contribution to antioxidant activity and inhibitory effects on alpha-glucosidase and pancreatic lipase	中国	南昌大学	大学
34	118	The effects of bioactive compounds from plant foods on mitochondrial function: a focus on apoptotic mechanisms	意大利	马尔凯理工大学	大学
36	117	Formation of vitamin D nanoemulsion-based delivery systems by spontaneous emulsification: factors affecting particle size and stability	美国	马萨诸塞大学	大学
37	115	Carotenoids from fruits and vegetables: chemistry, analysis, occurrence, bioavailability and biological activities	韩国	建国大学	大学
38	114	Credence and the effect on consumer liking of food-a review	瑞典	瑞典农业科学大学	大学
39	113	Development of biocontrol products for postharvest diseases of fruit: the importance of elucidating the mechanisms of action of yeast antagonists	意大利	都灵大学	大学
39	113	Advances in characterisation and biological activities of chitosan and chitosan oligosaccharides	中国	中国农业科学院	科研机构
39	113	Farm production diversity is associated with greater household dietary diversity in Malawi: findings from nationally representative data	美国	密歇根大学	大学
42	112	A structural approach to understanding the interactions between colour, water - holding capacity and tenderness	澳大利亚	墨尔本大学	大学
42	112	Quantification of bioactive compounds in pulps and by-products of tropical fruits from Brazil	美国	得克萨斯 A&M 大学	大学
44	110	Protein Oxidation in Processed Meat: mechanisms and Potential implications on human health	西班牙	埃斯特雷马杜拉大学	大学
44	110	An electrochemical aptasensor based on gold nanoparticles dotted graphene modified glassy carbon electrode for label-free detection of bisphenol A in milk samples	中国	浙江大学	大学
46	109	3D printing technologies applied for food design: status and prospects	澳大利亚	昆士兰大学	大学
47	107	Resveratrol induces brown-like adipocyte formation in white fat through activation of AMP-activated protein kinase (AMPK) alpha 1	美国	华盛顿州立大学	大学

（续表）

排名	被引频次	论文题目	国家	机构	机构类型
47	107	Strawberry as a health promoter: an evidence based review	意大利	马尔凯理工大学	大学
47	107	Consumption of raw or heated milk from different species: an evaluation of the nutritional and potential health benefits	比利时	比利时联邦食品链安全局	政府
47	107	Physicochemical properties of gelatin/silver nanoparticle antimicrobial composite films	韩国	国立木浦大学	大学
51	106	Microencapsulation of oils: a comprehensive review of benefits, techniques, and applications	中国	江南大学	大学
51	106	Nondestructive measurement of total volatile basic nitrogen (TVB-N) in pork meat by integrating near infrared spectroscopy, computer vision and electronic nose techniques	中国	江西农业大学	大学
53	105	Role of lutein and zeaxanthin in visual and cognitive function throughout the lifespan	美国	塔夫茨大学	大学
54	104	Preparation, characterization, and antimicrobial activity of gelatin/ZnO nanocomposite films	韩国	国立木浦大学	大学
55	103	Nanotechnology in agro-food: from field to plate	印度	韦洛尔理工大学	大学
55	103	Effects of ultrasound on the structure and physical properties of black bean protein isolates	中国	东北农业大学	大学
57	102	Simultaneous separation and determination of fructose, sorbitol, glucose and sucrose in fruits by HPLC-ELSD	中国	山东农业大学	大学
58	101	Invited review: Changes in the dairy industry affecting dairy cattle health and welfare	加拿大	卡尔加里大学	大学
58	101	Dietary arginine supplementation of mice alters the microbial population and activates intestinal innate immunity	中国	中国科学院	科研机构
58	101	Health benefits of Kimchi (Korean fermented vegetables) as a probiotic food	韩国	釜山大学	大学
61	100	Grafting of gallic acid onto chitosan enhances antioxidant activities and alters rheological properties of the copolymer	中国	南京农业大学	大学
62	99	Formation and stabilization of nanoemulsion-based vitamin E delivery systems using natural biopolymers: whey protein isolate and gum arabic	美国	马萨诸塞大学	大学

（续表）

排名	被引频次	论文题目	国家	机构	机构类型
62	99	Selenium cycling across soil-plant-atmosphere interfaces: a critical review	瑞士	苏黎世联邦理工学院	大学
62	99	Concentrations and health risks of lead, cadmium, arsenic, and mercury in rice and edible mushrooms in China	中国	南京农业大学	大学
65	98	Fabrication, characterization and antimicrobial activities of thymol - loaded zein nanoparticles stabilized by sodium caseinate - chitosan hydrochloride double layers	中国	上海交通大学	大学
66	97	Improving nutrition through biofortification: a review of evidence from HarvestPlus, 2003 through 2016	美国	国际食物政策研究所	科研机构
66	97	A review of vibrational spectroscopic techniques for the detection of food authenticity and adulteration	韩国	忠南国立大学	大学
68	96	Low-field NMR study of heat-induced gelation of pork myofibrillar proteins and its relationship with microstructural characteristics	中国	南京农业大学	大学
68	96	Enzymatic and bacterial conversions during sourdough fermentation	加拿大	阿尔伯塔大学	大学
70	95	Mechanisms of body weight reduction and metabolic syndrome alleviation by tea	美国	罗格斯大学	大学
70	95	The coffee rust crises in Colombia and Central America (2008 - 2013): impacts, plausible causes and proposed solutions	法国	法国农业发展研究中心	科研机构
70	95	Progress in authentication, typification and traceability of grapes and wines by chemometric approaches	意大利	博洛尼亚大学	大学
73	94	The biological activities, chemical stability, metabolism and delivery systems of quercetin: a review	中国	中国农业大学	大学
73	94	Non-destructive prediction of thiobarbituric acid reactive substances (TSARS) value for freshness evaluation of chicken meat using hyperspectral imaging	中国	华南理工大学	大学
75	93	Quercetin, inflammation and immunity	中国	东北农业大学	大学
75	93	Fermentative production of lactic acid from renewable materials: recent achievements, prospects, and limits	日本	九州大学	大学

（续表）

排名	被引频次	论文题目	国家	机构	机构类型
77	92	Spent coffee grounds：a review on current research and future prospects	墨西哥	克雷塔罗大学	大学
77	92	Formation and stabilization of nanoemulsion－based vitamin E delivery systems using natural surfactants：quillaja saponin and lecithin	美国	马萨诸塞大学	大学
77	92	Guidelines for validation of qualitative real−time PCR methods	比利时	比利时公共卫生科学研究院	科研机构
80	91	Anti－inflammatory effect of chlorogenic acid on the IL−8 production in Caco−2 cells and the dextran sulphate sodium－induced colitis symptoms in C57BL/6 mice	日本	东京大学，前桥工科大学	大学
80	91	Nutraceutical delivery systems：resveratrol encapsulation in grape seed oil nanoemulsions formed by spontaneous emulsification	美国	马萨诸塞大学	大学
80	91	Combined effects of two kinds of essential oils on physical，mechanical and structural properties of chitosan films	中国	上海交通大学	大学
83	90	Whole－grain wheat consumption reduces inflammation in a randomized controlled trial on overweight and obese subjects with unhealthy dietary and lifestyle behaviors：role of polyphenols bound to cereal dietary fiber	意大利	那不勒斯费德里科二世大学	大学
83	90	A mitochondrial superoxide theory for oxidative stress diseases and aging	中国	长庚大学	大学
83	90	Development of food－grade nanoemulsions and emulsions for delivery of omega－3 fatty acids：opportunities and obstacles in the food industry	美国	马萨诸塞大学	大学
83	90	Cholesterol−lowering effects of oat beta−glucan：a meta−analysis of randomized controlled trials	英国	兰卡斯特大学	大学
83	90	Low−methane yield sheep have smaller rumens and shorter rumen retention time	澳大利亚	澳大利亚新南威尔士牛肉改良中心	科研机构
88	89	Dietary polyphenol intake in Europe：the European Prospective Investigation into Cancer and Nutrition（EPIC）study	法国	国际癌症研究机构	政府
88	89	Nanoencapsulation，nano−guard for pesticides：a new window for safe application	澳大利亚	纽卡斯尔大学	大学
88	89	Influence of emulsifier type on gastrointestinal fate of oil−in−water emulsions containing anionic dietary fiber（pectin）	美国	马萨诸塞大学	大学

（续表）

排名	被引频次	论文题目	国家	机构	机构类型
91	88	Bacterial diversity in typical Italian salami at different ripening stages as revealed by high-throughput sequencing of 16S rRNA amplicons	意大利	圣心天主教大学	大学
91	88	A review: Using nanoparticles to enhance absorption and bioavailability of phenolic phytochemicals	美国	佛罗里达大学	大学
91	88	Functional beverages: the emerging side of functional foods commercial trends, research, and health implications	意大利	福贾大学	大学
91	88	Complexity of coffee flavor: a compositional and sensory perspective	澳大利亚	昆士兰大学	大学
91	88	Bioavailability of encapsulated resveratrol into nanoemulsion-based delivery systems	加拿大	加拿大农业与农业食品部	政府
96	87	Understanding sustainable diets: a descriptive analysis of the determinants and processes that influence diets and their impact on health, food security, and environmental sustainability	美国	千年发展目标健康联盟	科研机构
97	86	Development and evaluation of lipid nanocarriers for quercetin delivery: a comparative study of solid lipid nanoparticles (SLN), nanostructured lipid carriers (NLC), and lipid nanoemulsions (LNE)	韩国	世宗大学	大学
97	86	The antimicrobial, mechanical, physical and structural properties of chitosan-gallic acid films	美国	韦恩州立大学	大学
97	86	Phenolic profile and antioxidant activity in selected seeds and sprouts	波兰	农业大学	大学
100	84	Development of simplified models for nondestructive hyperspectral imaging monitoring of TVB-N contents in cured meat during drying process	中国	华南理工大学	大学
100	84	Stability of whey proteins during thermal processing: a review	澳大利亚	昆士兰大学	大学
100	84	Reducing the reliance on nitrogen fertilizer for wheat production	英国	英国洛桑试验站	科研机构
100	84	Chemiluminescence competitive aptamer assay for the detection of aflatoxin B_1 in corn samples	韩国	光州科学技术学院	大学

2.2.13 农业工程

(1) 科技论文竞争力指数分析：中国绝对领先，美国稳居第二

中国的农业工程科技论文竞争力排名第一，美国排名第二。这两个国家属于第一梯队（科技论文竞争力得分大于2）。英国、瑞士和意大利3个国家处于第二梯队（科技论文竞争力得分为1~2）。第三梯队的国家依次为澳大利亚、德国、法国、西班牙、印度、比利时、荷兰、瑞典、韩国、波兰、墨西哥、丹麦、加拿大、日本、挪威、以色列和巴西（表2-29）。

表 2-29 主要22国农业工程科技论文竞争力指数及排名

国家	科技论文竞争力指数（一级指标）		科研生产力（二级指标）			科研影响力（二级指标）			科研卓越力（二级指标）			国际合作力（二级指标）		
	得分	排名	发文量（篇）	得分	排名	CNCI	得分	排名	高被引论文数（篇）	得分	排名	国际合作论文数（篇）	得分	排名
中国	3.51	1	12627	1.00	1	1.42	0.51	11	217	1.00	1	4475	1.00	1
美国	2.22	2	7344	0.57	2	1.13	0.29	19	119	0.54	2	3673	0.82	2
英国	1.49	3	2346	0.17	4	1.58	0.64	3	65	0.28	3	1846	0.40	3
瑞士	1.07	4	292	0.01	20	2.04	1.00	1	13	0.04	17	240	0.03	18
意大利	1.00	5	1604	0.11	6	1.52	0.59	4	35	0.14	6	807	0.16	7
澳大利亚	0.96	6	1266	0.08	12	1.46	0.54	8	37	0.15	4	911	0.18	5
德国	0.88	7	1483	0.10	10	1.35	0.46	14	33	0.13	7	920	0.18	4
法国	0.86	8	1032	0.06	13	1.50	0.58	7	20	0.07	11	733	0.14	10
西班牙	0.86	8	1550	0.11	7	1.37	0.48	12	30	0.12	8	823	0.16	6
印度	0.82	10	2252	0.16	5	1.25	0.39	17	36	0.15	5	688	0.13	12
比利时	0.77	11	496	0.02	18	1.62	0.67	2	10	0.02	18	360	0.06	17
荷兰	0.73	12	718	0.04	15	1.45	0.54	9	18	0.06	13	515	0.09	15
瑞典	0.71	13	877	0.05	14	1.37	0.48	12	22	0.08	9	559	0.10	13
韩国	0.70	14	1503	0.10	9	1.25	0.39	17	21	0.08	10	707	0.14	11
波兰	0.67	15	506	0.02	17	1.51	0.59	5	15	0.05	15	203	0.02	19
墨西哥	0.63	16	341	0.01	19	1.51	0.59	5	7	0.01	19	193	0.02	20
丹麦	0.62	17	515	0.02	16	1.44	0.53	10	6	0.00	20	373	0.06	16
加拿大	0.59	18	1386	0.09	11	1.11	0.28	20	20	0.07	11	749	0.15	8

（续表）

国家	科技论文竞争力指数（一级指标）		科研生产力（二级指标）			科研影响力（二级指标）			科研卓越力（二级指标）			国际合作力（二级指标）		
	得分	排名	发文量（篇）	得分	排名	CNCI	得分	排名	高被引论文数（篇）	得分	排名	国际合作论文数（篇）	得分	排名
日本	0.48	19	1534	0.11	8	0.99	0.18	21	16	0.05	14	739	0.14	9
挪威	0.47	20	228	0.00	22	1.34	0.45	15	6	0.00	20	184	0.02	21
以色列	0.39	21	230	0.00	21	1.26	0.39	16	5	0.00	22	117	0.00	22
巴西	0.32	22	2392	0.17	3	0.76	0.00	22	15	0.05	15	549	0.10	14

在科研生产力方面，中国排名第一，总发文量为12627篇，领先优势明显。美国和巴西分列第二和第三位，总发文量分别为7344篇和2392篇。另外，还有9个总发文量大于1000篇的国家，依次为英国、印度、意大利、西班牙、日本、韩国、德国、加拿大、澳大利亚和法国，分列第四到第十三位。

在科研影响力方面，瑞士、比利时和英国分别位居第一至第三。该领域共有20个国家（包括中国）的CNCI值大于1，其论文的被引表现高于全球平均水平。中国的CNCI值排名第十一，处于中游水平，亟需大力发展。

在科研卓越力方面，中国高被引论文总量217篇，领先优势明显。美国和英国分列第二和第三位，高被引论文总量分别为119篇和65篇。其他高被引论文总量为20篇以上的国家有澳大利亚、印度、意大利、德国、西班牙、瑞典、韩国、法国和加拿大。

在科研合作力方面，中国排名第一，国际合作论文总量为4475篇，美国和英国分列第二和第三位，国际合作论文总量分别为3673篇和1846篇。其他国际合作论文总量为800篇以上的国家有德国、澳大利亚、西班牙和意大利。

22个国家的科研生产力、科研卓越力和科研合作力基本呈现一致的排名分布情况，但是科研影响力呈现出较大的波动性。位于第一梯队的中国和美国在科研生产力、科研卓越力和科研合作力方面均展现较强优势，但科研影响力较弱。第二梯队的瑞士和比利时的科研影响力排名前二，但是其科研生产力、科研卓越力和科研合作力较弱。第一梯队的英国、第二梯队的意大利和德国在4项指标上的表现较为均衡。巴西虽然处于第三梯队，但其发文量较高，科研生产力排名第三，属于有发展潜力的国家。

（2）领域高质量论文分析：美中高质量论文数量全球领先

在农业工程领域Top100高质量论文中，中国发文量42篇，排名第一；美国21篇，位居第二；其余国家发文量均小于10篇。这说明在农业工程领域，中国的高质量论文数量全球绝对领先（表 2-30）。

Top100 高质量论文的机构共有 80 家，其中中国有 29 家机构，排名第一，美国有 15 家机构，排名第二，其余国家均小于 10 家机构。发文量前五名的机构为佛罗里达大学（美国）、华中农业大学（中国）、华南农业大学（中国）、武汉理工大学（中国）和南京农业大学（中国），其发文量分别为 4 篇、4 篇、3 篇、3 篇和 3 篇。这说明在农业工程领域，中国在高质量论文所属机构量上也绝对领先。

表 2-30　农业工程 Top100 高质量论文

排名	被引频次	论文题目	国家	机构	机构类型
1	727	Anion-exchange membranes in electrochemical energy systems	英国	萨里大学	大学
2	704	Organic and inorganic contaminants removal from water with biochar, a renewable, low cost and sustainable adsorbent-a critical review	印度	贾瓦哈拉尔·尼赫鲁大学	大学
3	702	Engineering heterogeneous semiconductors for solar water splitting	中国	华南农业大学	大学
4	547	Remediation of heavy metal (loid) s contaminated soils-to mobilize or to immobilize?	澳大利亚	南澳大学	大学
5	464	Efficient storage mechanisms for building better supercapacitors	法国	法国国家科学研究中心	科研机构
6	461	Pretreatment of lignocellulose: formation of inhibitory by-products and strategies for minimizing their effects	瑞典	于默奥大学	大学
7	416	CdS/Graphene nanocomposite photocatalysts	中国	武汉理工大学	大学
8	395	APSIM-Evolution towards a new generation of agricultural systems simulation	澳大利亚	澳大利亚联邦科学与工业研究组织	政府
8	395	Pretreatment of lignocellulosic biomass for enhanced biogas production	美国	俄亥俄州立大学	大学
10	358	A lightweight TiO_2/Graphene Interlayer, applied as a highly effective polysulfide absorbent for fast, long-life lithium-sulfur batteries	中国	温州大学	大学
11	355	Review on research achievements of biogas from anaerobic digestion	中国	西北农林科技大学	大学
12	344	Soil contamination in China: current status and mitigation strategies	中国	南京农业大学	大学
13	297	Forward osmosis for application in wastewater treatment: a review	荷兰	代尔夫特理工大学	大学

（续表）

排名	被引频次	论文题目	国家	机构	机构类型
14	292	Hydrothermal liquefaction of biomass：developments from batch to continuous process	美国	美国能源部	政府
15	289	Biosorption：current perspectives on concept，definition and application	苏格兰	邓迪大学	大学
16	282	Pretreatment methods to enhance anaerobic digestion of organic solid waste	意大利	卡西诺大学	大学
17	280	Graphene in the aquatic environment：adsorption，dispersion，toxicity and transformation	中国	中国海洋大学	大学
18	271	Importance of chemical pretreatment for bioconversion of lignocellulosic biomass	印度	印度萨达尔瓦拉巴伊国立工学院	大学
19	266	A status review on the medicinal properties of essential oils	印度	SRTM 大学	大学
20	259	Supercapacitors performance evaluation	美国	加利福尼亚大学	大学
21	254	A comparative review of biochar and hydrochar in terms of production，physico-chemical properties and applications	加拿大	圭尔夫大学	大学
22	252	A review on alkaline pretreatment technology for bioconversion of lignocellulosic biomass	韩国	国立公州大学	大学
23	251	A review on dark fermentative biohydrogen production from organic biomass：process parameters and use of by-products	意大利	那不勒斯费德里科二世大学	大学
24	249	Change of pH during excess sludge fermentation under alkaline，acidic and neutral conditions	中国	北京工业大学	大学
25	245	Recent progress in Ga_2O_3 power devices	日本	日本信息和通信技术研究所	科研机构
26	244	Production of cellulose nanofibrils：a review of recent advances	法国	格勒诺布尔大学	大学
27	242	Comparison of halide impacts on the efficiency of contaminant degradation by sulfate and hydroxyl radical-based advanced oxidation Processes（AOPs）	中国	哈尔滨工业大学	大学
28	239	A review：carbon nanofibers from electrospun polyacrylonitrile and their applications	美国	北卡罗来纳农工州立大学	大学
29	234	Recent advances in the use of different substrates in microbial fuel cells toward wastewater treatment and simultaneous energy recovery	印度	Jiwaji 大学，普纳大学	大学
30	228	Graphene in photocatalysis：a review	中国	武汉理工大学	大学

（续表）

排名	被引频次	论文题目	国家	机构	机构类型
30	228	Current options for the valorization of food manufacturing waste: a review	意大利	米兰大学	大学
32	226	Design and fabrication of semiconductor photocatalyst for photocatalytic reduction of CO_2 to solar fuel	中国	武汉理工大学	大学
33	223	Biological pretreatment of lignocellulosic biomass-an overview	印度	印度科学与工业研究理事会	科研机构
34	217	A review of imaging techniques for plant phenotyping	中国	上海交通大学	大学
35	216	A review on the sustainability of constructed wetlands for wastewater treatment: design and operation	中国	山东大学	大学
36	214	Chitosan-based biosorbents: modification and application for biosorption of heavy metals and radionuclides	中国	清华大学	大学
37	204	Effects of feedstock type, production method, and pyrolysis temperature on biochar and hydrochar properties	美国	佛罗里达大学	大学
38	201	Growth of large-area 2D MoS_2 (1-x) Se_2x semiconductor	中国	北京大学	大学
39	200	Redox properties of plant biomass-derived black carbon (Biochar)	瑞士	苏黎世联邦理工学院	科研机构
40	198	Nutrients removal and recovery in bioelectrochemical systems: a review	美国	弗吉尼亚理工大学	大学
40	198	Nanosilver particles in medical applications: synthesis, performance, and toxicity	加拿大	马尼托巴大学	大学
42	196	The performance of visible, near-, and mid-infrared reflectance spectroscopy for prediction of soil physical, chemical, and biological properties	澳大利亚	澳大利亚联邦科学与工业研究组织	政府
43	195	A three-year experiment confirms continuous immobilization of cadmium and lead in contaminated paddy field with biochar amendment	中国	南京农业大学	大学
44	194	Graphene-modified nanosized Ag_3PO_4 photocatalysts for enhanced visible-light photocatalytic activity and stability	中国	华中农业大学	大学
45	193	The role of pretreatment in improving the enzymatic hydrolysis of lignocellulosic materials	中国	北京林业大学	大学

（续表）

排名	被引频次	论文题目	国家	机构	机构类型
45	193	Review: sustainable production of hydroxymethylfurfural and levulinic acid: challenges and opportunities	加拿大	麦吉尔大学	大学
47	191	Bioenergy and biofuels: History, status, and perspective	美国	特拉华州立大学	大学
48	190	Coupling hollow Fe_3O_4 – Fe nanoparticles with graphene sheets for high – performance electromagnetic wave absorbing material	中国	哈尔滨工程大学	大学
48	190	Novel mussel – inspired injectable self – healing hydrogel with anti–biofouling property	加拿大	阿尔伯塔大学	大学
50	189	Development of constructed wetlands in performance intensifications for wastewater treatment: a nitrogen and organic matter targeted review	中国	中国农业大学	大学
51	185	A self–quenching–resistant carbon–dot powder with tunable solid – state fluorescence and construction of dual–fluorescence morphologies for white light–emission	中国	华南农业大学	大学
52	180	Influence of pyrolysis temperature on characteristics and heavy metal adsorptive performance of biochar derived from municipal sewage sludge	中国	清华大学	大学
53	179	Ionic liquids and their solid – state analogues as materials for energy generation and storage	澳大利亚	蒙纳士大学	大学
53	179	Recent advances in utilization of biochar	美国	俄克拉荷马州立大学	大学
55	178	Organic solvent pretreatment of lignocellulosic biomass for biofuels and biochemicals: a review	美国	堪萨斯州立大学	大学
55	178	Graphene oxide exhibits broad–spectrum antimicrobial activity against bacterial phytopathogens and fungal conidia by intertwining and membrane perturbation	中国	华中农业大学	大学
57	175	Hydrologic and water quality models: performance measures and evaluation criteria	美国	美国农业部	政府
58	173	Bioenergy and climate change mitigation: an assessment	德国	柏林工业大学	大学
59	171	Anaerobic digestion of lignocellulosic biomass: challenges and opportunities	美国	夏威夷大学	大学
59	171	Application of response surface methodology and artificial neural network methods in modelling and optimization of biosorption process	波兰	佛罗茨瓦夫理工大学	大学

（续表）

排名	被引频次	论文题目	国家	机构	机构类型
61	164	Biochar stability in soil：meta-analysis of decomposition and priming effects	德国	哥廷根大学	大学
61	164	Trophic transfer，transformation，and impact of engineered nanomaterials in terrestrial environments	美国	得克萨斯大学	大学
63	163	Bacterial community compositions of coking wastewater treatment plants in steel industry revealed by Illumina high-throughput sequencing	中国	大连理工大学	大学
64	162	Removal of arsenic by magnetic biochar prepared from pinewood and natural hematite	美国	佛罗里达大学	大学
65	161	Enhanced photocatalytic H_2 evolution over noble-metal-free NiS cocatalyst modified CdS nanorods/g-C_3N_4 heterojunctions	中国	华南农业大学	大学
66	160	Insect meal as renewable source of food for animal feeding：a review	西班牙	阿尔梅里亚大学	大学
67	156	Biochar-based nano-composites for the decontamination of wastewater：a review	中国	湖南大学	大学
67	156	Rice husk-derived hierarchical silicon/nitrogen-doped carbon/carbon nanotube spheres as low-cost and high-capacity anodes for lithium-ion batteries	中国	华中农业大学	大学
69	155	Plant extract synthesized silver nanoparticles：an ongoing source of novel biocompatible materials	韩国	全北国立大学	大学
69	155	Determination of pyrolysis characteristics and kinetics of palm kernel shell using TGA-FTIR and model-free integral methods	中国	浙江农林大学	大学
71	154	Membrane materials for water purification：design，development，and application	美国	美国能源部	政府
72	152	Microalgae biorefinery：high value products perspectives	中国	台湾成功大学	大学
72	152	Batch and column sorption of arsenic onto iron-impregnated biochar synthesized through hydrolysis	美国	佛罗里达大学	大学
74	151	Kinetic，equilibrium and thermodynamic studies for phosphate adsorption to magnetic iron oxide nanoparticles	韩国	首尔大学	大学
75	148	Anaerobic digestion of food waste for volatile fatty acids（VFAs）production with different types of inoculum：effect of pH	中国	浙江工商大学	大学

（续表）

排名	被引频次	论文题目	国家	机构	机构类型
75	148	Typical lignocellulosic wastes and by-products for biosorption process in water and wastewater treatment：a critical review	澳大利亚	悉尼科技大学	大学
77	147	Software-defined industrial internet of things in the context of industry 4.0	中国	福建农林大学	大学
77	147	Biochar supported nanoscale zerovalent iron composite used as persulfate activator for removing trichloroethylene	中国	中国科学院	科研机构
77	147	Inkjet printing of upconversion nanoparticles for anti-counterfeit applications	中国	西安交通大学	大学
77	147	Porous nickel hydroxide manganese dioxide-reduced graphene oxide ternary hybrid spheres as excellent supercapacitor electrode materials	中国	复旦大学	大学
81	145	Graphitized carbon fibers as multifunctional 3D current collectors for high areal capacity Li anodes	中国	中国科学院	科研机构
81	145	A microfluidic ExoSearch chip for multiplexed exosome detection towards blood-based ovarian cancer diagnosis	美国	堪萨斯州立大学	大学
81	145	Thermochemical conversion of microalgal biomass into biofuels：a review	中国	台湾成功大学	大学
81	145	The potentials and challenges of algae based biofuels：a review of the techno-economic，life cycle，and resource assessment modeling	美国	犹他州立大学	大学
85	144	Removal of Pb（Ⅱ），Cu（Ⅱ），and Cd（Ⅱ）from aqueous solutions by biochar derived from $KMnO_4$ treated hickory wood	美国	佛罗里达大学	大学
85	144	Chlorin e6 conjugated poly（dopamine）nanospheres as PDT/PTT dual-modal therapeutic agents for enhanced cancer therapy	中国	福建医科大学	大学
85	144	A mini review on renewable sources for biofuel	澳大利亚	悉尼科技大学	大学
85	144	Heavy metals in surface sediments of the Jialu River，China：Their relations to environmental factors	中国	华中农业大学	大学
89	142	Degradation of chlorotriazine pesticides by sulfate radicals and the influence of organic matter	德国	杜伊斯堡—埃森大学	大学
89	142	Enhanced non-enzymatic glucose sensing based on copper nanoparticles decorated nitrogen-doped graphene	中国	江苏大学	大学

（续表）

排名	被引频次	论文题目	国家	机构	机构类型
91	141	Waste biorefinery models towards sustainable circular bioeconomy：critical review and future perspectives	印度	印度理工学院	科研机构
91	141	Heat-activated persulfate oxidation of atrazine：implications for remediation of groundwater contaminated by herbicides	中国	南京农业大学	大学
91	141	A novel calcined $Bi_2WO_6/BiVO_4$ heterojunction photocatalyst with highly enhanced photocatalytic activity	中国	山东农业大学	大学
94	140	Free-standing and mechanically flexible mats consisting of electrospun carbon nanofibers made from a natural product of alkali lignin as binder-free electrodes for high-performance supercapacitors	美国	北卡罗来纳农工州立大学	大学
95	139	Cellulose nanofibril/reduced graphene oxide/carbon nanotube hybrid aerogels for highly flexible and all-solid-state supercapacitors	美国	威斯康星大学	大学
96	137	Insight into highly efficient simultaneous photocatalytic removal of Cr（Ⅵ）and 2,4-diclorophenol under visible light irradiation by phosphorus doped porous ultrathin $g-C_3N_4$ nanosheets from aqueous media：performance and reaction mechanism	中国	湖南大学	大学
96	137	Washable and wear-resistant superhydrophobic surfaces with self-cleaning property by chemical etching of fibers and hydrophobization	中国	陕西科技大学	大学
98	136	Review of feedstock pretreatment strategies for improved anaerobic digestion：from lab-scale research to full-scale application	法国	法国农业科学院	科研机构
98	136	Products that go round：exploring product life extension through design	荷兰	代尔夫特理工大学	大学
98	136	Identification and avoidance of potential artifacts and misinterpretations in nanomaterial ecotoxicity measurements	美国	国家标准与技术研究院	政府
101	135	A critical review of analytical methods in pretreatment of lignocelluloses：composition，imaging，and crystallinity	瑞典	布洛斯大学院	大学

2.2.14 分析化学与应用化学

（1）科技论文竞争力指数分析：中国绝对领先，美国紧随其后

中国在分析化学与应用化学科技论文竞争力排名第一，得分为 3.91，几乎是第二名美国的 2 倍。这两个国家属于第一梯队（科技论文竞争力得分大于 2）。加拿大、意大利、英国、澳大利亚、西班牙和瑞士 6 个国家的论文竞争力得分接近，但与中美差距较大，处于第二梯队（科技论文竞争力得分为 1~2）。第三梯队的 14 个国家依次为韩国、挪威、法国、巴西、荷兰、德国、丹麦、以色列、比利时、瑞典、印度、波兰、日本和墨西哥（表 2-31）。

表 2-31 主要 22 国分析化学与应用化学科技论文竞争力指数及排名

国家	科技论文竞争力指数（一级指标）		科研生产力（二级指标）			科研影响力（二级指标）			科研卓越力（二级指标）			国际合作力（二级指标）		
	得分	排名	发文量（篇）	得分	排名	CNCI	得分	排名	高被引论文数（篇）	得分	排名	国际合作论文数（篇）	得分	排名
中国	3.91	1	10162	1.00	1	1.41	0.91	2	148	1.00	1	2704	1.00	1
美国	2.37	2	3466	0.34	2	1.35	0.84	6	58	0.39	2	2167	0.80	2
加拿大	1.31	3	986	0.09	7	1.36	0.85	3	22	0.15	4	634	0.22	4
意大利	1.31	3	1408	0.13	5	1.32	0.81	7	24	0.16	3	615	0.21	5
英国	1.18	5	938	0.09	8	1.29	0.77	8	6	0.04	10	826	0.29	3
澳大利亚	1.16	6	791	0.07	11	1.36	0.85	3	9	0.06	8	523	0.18	9
西班牙	1.13	7	1135	0.10	6	1.28	0.75	9	11	0.07	7	587	0.20	7
瑞士	1.02	8	121	0.00	20	1.48	1.00	1	0	0.00	21	108	0.02	19
韩国	0.93	9	1511	0.14	4	1.08	0.52	18	14	0.09	5	535	0.18	8
挪威	0.85	10	77	0.00	22	1.36	0.85	3	0	0.00	21	59	0.00	22
法国	0.82	11	420	0.03	13	1.19	0.64	12	4	0.03	11	358	0.11	11
巴西	0.81	12	891	0.08	9	1.11	0.55	16	12	0.08	6	303	0.09	12
荷兰	0.80	13	212	0.01	17	1.27	0.74	10	1	0.01	17	150	0.03	16
德国	0.79	14	559	0.05	12	1.15	0.60	14	2	0.01	15	404	0.13	10
丹麦	0.70	15	145	0.01	19	1.21	0.67	11	1	0.01	17	110	0.02	18
以色列	0.65	16	108	0.00	21	1.18	0.63	13	1	0.01	17	69	0.00	21
比利时	0.64	17	338	0.03	15	1.10	0.53	17	2	0.01	15	227	0.06	14

（续表）

国家	科技论文竞争力指数（一级指标）		科研生产力（二级指标）			科研影响力（二级指标）			科研卓越力（二级指标）			国际合作力（二级指标）		
	得分	排名	发文量（篇）	得分	排名	CNCI	得分	排名	高被引论文数（篇）	得分	排名	国际合作论文数（篇）	得分	排名
瑞典	0.63	18	226	0.01	16	1.13	0.57	15	1	0.01	17	161	0.04	15
印度	0.58	19	838	0.08	10	0.98	0.38	20	7	0.05	9	239	0.07	13
波兰	0.51	20	345	0.03	14	1.02	0.43	19	4	0.03	11	133	0.03	17
日本	0.45	21	2385	0.23	3	0.66	0.00	22	3	0.02	14	590	0.20	6
墨西哥	0.33	22	196	0.01	18	0.89	0.28	21	4	0.03	11	96	0.01	20

在科研生产力方面，中国总发文量为10162篇，位居第一，约为排名第二的美国（3466篇）的3倍，中国领先优势明显。日本总发文量为2385篇，排名第三。另外，还有3个总发文量大于1000篇的国家，依次为韩国、意大利和西班牙，分列第四至第六位。

在科研影响力方面，瑞士排名第一，中国排名第二，加拿大排名第三。该领域共有19个国家的CNCI值大于1，其论文的被引表现高于全球平均水平。

在科研卓越力方面，中国高被引论文总量148篇，排名第一，约为排名第二的美国（58篇）的3倍，中国领先优势明显。其他高被引论文总量为10篇以上的国家有意大利、加拿大、韩国、巴西和西班牙。

在科研合作力方面，中国排名第一，国际合作论文总量2704篇；美国的国际合作论文总量2167篇，排名第二，约为排名第三的英国（826篇）的3倍；中国和美国远超其他国家。其他国际合作论文总量在500篇以上的国家有英国、加拿大、意大利、日本、西班牙、韩国和澳大利亚。

中国表现整体突出，科研生产力、科研卓越力和科研合作力均全球最强，科研影响力排名第二。美国的科研生产力、科研卓越力和科研合作力均全球排名第二，但科研影响力较弱。处于第三梯队的瑞士的科研影响力全球最强，但其科研生产力、科研卓越力和科研合作力均较弱。第二梯队的意大利、加拿大、英国和西班牙在4项指标上的表现较为均衡。日本虽然处于第三梯队，但其发文量较高，科研生产力排名第三，属于有发展潜力的国家。

（2）领域高质量论文分析：中国高质量论文数量领跑全球

在分析化学与应用化学Top100高质量论文中，中国发文量排名第一，且占据绝对优势，其次是美国和韩国分别为16篇和11篇。3个国家的发文量占分析化学与应用化学领域高被引 Top100 论文的 80%，是该领域主要话语权国家。发文量少于 10 篇的国家依次是荷兰、巴西、加拿大、澳大利亚、日本、意大利、印度、波兰和以色列等（表 2-32）。

另外，中国有 32 家机构发表过 Top100 高质量论文，发文较多的机构分别为华南农业大学、华中农业大学和中国农业科学院等。美国次之，有 11 家机构。发文量大于 5 篇的机构有华南农业大学、华中农业大学、国立木浦大学和马萨诸塞大学等。从机构类型来看，分析化学与应用化学 Top100 高质量论文发文机构主要类型为大学，发文量多达 87 篇。

表 2-32　分析化学与应用化学 Top100 高质量论文

排名	被引频次	论文题目	国家	机构	机构类型
1	555	A review on g-C_3N_4-based photocatalysts	中国，美国	华南农业大学，密苏里大学	大学
2	416	CdS/Graphene nanocomposite photocatalysts	中国	武汉理工大学	大学
3	358	A lightweight TiO_2/Graphene interlayer, applied as a highly effective polysulfide absorbent for fast, long-life lithium-sulfur batteries	中国	温州大学	大学
4	258	Supercapacitors performance evaluation	美国	加利福尼亚大学	大学
5	245	Photocatalysis fundamentals and surface modification of TiO_2 nanomaterials	中国	华南农业大学	大学
6	228	Graphene in photocatalysis: a review	中国	武汉理工大学	大学
7	217	A Review of imaging techniques for plant phenotyping	中国	上海交通大学	大学
8	216	Soy proteins: a review on composition, aggregation and emulsification	中国	湖北科技大学	大学
9	201	Growth of large-area 2D MoS_2 (1-x,) Se_2x semiconductor	中国	北京大学	大学
10	190	Novel mussel-inspired injectable self-healing hydrogel with anti-biofouling property	加拿大	阿尔伯塔大学	大学
11	185	A self-quenching-resistant carbon-dot powder with tunable solid-state fluorescence and construction of dual-fluorescence morphologies for white light-emission	中国	华南农业大学	大学
12	178	Graphene oxide exhibits broad-spectrum antimicrobial activity against bacterial phytopathogens and fungal conidia by intertwining and membrane perturbation	中国	华中农业大学	大学

（续表）

排名	被引频次	论文题目	国家	机构	机构类型
13	170	Label-free and enzyme-free homogeneous electrochemical biosensing strategy based on hybridization chain reaction: a facile, sensitive, and highly specific MicroRNA assay	中国	青岛农业大学	大学
14	165	Chiral phosphines in nucleophilic organocatalysis	中国	中国农业大学	大学
15	156	Rice husk-derived hierarchical silicon/nitrogen-doped carbon/carbon nanotube spheres as low-cost and high-capacity anodes for lithium-ion batteries	中国	中国科学院，华中农业大学	科研机构，大学
16	149	Changes in the cell wall and cellulose content of developing cotton fibers investigated by FT-IR spectroscopy	美国	德州理工大学	大学
17	147	Inkjet printing of upconversion nanoparticles for anti-counterfeit applications	中国	西安交通大学	大学
17	147	Determination of the bioactive compounds, antioxidant activity and chemical composition of Brazilian blackberry, red raspberry, strawberry, blueberry and sweet cherry fruits	巴西	里约热内卢联邦大学	大学
19	145	Graphitized carbon fibers as multifunctional 3D current collectors for high areal capacity Li anodes	中国	中国科学院，湖南农业大学	科研机构，大学
19	145	Constructing 2D layered hybrid CdS nanosheets/MoS_2 heterojunctions for enhanced visible-light photocatalytic H_2 generation	中国	华南农业大学	大学
19	145	A microfluidic ExoSearch chip for multiplexed exosome detection towards blood-based ovarian cancer diagnosis	美国	堪萨斯州立大学，堪萨斯大学	大学
22	144	Natural product-derived pharmacological modulators of Nrf_2/ARE pathway for chronic diseases	韩国	建国大学	大学
23	142	Strawberry and human health: effects beyond antioxidant activity	意大利	马尔凯理工大学	大学
23	142	Enhanced non-enzymatic glucose sensing based on copper nanoparticles decorated nitrogen-doped graphene	中国	江苏大学	大学
23	142	Gum arabic/starch/maltodextrin/inulin as wall materials on the microencapsulation of rosemary essential oil	巴西	维索萨联邦大学	大学
26	138	Beverage emulsions: recent developments in formulation, production, and applications	美国	马萨诸塞大学	大学

（续表）

排名	被引频次	论文题目	国家	机构	机构类型
27	130	Replacing antibodies with aptamers in lateral flow immunoassay	中国	中国农业科学院	科研机构
27	130	Optimization of microwave-assisted extraction of polyphenols from *Myrtus communis* L. leaves	美国	缅因大学	大学
29	129	One - step hydrothermal approach to fabricate carbon dots from apple juice for imaging of mycobacterium and fungal cells	印度	国家技术研究所	大学
30	124	Physical, mechanical and antimicrobial properties of gelatin based active nanocomposite films containing AgNPs and nanoclay	韩国	国立木浦大学	大学
31	122	Chitosan films and blends for packaging material	荷兰	瓦赫宁根大学	大学
32	120	Enhanced visible light photocatalytic H_2 production over Z-scheme g-C_3N_4 nansheets/WO_3 nanorods nanocomposites loaded with Ni (OH) (x) cocatalysts	中国	华南农业大学	大学
32	120	A mini-review of chemical composition and nutritional value of edible wild-grown mushroom from China	中国	云南省农业科学院	科研机构
34	118	Phenolic profiles of 20 Canadian lentil cultivars and their contribution to antioxidant activity and inhibitory effects on alpha-glucosidase and pancreatic lipase	中国	南昌大学	大学
35	117	Formation of vitamin D nanoemulsion-based delivery systems by spontaneous emulsification: factors affecting particle size and stability	美国	马萨诸塞大学	大学
35	117	Properties and characterization of bionanocomposite films prepared with various biopolymers and ZnO nanoparticles	韩国	国立木浦大学	大学
37	116	Review of the botanical characteristics, phytochemistry, and pharmacology of *Astragalus membranaceus* (Huangqi)	中国	中国医学科学院	科研机构
37	116	Multiplex lateral flow immunoassay for mycotoxin determination	中国	上海市农业科学院	科研机构
39	114	A hierarchically ordered Array of silver-nanorod bundles for surface-enhanced raman scattering detection of phenolic pollutants	中国	中国科学院	科研机构
39	114	Enhanced visible-light H_2 evolution of g-C_3N_4 photocatalysts via the synergetic effect of amorphous NiS and cheap metal-free carbon black nanoparticles as co-catalysts	中国	华南农业大学	大学

（续表）

排名	被引频次	论文题目	国家	机构	机构类型
41	113	Advances in characterisation and biological activities of chitosan and chitosan oligosaccharides	中国	中国农业科学院	科研机构
42	112	Synthesis and photoactivity of nanostructured CdS-TiO_2 composite catalysts	美国	密苏里大学	大学
42	112	Quantification of bioactive compounds in pulps and by-products of tropical fruits from Brazil	美国	得克萨斯 A&M 大学	大学
42	112	The use of atomic layer deposition in advanced nanopatterning	荷兰	埃因霍温理工大学	大学
42	112	Electrospun antibacterial polyurethane-cellulose acetate-zein composite mats for wound dressing	韩国	全北国立大学	大学
46	111	Derivation of land surface temperature for landsat-8 TIRS using a split window algorithm	以色列	本・古里安大学	大学
47	110	Chitosan nanoparticle based delivery systems for sustainable agriculture	印度	印度农业研究理事会	政府
47	110	An electrochemical aptasensor based on gold nanoparticles dotted graphene modified glassy carbon electrode for label-free detection of bisphenol A in milk samples	中国	浙江大学	大学
49	109	Highly enhanced photocatalytic degradation of methylene blue over the indirect all-solid-state Z-scheme g-C_3N_4-RGO-TiO_2 nanoheterojunctions	中国	华南农业大学	大学
50	108	One-pot synthesis of magnetite nanorods/graphene composites and its catalytic activity toward electrochemical detection of dopamine	韩国	全北国立大学	大学
51	107	Low-temperature solid-state preparation of ternary CdS/g-C_3N_4/CuS nanocomposites for enhanced visible-light photocatalytic H_2-production activity	中国	华中农业大学	大学
51	107	Physicochemical properties of gelatin/silver nanoparticle antimicrobial composite films	韩国	国立木浦大学	大学
53	106	A simple and sensitive fluorescent sensor for methyl parathion based on L-tyrosine methyl ester functionalized carbon dots	中国	山东农业大学	大学
53	106	Homogeneous electrochemical strategy for human telomerase activity assay at single-cell level based on T7 exonuclease-aided target recycling amplification	中国	青岛农业大学	大学

（续表）

排名	被引频次	论文题目	国家	机构	机构类型
55	105	Nondestructive measurement of total volatile basic nitrogen (TVB-N) in pork meat by integrating near infrared spectroscopy, computer vision and electronic nose techniques	中国	江西农业大学	大学
56	104	Light-switchable oxygen vacancies in ultrafine Bi_5O_7Br nanotubes for boosting solar-driven nitrogen fixation in pure water	中国，日本	华中农业大学，天津大学，北海道大学	大学
56	104	Preparation, characterization, and antimicrobial activity of gelatin/ZnO nanocomposite films	韩国	国立木浦大学	大学
58	103	Inulin-type fructans: a review on different aspects of biochemical and pharmaceutical technology	巴西	帕拉伊巴州立大学	大学
59	102	Simultaneous separation and determination of fructose, sorbitol, glucose and sucrose in fruits by HPLC-ELSD	中国	山东农业大学	大学
60	101	Health benefits of Kimchi (Korean fermented vegetables) as a probiotic food	韩国	釜山大学	大学
61	100	Pharmaceuticals in the environment: biodegradation and effects on natural microbial communities. A review	意大利	意大利国家研究委员会	政府
61	100	Grafting of gallic acid onto chitosan enhances antioxidant activities and alters rheological properties of the copolymer	中国	南京农业大学	大学
61	100	Characterization of bionanocomposite films prepared with agar and paper-mulberry pulp nanocellulose	韩国	国立木浦大学	大学
64	99	Formation and stabilization of nanoemulsion-based vitamin E delivery systems using natural biopolymers: whey protein isolate and gum arabic	美国	马萨诸塞大学	大学
64	99	Concentrations and health risks of lead, cadmium, arsenic, and mercury in rice and edible mushrooms in China	中国	南京农业大学	大学
66	98	Development of an ultrasensitive aptasensor for the detection of aflatoxin B_1	中国	中国农业科学院	科研机构
66	98	Fabrication, characterization and antimicrobial activities of thymol-loaded zein nanoparticles stabilized by sodium caseinate-chitosan hydrochloride double layers	中国	上海交通大学	大学

（续表）

排名	被引频次	论文题目	国家	机构	机构类型
68	97	Inulin, a flexible oligosaccharide I: review of its physicochemical characteristics	荷兰	格罗宁根大学	大学
68	97	Advancement in cascade [1, n] - hydrogen transfer/cyclization: a method for direct functionalization of inactive C (sp (3)) - H bonds	中国	青岛农业大学	大学
70	96	Paper-based chemical and biological sensors: Engineering aspects	美国	明尼苏达大学	大学
70	96	One - step synthesis of single - layer MnO_2 nanosheets with multi-role sodium dodecyl sulfate for high-performance pseudocapacitors	中国	吉林大学	大学
70	96	An aptamer-based dipstick assay for the rapid and simple detection of aflatoxin B_1	韩国	光州科学技术学院	大学
73	95	Characterization of a novel exopolysaccharide with antitumor activity from Lactobacillus plantarum 70810	中国	南京农业大学	大学
74	94	Non-destructive prediction of thiobarbituric acid reactive substances (TSARS) value for freshness evaluation of chicken meat using hyperspectral imaging	中国	中国科技大学	大学
75	93	NMR spectroscopy for metabolomics and metabolic profiling	美国	加利福尼亚大学	大学
76	92	Brief review of monitoring methods for loop-mediated isothermal amplification (LAMP)	中国	中国水产科学研究院	科研机构
76	92	Hydrodeoxygenation of mono-and dimeric lignin model compounds on noble metal catalysts	荷兰	埃因霍温理工大学	大学
78	91	Graphene-based heterojunction photocatalysts	中国	华南农业大学	大学
78	91	Anti - inflammatory effect of chlorogenic acid on the IL-8 production in Caco-2 cells and the dextran sulphate sodium-induced colitis symptoms in C57BL/6 mice	日本	前桥技术研究所	科研机构
78	91	Nutraceutical delivery systems: resveratrol encapsulation in grape seed oil nanoemulsions formed by spontaneous emulsification	美国	马萨诸塞大学	大学
78	91	Metal organic framework derived magnetic nanoporous carbon: novel adsorbent for magnetic solid-phase extraction	中国	河北农业大学	大学
78	91	Combined effects of two kinds of essential oils on physical, mechanical and structural properties of chitosan films	中国	上海交通大学	大学

（续表）

排名	被引频次	论文题目	国家	机构	机构类型
83	89	A plate-on-plate sandwiched Z-scheme heterojunction photocatalyst: $BiOBr-Bi_2MoO_6$ with enhanced photocatalytic performance	中国	华中农业大学	大学
83	89	Nanoencapsulation, nano-guard for pesticides: a new window for safe application	澳大利亚	纽卡斯尔大学	大学
83	89	Influence of emulsifier type on gastrointestinal fate of oil-in-water emulsions containing anionic dietary fiber (pectin)	美国	马萨诸塞大学	大学
86	88	A review: Using nanoparticles to enhance absorption and bioavailability of phenolic phytochemicals	美国	佛罗里达大学	大学
86	88	Bioavailability of encapsulated resveratrol into nanoemulsion-based delivery systems	加拿大	加拿大农业与农业食品部	政府
88	87	Microfluidics integrated biosensors: a leading technology towards Lab-on-a-Chip and sensing applications	加拿大	不列颠哥伦比亚大学	大学
89	86	Analysis of amino acid composition in proteins of animal tissues and foods as pre-column o-phthaldialdehyde derivatives by HPLC with fluorescence detection	美国	得克萨斯 A&M 大学	大学
89	86	1,3-Diyne chemistry: synthesis and derivations	中国	华中农业大学	大学
89	86	Phenolic profile and antioxidant activity in selected seeds and sprouts	波兰	克拉科夫科翁泰农学院	大学
92	85	Chemometric methods in data processing of mass spectrometry-based metabolomics: a review	中国	昆明理工大学	大学
93	84	Development and validation of single particle ICP-MS for sizing and quantitative determination of nano-silver in chicken meat	荷兰	瓦赫宁根大学	大学
94	83	Inulin: properties, health benefits and food applications	中国	江南大学	大学
94	83	Microwave-assisted aqueous enzymatic extraction of oil from pumpkin seeds and evaluation of its physicochemical properties, fatty acid compositions and antioxidant activities	中国	东北林业大学	大学
94	83	Simultaneous determination of aflatoxin M_1, ochratoxin A, zearalenone and alpha-zearalenol in milk by UHPLC-MS/MS	中国	中国农业科学院	科研机构

（续表）

排名	被引频次	论文题目	国家	机构	机构类型
94	83	Recent advancements in sensing techniques based on functional materials for organophosphate pesticides	韩国	汉阳大学	大学
98	82	The importance of amylose and amylopectin fine structure for textural properties of cooked rice grains	澳大利亚	昆士兰大学	大学
98	82	A quasi - solid - state sodium - ion capacitor with high energy density	中国	南京工业大学	大学
98	82	Characterisation of phenolics, betanins and antioxidant activities in seeds of three *Chenopodium quinoa* Willd. genotypes	中国	天津科技大学	大学

2.2.15 农业交叉学科

（1）科技论文竞争力指数分析：美英高居榜首，中国第三，且科研生产力突出

美国农业交叉学科科技论文竞争力得分是3.00，排名第一。英国和中国论文竞争力得分接近，分别位列第二和第三。这3个国家远超其他国家，构成第一梯队（科技论文竞争力得分大于2）。德国、澳大利亚、法国、瑞士、荷兰、加拿大和瑞典7个国家的科技论文竞争力得分均大于1，构成第二梯队。第三梯队的12个国家依次为西班牙、丹麦、意大利、挪威、日本、比利时、以色列、巴西、波兰、印度、韩国和墨西哥（表2-33）。

表2-33　主要22国农业交叉学科科技论文竞争力指数及排名

国家	科技论文竞争力指数（一级指标）		科研生产力（二级指标）			科研影响力（二级指标）			科研卓越力（二级指标）			国际合作力（二级指标）		
	得分	排名	发文量（篇）	得分	排名	CNCI	得分	排名	高被引论文数（篇）	得分	排名	国际合作论文数（篇）	得分	排名
美国	3.00	1	10484	0.62	2	1.76	0.46	13	317	0.91	2	6412	1.00	1
英国	2.81	2	5313	0.30	3	2.69	0.84	2	346	1.00	1	4345	0.66	3
中国	2.78	3	16572	1.00	1	1.22	0.25	17	232	0.66	3	5647	0.88	2
德国	1.44	4	2664	0.14	9	2.26	0.67	8	137	0.37	4	1870	0.26	5
澳大利亚	1.34	5	2779	0.15	7	2.13	0.61	10	117	0.31	5	1883	0.26	4
法国	1.28	6	1829	0.09	12	2.41	0.73	7	103	0.27	6	1416	0.19	8

（续表）

国家	科技论文竞争力指数（一级指标）		科研生产力（二级指标）			科研影响力（二级指标）			科研卓越力（二级指标）			国际合作力（二级指标）		
	得分	排名	发文量（篇）	得分	排名	CNCI	得分	排名	高被引论文数（篇）	得分	排名	国际合作论文数（篇）	得分	排名
瑞士	1.22	7	731	0.02	19	3.08	1.00	1	57	0.13	13	647	0.06	16
荷兰	1.17	8	1288	0.06	14	2.58	0.80	4	78	0.20	7	998	0.12	12
加拿大	1.05	9	1929	0.10	11	2.07	0.59	12	78	0.20	7	1337	0.18	9
瑞典	1.05	9	1065	0.04	15	2.47	0.75	5	69	0.17	11	813	0.09	13
西班牙	0.91	11	2714	0.14	8	1.60	0.40	15	70	0.17	9	1454	0.19	6
丹麦	0.88	12	753	0.02	18	2.45	0.74	6	35	0.07	16	583	0.05	18
意大利	0.88	12	2370	0.12	10	1.72	0.45	14	64	0.15	12	1243	0.16	10
挪威	0.87	14	388	0.00	22	2.67	0.83	3	20	0.02	20	328	0.01	20
日本	0.78	15	3170	0.17	6	1.21	0.24	18	70	0.17	9	1452	0.19	7
比利时	0.76	16	815	0.03	17	2.11	0.61	11	37	0.07	15	584	0.05	17
以色列	0.68	17	429	0.00	21	2.23	0.65	9	21	0.02	19	267	0.00	21
巴西	0.54	18	5284	0.30	4	0.62	0.00	22	46	0.10	14	1079	0.13	11
波兰	0.36	19	678	0.02	20	1.44	0.33	16	16	0.01	21	255	0.00	22
印度	0.34	20	3316	0.18	5	0.67	0.02	21	35	0.07	16	696	0.07	15
韩国	0.33	21	1732	0.08	13	1.03	0.17	20	13	0.00	22	766	0.08	14
墨西哥	0.32	22	941	0.03	16	1.15	0.21	19	25	0.04	18	481	0.04	19

在科研生产力方面，中国总发文量为 16572 篇，排名第一。美国总发文量为 10484 篇，排名第二，约为排名第三的英国（5313 篇）的 2 倍，中美领先优势明显。另外，还有 3 个总发文量大于 3000 篇的国家，依次为巴西、印度和日本，分列第四至第六位。

在科研影响力方面，瑞士排名第一，英国和挪威分列第二和第三，而中国较靠后，为全球第十七名。该领域共有 20 个国家（包含中国）的 CNCI 值大于 1，其论文的被引表现高于全球平均水平。

在科研卓越力方面，英国高被引论文总量 346 篇，排名第一。美国和中国分别位列第二和第三，高被引论文总量分别为 317 篇和 232 篇。其他高被引论文总量为 100 篇以上的国家有德国、澳大利亚和法国。

在科研合作力方面，美国排名第一，国际合作论文总量 6412 篇。中国和英国分列第二和第三，国际合作论文总量分别为 5647 篇和 4345 篇，美中英远超其他国家。其他国际合作论文总量为 1000 篇以上的国家有澳大利亚、德国、西班牙、日本、法国、加拿大、意大利和巴西。

英国的科研生产力、科研影响力、科研卓越力和科研合作力均进入全球前三。美国和中国的科研生产力、科研卓越力和科研合作力均全球最强，但科研影响力均较弱。处于第二梯队的瑞士和处于第三梯队的挪威的科研影响力分列全球第一和第三，但其科研生产力、科研卓越力和科研合作力均排名靠后。巴西和印度处于第三梯队，但其发文量较高，科研生产力排名分别为第四和第五，属于有发展潜力的国家。

（2）领域高质量论文分析：美国高质量论文数高居榜首，中国处于跟跑阶段

在农业交叉学科 Top100 高质量论文中，美国发文量排名第一，且占据绝对优势（39 篇），其次是澳大利亚（9 篇），德国以 8 篇排名第三，英国以 7 篇排名第四，中国以 6 篇和荷兰并列第五。从篇均被引频次来看，德国排名第一，中国排名第三，而美国的篇均被引频次排名第四（表 2-34）。

美国有 42 家机构发表过 Top100 高质量论文。其中发文最高的机构是密歇根州立大学。澳大利亚次之，有 12 家机构，其中发文量最多的机构为詹姆斯·库克大学。从机构类型来看，农业交叉学科 Top100 高质量论文所属机构涉及 64 个大学、20 个科研机构和 7 个政府机构。

表 2-34　农业交叉学科 Top100 高质量论文

排名	被引频次	论文题目	国家	机构	机构类型
1	1332	Genetic studies of body mass index yield new insights for obesity biology	美国	密歇根大学	大学
2	863	Phylogenomics resolves the timing and pattern of insect evolution	德国	柯尼希动物博物馆	政府
3	727	Anion-exchange membranes in electrochemical energy systems	英国	萨里大学	大学
4	672	Whole-genome analyses resolve early branches in the tree of life of modern birds	美国	杜克大学	大学
5	651	Early allopolyploid evolution in the post-Neolithic Brassica napus oilseed genome	法国	埃夫里—瓦尔德艾松大学	大学
6	650	Habitat fragmentation and its lasting impact on Earth's ecosystems	美国	北卡罗来纳州立大学	大学
7	615	Assessing agricultural risks of climate change in the 21st century in a global gridded crop model intercomparison	美国	美国宇航局	政府

（续表）

排名	被引频次	论文题目	国家	机构	机构类型
8	589	A chromosome-based draft sequence of the hexaploid bread wheat (*Triticum aestivum*) genome	德国	德国亥姆霍兹联合会	科研机构
9	579	Global warming and recurrent mass bleaching of corals	澳大利亚	詹姆斯·库克大学	大学
10	563	The contentious nature of soil organic matter	美国	康奈尔大学	大学
11	515	Priming effect of C-13-labelled wheat straw in no-tillage soil under drying and wetting cycles in the Loess Plateau of China	中国	中国农业科学院	科研机构
12	511	Recovery of large carnivores in Europe's modern human-dominated landscapes	瑞典	瑞典农业科学大学	大学
13	506	Ubiquitin is phosphorylated by PINK1 to activate parkin	日本	东京都医学研究所	科研机构
14	504	Global trends in antimicrobial use in food animals	美国	普林斯顿大学	大学
15	459	Unprecedented 21st century drought risk in the American Southwest and Central Plains	美国	美国宇航局	政府
16	413	The evolution of lncRNA repertoires and expression patterns in tetrapods	瑞士	洛桑联邦理工学院	大学
17	402	A mid-term analysis of progress toward international biodiversity targets	国际组织	联合国环境规划署	政府
18	375	The Brassica oleracea genome reveals the asymmetrical evolution of polyploid genomes	中国	中国农业科学院	科研机构
19	374	Systems integration for global sustainability	美国	密歇根州立大学	大学
19	374	The genomic substrate for adaptive radiation in African cichlid fish	美国	麻省理工学院，哈佛大学	大学
21	359	Comparative genomics reveals insights into avian genome evolution and adaptation	中国	深圳华大基因研究院	科研机构
22	352	Enteric bacteria promote human and mouse norovirus infection of B cells	美国	佛罗里达大学	大学
23	351	Producing more grain with lower environmental costs	中国	中国农业大学	大学
24	349	Increasing CO_2 threatens human nutrition	美国	哈佛大学	大学
25	348	Assemblage time series reveal biodiversity change but not systematic loss	英国	圣安德鲁斯大学	大学
26	323	Replication of human noroviruses in stem cell-derived human enteroids	美国	贝勒医学院	大学

（续表）

排名	被引频次	论文题目	国家	机构	机构类型
27	318	Catalytic enantioselective synthesis of quaternary carbon stereocentres	美国	加利福尼亚大学	大学
28	313	Seed coating with a neonicotinoid insecticide negatively affects wild bees	瑞典	隆德大学	大学
29	310	Constraints and potentials of future irrigation water availability on agricultural production under climate change	美国	芝加哥大学	大学
30	308	Biodiversity redistribution under climate change: impacts on ecosystems and human well-being	澳大利亚	海洋社会生态学院，海洋和南极研究所	科研机构
31	306	Productivity limits and potentials of the principles of conservation agriculture	美国	伊利诺伊大学	大学
32	305	The deep sea is a major sink for microplastic debris	英国	普利茅斯大学	大学
32	305	XBP1 promotes triple-negative breast cancer by controlling the HIF1 alpha pathway	美国	康奈尔大学	大学
34	301	Climate variation explains a third of global crop yield variability	美国	明尼苏达大学	大学
35	299	Evolution of Darwin's finches and their beaks revealed by genome sequencing	瑞典	乌普萨拉大学	大学
35	299	Global and time-resolved monitoring of crop photosynthesis with chlorophyll fluorescence	德国	柏林自由大学	大学
37	293	Rate of tree carbon accumulation increases continuously with tree size	美国	美国地质调查局	政府
38	292	Long-term decline of the Amazon carbon sink	英国	利兹大学	大学
39	290	A scoping review of scoping reviews: advancing the approach and enhancing the consistency	加拿大	圭尔夫大学	大学
40	287	Greater sensitivity to drought accompanies maize yield Increase in the US midwest	美国	斯坦福大学	大学
41	286	SoilGrids1km-global soil information based on automated mapping	国际组织	世界土壤信息中心	科研机构
42	284	Catch reconstructions reveal that global marine fisheries catches are higher than reported and declining	加拿大	不列颠哥伦比亚大学	大学
43	279	Global metaanalysis of the nonlinear response of soil nitrous oxide (N_2O) emissions to fertilizer nitrogen	美国	密歇根州立大学	大学

（续表）

排名	被引频次	论文题目	国家	机构	机构类型
44	276	SoilGrids250m：Global gridded soil information based on machine learning	国际组织	世界土壤信息中心	科研机构
44	276	An environmental bacterial taxon with a large and distinct metabolic repertoire	瑞士	苏黎世联邦理工学院	大学
46	274	Biochar's role in mitigating soil nitrous oxide emissions：a review and meta-analysis	西班牙	西班牙高等科学研究理事会	科研机构
47	261	A chromosome conformation capture ordered sequence of the barley genome	澳大利亚，中国，德国，英国	西澳大利亚州政府，亥姆霍兹中心，詹姆斯·赫顿研究所，德国莱布尼茨植物遗传与作物研究所，默多克大学，邓迪大学，西澳大学，长江大学，浙江大学	政府，科研机构，大学
47	261	Microbial biogeography of wine grapes is conditioned by cultivar，vintage，and climate	美国	加利福尼亚大学	大学
49	251	Managing nitrogen for sustainable development	美国	普林斯顿大学	大学
50	249	Structural and functional partitioning of bread wheat chromosome 3B	法国	法国农业科学院	科研机构
51	246	The global methane budget 2000-2012	法国	巴黎萨克雷大学	大学
52	245	The geology of mankind? A critique of the Anthropocene narrative	瑞典	隆德大学	大学
53	242	A repeating fast radio burst	荷兰	荷兰天文无线电研究所，阿姆斯特丹大学	科研机构，大学
54	239	Extensive sampling of basidiomycete genomes demonstrates inadequacy of the white-rot/brown-rot paradigm for wood decay fungi	美国	美国能源部	政府
55	237	Targeted nucleotide editing using hybrid prokaryotic and vertebrate adaptive immune systems	日本	神户大学	大学
56	236	Biomass resilience of Neotropical secondary forests	荷兰	瓦赫宁根大学	大学
57	235	Delivery of crop pollination services is an insufficient argument for wild pollinator conservation	荷兰	瓦赫宁根大学	大学
57	235	A global strategy for road building	澳大利亚	詹姆斯·库克大学	大学
59	233	Ancient hybridizations among the ancestral genomes of bread wheat	挪威	挪威大学	大学

（续表）

排名	被引频次	论文题目	国家	机构	机构类型
60	232	Climate-driven regime shift of a temperate marine ecosystem	澳大利亚	西澳大学	大学
61	231	Pesticide residues and bees-a risk assessment	澳大利亚	悉尼大学	大学
62	230	Large - scale psychological differences within China explained by rice versus wheat agriculture	美国	弗吉尼亚大学	大学
63	229	The evolution of self-control	美国	杜克大学	大学
64	228	Positive biodiversity - productivity relationship predominant in global forests	美国	西弗吉尼亚大学	大学
65	222	Agriculture policy EU agricultural reform fails on biodiversity	德国	德国亥姆霍兹联合会	科研机构
66	221	Global carbon budget 2017	英国	东安格利亚大学	大学
67	219	Consequences of biodiversity loss for litter decomposition across biomes	法国	法国国家科学研究中心	科研机构
68	217	Climate change effects on agriculture: economic responses to biophysical shocks	国际组织	国际食物政策研究所	科研机构
68	217	Adaptation of innate lymphoid cells to a micronutrient deficiency promotes type 2 barrier immunity	美国	美国国立卫生研究院	科研机构
70	216	Inhibition of miR-25 improves cardiac contractility in the failing heart	美国	加利福尼亚大学	大学
71	213	Whole - genome sequencing of cultivated and wild peppers provides insights into *Capsicum* domestication and specialization	墨西哥	阿文扎多斯研究中心	科研机构
72	212	Interactions between the microbiota and pathogenic bacteria in the gut	美国	得克萨斯大学	大学
73	210	Spatial and temporal patterns of mass bleaching of corals in the Anthropocene	澳大利亚	詹姆斯·库克大学	大学
74	209	Redesigning photosynthesis to sustainably meet global food and bioenergy demand	美国	伊利诺伊大学	大学
75	208	A communal catalogue reveals Earth's multiscale microbial diversity	美国	加州大学，芝加哥大学	大学
76	207	No saturation in the accumulation of alien species worldwide	德国	奥尔登堡大学	大学
76	207	A meta - analysis of the impacts of genetically modified crops	德国	哥廷根大学	大学
76	207	Leverage points for improving global food security and the environment	美国	明尼苏达大学	大学

（续表）

排名	被引频次	论文题目	国家	机构	机构类型
79	206	Sisvar: a guide for its bootstrap procedures in multiple comparisons	巴西	拉夫拉斯联邦大学	大学
80	205	Physico-chemical properties and microbial responses in biochar-amended soils: mechanisms and future directions	加拿大	麦吉尔大学	大学
81	202	Improving the forecast for biodiversity under climate change	美国	康涅狄格大学	大学
82	199	Quantifying global soil carbon losses in response to warming	荷兰，美国	荷兰学院，耶鲁大学	大学
83	197	The coffee genome provides insight into the convergent evolution of caffeine biosynthesis	美国	纽约大学	大学
84	196	Dual mechanisms regulating glutamate decarboxylases and accumulation of gamma - aminobutyric acid in tea (*Camellia sinensis*) leaves exposed to multiple stresses	中国	中国科学院	科研机构
84	196	Plant functional traits have globally consistent effects on competition	法国	法国国家环境与农业科技研究院	科研机构
86	195	Carbon sequestration in agricultural soils via cultivation of cover crops-A meta-analysis	瑞典	瑞典农业科学大学	大学
86	195	Conservation agriculture and ecosystem services: an overview	美国	哥伦比亚大学	大学
88	194	Innate lymphoid cells regulate intestinal epithelial cell glycosylation	日本	东京大学	大学
89	190	Climate change impacts on bumblebees converge across continents	加拿大	渥太华大学	大学
89	190	Forest stand growth dynamics in Central Europe have accelerated since 1870	德国	慕尼黑工业大学	大学
91	188	Recent introduction of a chytrid fungus endangers Western Palearctic salamanders	比利时	根特大学	大学
92	187	Science, technology and the future of small autonomous drones	瑞士	洛桑联邦理工学院	大学
93	185	An overview of global rice production, supply, trade, and consumption	澳大利亚	悉尼大学	大学
94	184	Shifting the limits in wheat research and breeding using a fully annotated reference genome	澳大利亚	拉筹伯大学	大学
95	183	ATG14 promotes membrane tethering and fusion of autophagosomes to endolysosomes	美国	得克萨斯大学达拉斯西南医学中心	科研机构

（续表）

排名	被引频次	论文题目	国家	机构	机构类型
95	183	Intestinal permeability, gut-bacterial dysbiosis, and behavioral markers of alcohol-dependence severity	比利时	天主教鲁汶大学	大学
97	179	Field-evolved resistance by western corn rootworm to multiple Bacillus thuringiensis toxins in transgenic maize	美国	爱荷华州立大学	大学
98	178	Light-induced structural changes and the site of O=O bond formation in PS Ⅱ caught by XFEL	日本	冈山大学	大学
99	174	Anthropogenic disturbance in tropical forests can double biodiversity loss from deforestation	巴西，英国	埃米利奥·戈尔迪博物馆，拉夫拉斯联邦大学，兰卡斯特大学	政府，大学
100	173	Perennial grasslands enhance biodiversity and multiple ecosystem services in bioenergy landscapes	美国	密歇根州立大学	大学

2.2.16 农业经济政策学

（1）科技论文竞争力指数分析：美国领跑，中国科研影响力拉低自身科技论文竞争力

美国农业经济政策学科技论文竞争力得分是3.39，排名第一，英国排名第二，这两个国家构成第一梯队（科技论文竞争力得分大于2）。意大利、荷兰、德国、丹麦、比利时和中国6个国家的科技论文竞争力得分均大于1，构成第二梯队。第三梯队的14个国家依次为瑞士、澳大利亚、挪威、日本、法国、瑞典、加拿大、西班牙、巴西、波兰、印度、韩国、墨西哥和以色列（表2-35）。

表2-35 主要22国农业经济政策学科技论文竞争力指数及排名

国家	科技论文竞争力指数（一级指标）		科研生产力（二级指标）			科研影响力（二级指标）			科研卓越力（二级指标）			国际合作力（二级指标）		
	得分	排名	发文量（篇）	得分	排名	CNCI	得分	排名	高被引论文数（篇）	得分	排名	国际合作论文数（篇）	得分	排名
美国	3.39	1	3453	1.00	1	1.32	0.39	13	44	1.00	1	1389	1.00	1
英国	2.24	2	992	0.28	2	1.81	0.82	6	29	0.66	2	674	0.48	2

（续表）

国家	科技论文竞争力指数（一级指标）		科研生产力（二级指标）			科研影响力（二级指标）			科研卓越力（二级指标）			国际合作力（二级指标）		
	得分	排名	发文量（篇）	得分	排名	CNCI	得分	排名	高被引论文数（篇）	得分	排名	国际合作论文数（篇）	得分	排名
意大利	1.50	3	364	0.10	7	1.99	0.97	2	12	0.27	3	225	0.15	7
荷兰	1.33	4	312	0.08	8	1.89	0.89	4	9	0.20	4	235	0.16	6
德国	1.20	5	694	0.19	4	1.47	0.52	10	9	0.20	4	391	0.27	4
丹麦	1.13	6	122	0.03	16	2.02	1.00	1	2	0.05	13	90	0.05	15
比利时	1.07	7	151	0.04	12	1.90	0.90	3	3	0.07	11	112	0.07	12
中国	1.03	8	846	0.24	3	1.19	0.28	15	6	0.14	8	524	0.37	3
瑞士	0.99	9	94	0.02	19	1.88	0.88	5	2	0.05	13	75	0.04	18
澳大利亚	0.97	10	474	0.13	5	1.44	0.50	12	7	0.16	6	259	0.18	5
挪威	0.92	11	141	0.03	13	1.78	0.79	7	1	0.02	16	119	0.08	11
日本	0.87	12	133	0.03	14	1.59	0.63	8	7	0.16	6	85	0.05	16
法国	0.82	13	295	0.08	9	1.45	0.51	11	5	0.11	9	179	0.12	9
瑞典	0.72	14	199	0.05	11	1.49	0.54	9	3	0.07	11	106	0.07	13
加拿大	0.62	15	380	0.10	6	1.18	0.27	16	5	0.11	9	198	0.13	8
西班牙	0.58	16	237	0.06	10	1.31	0.38	14	2	0.05	13	145	0.09	10
巴西	0.31	17	105	0.02	18	1.14	0.24	18	1	0.02	16	50	0.03	19
波兰	0.29	18	56	0.01	21	1.16	0.26	17	1	0.02	16	22	0.01	21
印度	0.22	19	129	0.03	15	1.03	0.14	19	0	0.00	20	80	0.05	17
韩国	0.18	20	121	0.03	17	0.98	0.10	21	0	0.00	20	92	0.06	14
墨西哥	0.17	21	62	0.01	20	1.02	0.13	20	0	0.00	20	48	0.02	20
以色列	0.02	22	29	0.00	22	0.87	0.00	22	1	0.02	16	15	0.00	22

在科研生产力方面，美国总发文量为 3453 篇，排名第一，约为排名第二的英国（992 篇）的 3.5 倍，美国领先优势明显。中国总发文量为 846 篇，排名第三。另外，还有两个总发文量大于 400 篇的国家，依次为德国和澳大利亚，分列第四和第五位。

在科研影响力方面，丹麦排名第一，意大利和比利时分列第二和第三，而中国较靠后，为全球第十五名。该领域共有 20 个国家（包含中国）的 CNCI 值大于 1，其论文的被引表现高于全球平均水平。

在科研卓越力方面，美国高被引论文总量为 44 篇，排名第一。英国和意大利分别位列第二和第三，其高被引论文总量分别为 29 篇和 12 篇。其他国家高被引论文总量均低于 10 篇。中国高被引论文总量为 6 篇，排名第八。

在科研合作力方面，美国排名第一，国际合作论文总量是 1389 篇，约为排名第二的英国（674 篇）的 2 倍，领先优势明显。中国的国际合作论文总量为 524 篇，排名第三。其他国际合作论文总量在 100 篇以上的国家有德国、澳大利亚、荷兰、意大利、加拿大、法国、西班牙、挪威、比利时和瑞典。

英国的科研生产力、科研卓越力和科研合作力均排名全球第二，科研影响力排名第六，整体表现较好。而美国的科研生产力、科研卓越力和科研合作力均全球最强，但科研影响力稍弱。中国的科研生产力和科研合作力均排名全球第三，科研卓越力全球位列第八，但科研影响力较弱。第二梯队的意大利和荷兰的科研生产力、科研影响力、科研卓越力和科研合作力均排名全球前八。丹麦和比利时的科研影响力全球排名分别为第一和第三，但其科研生产力、科研卓越力和科研合作力均较弱。

（2）领域高质量论文分析：美国高质量论文数领跑全球，中国与领跑国家差距较大

在农业经济政策学 Top100 的 101 篇高质量论文中，美国发文量排名第一，有 43 篇论文，德国排名第二，有 11 篇论文，英国排名第三，有 7 篇论文，中国排名第十一，仅有 3 篇论文（表 2-36）。

美国有 29 家机构发表过 Top100 高质量论文论文。德国次之，有 6 家机构。英国排名第三。中国仅有 3 家机构。韩国的机构平均发文量排名第一，德国第二，法国第三，中国排名第九，中国的机构中，华中农业大学、北京师范大学、中国农业大学各发表 1 篇文章。这说明中国在农业经济政策学领域高质量论文与领跑国家还拥有较大差距。

表 2-36　农业经济政策学 Top100 高质量论文

排名	被引频次	论文题目	国家	机构	机构类型
1	273	What do we learn from the weather? the new climate-economy literature	美国	哈佛大学	大学
2	231	Sustainability labels on food products：consumer motivation，understanding and use	丹麦	奥胡斯大学	大学
3	155	African agriculture in 50 years：smallholders in a rapidly changing world?	英国	牛津大学	大学
4	147	The number，size，and distribution of farms，smallholder farms，and family farms worldwide	意大利	联合国粮食及农业组织	政府

（续表）

排名	被引频次	论文题目	国家	机构	机构类型
5	123	Land pressures, the evolution of farming systems, and development strategies in Africa: a synthesis	美国	密歇根州立大学	大学
6	114	Land-use change trajectories up to 2050: insights from a global agro-economic model comparison	德国	波茨坦气候影响研究所	科研机构
7	113	Farm production diversity is associated with greater household dietary diversity in Malawi: findings from nationally representative data	美国	密歇根大学	大学
7	113	Agricultural decisions after relaxing credit and risk constraints	美国	耶鲁大学	大学
9	112	Exploring dietary guidelines based on ecological and nutritional values: a comparison of six dietary patterns	荷兰	荷兰营养中心	科研机构
10	99	Why do global long-term scenarios for agriculture differ? An overview of the AgMIP Global Economic Model Intercomparison	法国	经济合作与发展组织	政府
11	98	Knowledge is (Less) Power: experimental Evidence from Residential Energy Use	美国	加利福尼亚大学	大学
12	96	Does efficient irrigation technology lead to reduced groundwater extraction? Empirical evidence	美国	加利福尼亚大学	大学
13	94	Agriculture and climate change in global scenarios: why don't the models agree	美国	国际食物政策研究所	科研机构
14	92	Local economic development, agglomeration economies, and the big push: 100 years of evidence from the tennessee valley authority	美国	加州大学	大学
15	91	The agricultural productivity gap	英国	牛津大学	大学
16	88	Rising food prices, food price volatility, and social unrest	美国	明尼苏达大学	大学
17	86	The state of family farms in the world	意大利	联合国粮食及农业组织	政府
18	85	Predicting the effects of sugar-sweetened beverage taxes on food and beverage demand in a large demand system	美国	三角研究园	科研机构
19	83	Projecting future crop productivity for global economic modeling	德国	波茨坦气候影响研究所	科研机构
20	82	Fish to 2030: the role and opportunity for aquaculture	美国	世界银行	政府

（续表）

排名	被引频次	论文题目	国家	机构	机构类型
21	80	Technical efficiency in competing panel data models: a study of Norwegian grain farming	美国	纽约州立大学	大学
21	80	Watch your step: optimal policy in a tipping climate	美国	亚利桑那大学	大学
23	78	Nutrition, agriculture and the global food system in low and middle income countries	美国	北卡罗来纳州立大学	大学
24	77	Forests, livelihoods, and conservation: broadening the empirical base	巴西	国际林业研究中心	政府
25	76	2013 WAEA keynote address: strategies for overcoming hypothetical bias in stated preference surveys	美国	科罗拉多州立大学	大学
26	74	Household food waste behaviour in EU – 27 countries: a multilevel analysis	意大利	图西亚大学	大学
26	74	Opening the black box of food waste reduction	意大利	米兰理工大学	大学
28	73	Consumers' valuation of sustainability labels on meat	韩国	高丽大学	大学
29	70	Adaptation to climate change: evidence from US agriculture	美国	斯坦福大学	大学
29	70	The role of benefit transfer in ecosystem service valuation	美国	美国地质调查局	政府
31	66	Promising change, delivering continuity: REDD plus as conservation fad	丹麦	哥本哈根大学	大学
32	64	The impact of climate change on viticulture and wine Quality	法国	法国农业科学院	科研机构
33	63	Women's empowerment mitigates the negative effects of low production diversity on maternal and child nutrition in nepal	美国	国际食物政策研究所	科研机构
33	63	Addressing food waste reduction in Denmark	丹麦	哥本哈根大学	大学
35	62	European consumer preferences for beef with nutrition and health claims: a multi – country investigation using discrete choice experiments	韩国	高丽大学	大学
36	61	Willingness to pay for the "Green Food" in China	德国	哥廷根大学	大学
36	61	Using behavioral economics to design more effective food policies to address obesity	美国	杜克大学	大学
38	60	Developing systems to control food adulteration	英国	皇家阿格大学	大学

（续表）

排名	被引频次	论文题目	国家	机构	机构类型
39	59	Integrated landscape initiatives for African agriculture, development, and conservation: a region-wide assessment	美国	美国农业部	政府
40	58	Regional economic impacts of the shale gas and tight oil boom: a synthetic control analysis	美国	俄克拉荷马州立大学	大学
40	58	Agricultural biotechnology: the promise and prospects of genetically modified crops	美国	加州大学	大学
42	56	Neighbors and extension agents in ethiopia: who matters more for technology adoption?	英国	剑桥大学	大学
43	55	Is the shale energy boom a bust for nearby residents? Evidence from housing values in pennsylvania	美国	俄亥俄州立大学	大学
43	55	Agriculture and nutrition in India: mapping evidence to pathways	英国	伦敦医科大学	大学
45	54	The roles of land tenure reforms and land markets in the context of population growth and land use intensification in Africa	挪威	挪威生命科学大学	大学
45	54	Extreme weather and civil war: does drought fuel conflict in somalia through livestock price shocks?	比利时	天主教鲁汶大学	大学
45	54	Got milk? The impact of Heifer International's livestock donation programs in Rwanda on nutritional outcomes	美国	旧金山大学	大学
45	54	Demand for ecolabeled seafood in the Japanese market: a conjoint analysis of the impact of information and interaction with other labels	美国	罗德岛大学	大学
45	54	Assessing farmers' willingness to accept "Greening": Insights from a discrete choice experiment in Germany	德国	基尔大学	大学
50	53	Only one tree from each seed? environmental effectiveness and poverty alleviation in Mexico's payments for ecosystem services program	美国	威斯康星大学	大学
50	53	Meeting the global demand for biofuels in 2021 through sustainable land use change policy	巴西	圣保罗大学	大学
52	52	How can the EU climate targets be met? A combined analysis of technological and demand-side changes in food and agriculture	瑞典	查尔姆斯理工大学	大学
52	52	Impacts of increased bioenergy demand on global food markets: an AgMIP economic model intercomparison	德国	波茨坦气候影响研究所	科研机构

（续表）

排名	被引频次	论文题目	国家	机构	机构类型
54	51	Climate econometrics	美国	加州大学	大学
54	51	Sustainability labels on coffee：consumer preferences，willingness-to-pay and visual attention to attributes	比利时	根特大学	大学
54	51	Taking complexity in food systems seriously：An interdisciplinary analysis	澳大利亚	澳大利亚联邦科学与工业研究组织	政府
54	51	CO_2 emissions from household consumption in India between 1993-94 and 2006-07：a decomposition analysis	印度	印度理工学院	大学
54	51	Oil price shocks：causes and consequences	美国	密歇根大学	大学
59	49	Structural gravity and fixed effects	美国	加州大学	大学
60	48	Natural gas pricing reform in China：getting closer to a market system?	美国	麻省理工学院	大学
60	48	Pricing of eco-labels with retailer heterogeneity	挪威	斯塔万格大学	大学
60	48	The Size distribution of farms and international productivity differences	加拿大	约克大学	大学
63	47	Are rural youth in ethiopia abandoning agriculture?	挪威	挪威生命科学大学	大学
63	47	Poverty reduction during the rural-urban transformation-the role of the missing middle	美国	世界银行	政府
63	47	Self-employment in the developing world	美国	马里兰大学	大学
66	46	Agriculture in the global economy	美国	加利福尼亚大学	大学
66	46	Linkages between landscapes and human well-being：an empirical exploration with short interviews	德国	弗赖堡大学	大学
66	46	Agent-based modelling of climate adaptation and mitigation options in agriculture	德国	霍恩海姆大学	大学
66	46	Managing ecosystem services for agriculture：will landscape-scale management pay?	瑞典	隆德大学	大学
70	45	Ten striking facts about agricultural input use in Sub-Saharan Africa	美国	美国农业部	政府
70	45	Has a public-private partnership resulted in action on healthier diets in England? An analysis of the Public Health Responsibility Deal food pledges	英国	伦敦医科大学	大学
70	45	The economics of dead zones：Causes，impacts，policy challenges，and a model of the gulf of Mexico hypoxic zone	美国	华盛顿大学	大学

（续表）

排名	被引频次	论文题目	国家	机构	机构类型
70	45	Effortless perfection：do Chinese cities manipulate air pollution data?	美国	加州大学	大学
70	45	Solutions to the crisis? The green new deal，degrowth，and the solidarity economy：alternatives to the capitalist growth economy from an ecofeminist economics perspective	德国	柏林洪堡大学	大学
70	45	Disentangling the consensus frame of food security：the case of the EU Common Agricultural Policy reform debate	荷兰	瓦格宁根大学	大学
70	45	Testing claims about large land deals in Africa：findings from a multi-country study	英国	环境与发展研究所	科研机构
77	44	Farmer seed networks make a limited contribution to agriculture? Four common misconceptions	加拿大	麦吉尔大学	大学
77	44	Re-examining the reported rates of return to food and agricultural research and development	美国	明尼苏达大学	大学
77	44	How do indicators of household food insecurity measure up? An empirical comparison from Ethiopia	美国	塔夫茨大学	大学
80	43	Monitoring economic development from space：Using nighttime light and land cover data to measure economic growth	日本	日本对外贸易组织	政府
80	43	What do we know about short-and long-term effects of early-life exposure to pollution?	美国	普林斯顿大学	大学
80	43	The future of food-Scenarios and the effect on natural resource use in agriculture in 2050	荷兰	代尔夫特咨询机构	科研机构
83	42	What dimensions of women's empowerment in agriculture matter for nutrition in Ghana?	美国	国际食物政策研究所	政府
83	42	The impacts of microcredit：evidence from ethiopia	西班牙	庞贝·法布拉大学	大学
83	42	The drivers of energy intensity in China：a spatial panel data approach	荷兰	格罗宁根大学	大学
83	42	Certification and access to export markets：adoption and return on investment of organic-certified pineapple farming in ghana	德国	基尔国际经济研究所	科研机构
83	42	Expected utility or prospect theory maximisers? Assessing farmers' risk behaviour from field-experiment data	法国	法国农业科学院	科研机构

（续表）

排名	被引频次	论文题目	国家	机构	机构类型
88	41	Why are grain-legumes rarely present in cropping systems despite their environmental and nutritional benefits? Analyzing lock-in in the French agrifood system	法国	法国农业科学院	科研机构
88	41	Valuing the wind: renewable energy policies and air Pollution avoided	美国	加利福尼亚大学	大学
88	41	Substitutes or complements? Consumer preference for local and organic food attributes	中国	华中农业大学	大学
88	41	On the economics of labels: How their introduction Affects the functioning of markets and the welfare of all participants	法国	法国农业科学院	科研机构
88	41	Ecological impacts of small hydropower in China: insights from an emergy analysis of a case plant	中国	北京师范大学	大学
88	41	Welfare loss of China's air pollution: how to make personal vehicle transportation policy	中国	中国农业大学	大学
88	41	Increasing representation of states by utilitarian as compared to environmental bureaucracies in international forest and forest-environmental policy negotiations	德国	哥廷根大学	大学
95	40	Scarcity amidst abundance? Reassessing the potential for cropland expansion in Africa	美国	美国农业部	政府
95	40	Carbon emissions, energy consumption and output: a threshold analysis on the causal dynamics in emerging African economies	瑞典	瑞典农业科学大学	大学
95	40	Quantifying ecosystem services trade-offs from agricultural practices	澳大利亚	西澳大学	大学
95	40	Social media as a useful tool in food risk and benefit communication? A strategic orientation approach	比利时	根特大学	大学
95	40	A metafrontier directional distance function approach to assessing eco-efficiency	西班牙	巴伦西亚大学	大学
95	40	The historically evolving impact of the ogallala aquifer: agricultural adaptation to groundwater and drought	美国	哈佛大学	大学
95	40	Spatial patterns of organic agriculture adoption: evidence from Honduras	德国	哥廷根大学	大学

2.2.17 农业信息技术

(1) 科技论文竞争力指数分析：中国论文竞争力超群，美国胶着紧随

中国农业信息技术科技论文竞争力得分是3.10，排名第一；美国科技论文竞争力得分为2.67，排名第二；中美远超其他国家，属于第一梯队（科技论文竞争力得分大于2）。英国、德国、荷兰、西班牙、澳大利亚、意大利、丹麦、加拿大、挪威和法国10个国家科技论文竞争力得分均大于1，构成第二梯队。第三梯队的10个国家依次为瑞士、墨西哥、日本、瑞典、波兰、印度、比利时、韩国、巴西和以色列（表2-37）。

表2-37　主要22国农业信息技术科技论文竞争力指数及排名

国家	科技论文竞争力指数（一级指标）		科研生产力（二级指标）			科研影响力（二级指标）			科研卓越力（二级指标）			国际合作力（二级指标）		
	得分	排名	发文量（篇）	得分	排名	CNCI	得分	排名	高被引论文数（篇）	得分	排名	国际合作论文数（篇）	得分	排名
中国	3.10	1	2514	1.00	1	1.11	0.10	17	21	1.00	1	1043	1.00	1
美国	2.67	2	1499	0.59	2	1.41	0.31	15	19	0.90	2	904	0.86	2
英国	1.88	3	603	0.22	3	1.60	0.45	11	15	0.71	3	525	0.49	3
德国	1.68	4	377	0.13	5	1.82	0.61	5	15	0.71	3	254	0.22	4
荷兰	1.41	5	172	0.05	13	2.05	0.78	3	10	0.48	6	137	0.11	11
西班牙	1.37	6	391	0.14	4	1.69	0.52	9	11	0.52	5	222	0.19	7
澳大利亚	1.34	7	361	0.12	7	1.77	0.58	7	9	0.43	7	238	0.21	5
意大利	1.31	8	358	0.12	8	1.74	0.55	8	9	0.43	7	235	0.20	6
丹麦	1.28	9	88	0.01	17	2.36	1.00	1	5	0.24	12	60	0.03	18
加拿大	1.19	10	283	0.09	10	1.81	0.61	6	7	0.33	10	191	0.16	9
法国	1.01	11	308	0.10	9	1.46	0.35	14	8	0.38	9	209	0.18	8
挪威	1.01	11	56	0.00	22	2.16	0.86	2	3	0.14	14	43	0.01	20
瑞士	0.86	13	88	0.01	17	1.95	0.70	4	2	0.10	17	79	0.05	16
墨西哥	0.64	14	60	0.00	21	1.64	0.48	10	3	0.14	14	44	0.01	19
日本	0.64	14	362	0.12	6	1.09	0.08	18	6	0.29	11	178	0.15	10
瑞典	0.60	16	133	0.03	15	1.49	0.37	13	3	0.14	14	87	0.06	15
波兰	0.45	17	81	0.01	19	1.56	0.43	12	0	0.00	20	42	0.01	21
印度	0.34	18	263	0.08	11	0.97	0.00	22	4	0.19	13	91	0.06	14

（续表）

国家	科技论文竞争力指数（一级指标）		科研生产力（二级指标）			科研影响力（二级指标）			科研卓越力（二级指标）			国际合作力（二级指标）		
	得分	排名	发文量（篇）	得分	排名	CNCI	得分	排名	高被引论文数（篇）	得分	排名	国际合作论文数（篇）	得分	排名
比利时	0.25	19	139	0.03	14	1.17	0.15	16	0	0.00	20	101	0.07	12
韩国	0.21	20	122	0.03	16	1.03	0.05	20	2	0.10	17	69	0.04	17
巴西	0.16	21	216	0.07	12	1.01	0.03	21	0	0.00	20	97	0.07	13
以色列	0.10	22	62	0.00	20	1.04	0.05	19	1	0.05	19	29	0.00	22

在科研生产力方面，中国总发文量为2514篇，排名第一。美国排名第二，总发文量为1499篇，约为第三英国（603篇）的2.5倍，中美领先优势明显。另外，还有6个总发文量大于300篇的国家，依次为西班牙、德国、日本、澳大利亚、意大利和法国，分列第四至第九位。

在科研影响力方面，丹麦第一，挪威和荷兰分列第二和第三，而中国较靠后，为全球第十七名。该领域共有21个国家（包含中国）的CNCI值大于1，其论文的被引表现高于全球平均水平。

在科研卓越力方面，中国高被引论文总量21篇，排名第一。美国排名第二，高被引论文总量为19篇。英国和德国高被引论文总量均为15篇，排名第三。另外，还有两个高被引论文量大于10篇的国家，依次为西班牙和荷兰，分列第五和第六位。

在科研合作力方面，中国第一，国际合作论文总量为1043篇。美国的国际合作论文总量为904篇，排名第二，约为排名第三的英国（525篇）的2倍，中美领先优势明显。其他国际合作论文总量为200篇以上的国家有德国、澳大利亚、意大利、西班牙和法国。

22个国家的科研生产力、科研卓越力和科研合作力基本呈现一致的排名分布情况，但是科研影响力呈现出较大的波动性。其中，中国、美国和英国3国的科研生产力、科研卓越力和科研合作力全球最强，但科研影响力均排名较靠后。第二梯队的德国、澳大利亚和意大利在4项指标上的表现较为均衡。第二梯队的丹麦、挪威和第三梯队的瑞士的科研影响力排名分别为全球第一、第二和第四，但其科研生产力、科研卓越力和科研合作力均较弱。

（2）领域高质量论文分析：中国高质量论文数全球第二，且分散在较多机构中

在农业信息技术Top100的102篇高质量论文中，美国发文量排名第一，有27篇论文，中国排名第二，有21篇论文，德国排名第三，有12篇论文（表2-38）。

中国有 18 家机构发表过 Top100 高质量论文，排名第一。美国次之，有 15 家机构。西班牙排名第三。中国机构中发文量最多的是中国农业科学院。德国的机构平均发文量排名第一，瑞士排名第二，美国排名第三，中国仅排名第八。这说明中国在农业信息技术领域高质量论文数以及机构论文量占据优势，但是这些文章由较多机构参与撰写，导致机构平均发文量不高，没有形成机构优势。

表 2-38 农业信息技术 Top100 高质量论文

排名	被引频次	论文题目	国家	机构	机构类型
1	639	Landsat-8：science and product vision for terrestrial global change research	美国	达科他州立大学	大学
2	395	APSIM-evolution towards a new generation of agricultural systems simulation	澳大利亚	澳大利亚联邦科学与工业研究组织	政府
3	173	Overview and current status of remote sensing applications based on Unmanned Aerial Vehicles (UAVs)	西班牙	马德里康普顿斯大学	大学
4	166	Qualimap 2：advanced multi-sample quality control for high-throughput sequencing data	德国	马克斯·普朗克科学促进学会	科研机构
5	163	Combining UAV-based plant height from crop surface models，visible，and near infrared vegetation indices for biomass monitoring in barley	德国	科隆大学	大学
6	155	Estimating biomass of barley using Crop Surface Models (CSMs) derived from UAV-based RGB imaging	德国	科隆大学	大学
7	147	Wireless sensor networks for agriculture：the state-of-the-art in practice and future challenges	印度	卡哈拉格普尔理工学院	大学
8	140	Validation of SMAP surface soil moisture products with core validation sites	美国	加利福尼亚理工学院	大学
8	140	Thermal cameras and applications：a survey	丹麦	奥尔堡大学	大学
10	139	Fuzziness based sample categorization for classifier performance improvement	中国	深圳大学	大学
11	138	Assessment of the SMAP passive soil moisture product	美国	美国宇航局	政府
12	134	Generating 3D hyperspectral information with lightweight UAV snapshot cameras for vegetation monitoring：from camera calibration to quality assurance	德国	科隆大学	大学

（续表）

排名	被引频次	论文题目	国家	机构	机构类型
13	133	Multi - temporal mapping of the vegetation fraction in early - season wheat fields using images from UAV	西班牙	西班牙高等科学研究理事会	科研机构
14	129	The seasonal cycle of satellite chlorophyll fluorescence observations and its relationship to vegetation phenology and ecosystem atmosphere carbon exchange	美国	美国能源部	政府
15	128	Modelling with stakeholders-next generation	印度	印度理工学院	大学
16	121	Evaluating multispectral images and vegetation indices for precision farming applications from UAV images	意大利	布鲁诺·凯斯勒基金会	科研机构
17	120	A survey on graphs extremal with respect to distance-based topological indices	中国	南京航空航天大学	大学
18	118	Fairness in wireless networks：issues，measures and challenges	荷兰	代尔夫特理工大学	大学
19	115	Intercomparison of UAV，Aircraft and satellite remote sensing platforms for precision viticulture	意大利	意大利国家研究委员会	研究委员会
20	113	Single-carrier SM-MIMO：a promising design for broadband large-scale antenna systems	中国	电子科技大学	大学
21	101	IEEE 802. 11AH：the wifi approach for m2m communications	西班牙	庞贝·法布拉大学	大学
22	100	Evaluation of MODIS albedo product（MCD43A）over grassland，agriculture and forest surface types during dormant and snow-covered periods	美国	马萨诸塞大学	大学
23	96	Assessment of RapidEye vegetation indices for estimation of leaf area index and biomass in corn and soybean crops	加拿大	加拿大农业与农业食品部	政府
23	96	An assessment of pre - and within - season remotely sensed variables for forecasting corn and soybean yields in the United States	美国	美国农业部	政府
25	95	Crop modelling for integrated assessment of risk to food production from climate change	德国	波恩大学	大学
26	94	Mapping farmland abandonment and recultivation across Europe using MODIS NDVI time series	德国	柏林洪堡大学	大学
27	92	Far - red sun - induced chlorophyll fluorescence shows ecosystem - specific relationships to gross primary production：an assessment based on observational and modeling approaches	瑞士	苏黎世大学	大学

（续表）

排名	被引频次	论文题目	国家	机构	机构类型
28	91	Comparison of satellite-based evapotranspiration models over terrestrial ecosystems in China	中国	北京师范大学	大学
29	90	The soil moisture active passive validation experiment 2012 (SMAPVEX12): prelaunch calibration and validation of the SMAP soil moisture algorithms	加拿大	加拿大农业与农业食品部	政府
30	89	Combined spectral and spatial modeling of corn yield based on aerial images and crop surface models acquired with an unmanned aircraft system	德国	霍恩海姆大学	大学
31	88	Deep learning in agriculture: a survey	西班牙	西班牙国家农业与食品技术研究院	科研机构
31	88	Toward mapping crop progress at field scales through fusion of Landsat and MODIS imagery	美国	美国农业部	政府
33	87	Subcarrier-index modulation aided OFDM will it work?	英国	南安普敦大学	大学
33	87	Sensors and systems for fruit detection and localization: a review	美国	华盛顿州立大学	大学
33	87	Drought and flood monitoring for a large karst plateau in Southwest China using extended GRACE data	中国	清华大学	大学
33	87	UAV flight experiments applied to the remote sensing of vegetated areas	西班牙	加泰罗尼亚理工大学	大学
37	86	Tracking the dynamics of paddy rice planting area in 1986-2010 through time series Landsat images and phenology-based algorithms	美国	俄克拉荷马州立大学	大学
37	86	Modeling multiple land use changes using ANN, CART and MARS: comparing tradeoffs in goodness of fit and explanatory power of data mining tools	美国	威斯康星大学	大学
39	85	On-manifold preintegration for real-time visual-inertial odometry	瑞士	苏黎世大学	大学
39	85	Mapping paddy rice planting area in northeastern Asia with Landsat 8 images, phenology-based algorithm and Google Earth Engine	美国	俄克拉荷马州立大学	大学
41	84	A secure light weight scheme for user authentication and key agreement in multi-gateway based wireless sensor networks	印度	印度理工学院	大学

（续表）

排名	被引频次	论文题目	国家	机构	机构类型
41	84	Discrete anisotropic radiative transfer (DART 5) for modeling airborne and satellite spectroradiometer and LIDAR acquisitions of natural and urban landscapes	法国	图卢兹大学	大学
41	84	An automated method for extracting rivers and lakes from landsat imagery	美国	马里兰大学	大学
44	82	Urban growth and environmental impacts in Jing-Jin-Ji, the Yangtze, River Delta and the Pearl River Delta	瑞典	皇家理工学院	大学
44	82	Polarimetric response of rice fields at C-Band: Analysis and phenology retrieval	西班牙	阿利坎特大学	大学
46	81	IoT-based real-time production logistics synchronization system under smart cloud manufacturing	中国	广东工业大学	大学
46	81	A downscaling approach for SMOS land observations: evaluation of high-resolution soil moisture maps over the Iberian Peninsula	西班牙	加泰罗尼亚理工大学	大学
48	79	Hyperspectral image super-resolution via non-negative structured sparse representation	中国，美国	西安电子科技大学，南京大学，华为技术有限公司，弗吉尼亚大学	大学，企业
49	78	Assessing the robustness of Random Forests to map land cover with high resolution satellite image time series over large areas	法国	新基公司	企业
49	78	A scalable satellite-based crop yield mapper	美国	斯坦福大学	大学
49	78	An automatic object-based method for optimal thresholding in UAV images: application for vegetation detection in herbaceous crops	西班牙	西班牙高等科学研究理事会	科研机构
52	77	Nonparallel hyperplane support vector machine for binary classification problems	中国	中国农业大学	大学
52	77	Wetland inundation mapping and change monitoring using Landsat and airborne LiDAR data	美国	马里兰大学	大学
52	77	Inversion of the PROSAIL model to estimate leaf area index of maize, potato, and sunflower fields from unmanned aerial vehicle hyperspectral data	中国	中国农业科学院	科研机构
55	75	Assessment of an operational system for crop type map production using high temporal and spatial resolution satellite optical imagery	法国	生物圈空间研究中心	科研机构

（续表）

排名	被引频次	论文题目	国家	机构	机构类型
56	74	Training set size, scale, and features in Geographic Object-Based Image Analysis of very high resolution unmanned aerial vehicle imagery	中国	南京大学	大学
56	74	Global, Landsat-based forest-cover change from 1990 to 2000	美国	马里兰大学	大学
58	72	HyperUAS - imaging spectroscopy from a multirotor unmanned aircraft system	澳大利亚	塔斯马尼亚大学	大学
58	72	Tree stem and height measurements using terrestrial Laser scanning and the RANSAC algorithm	瑞典	瑞典农业科学大学	大学
60	71	Multitemporal crop surface models: accurate plant height measurement and biomass estimation with terrestrial laser scanning in paddy rice	德国	科隆大学	大学
61	70	Three-dimensional needle shape reconstruction using an array of fiber bragg grating sensors	荷兰	特文特大学	大学
62	69	Accuracy, robustness and behavior of the STICS soil-crop model for plant, water and nitrogen outputs: evaluation over a wide range of agro-environmental conditions in France	法国	法国农业科学院	科研机构
62	69	A lightweight hyperspectral mapping system and photogrammetric processing chain for unmanned aerial vehicles	荷兰	瓦赫宁根大学	大学
64	67	An improved mono-window algorithm for land surface temperature retrieval from landsat 8 thermal infrared sensor data	中国	中国农业科学院	科研机构
64	67	Mapping crop phenology using NDVI time-series derived from HJ-1 A/B data	中国	浙江大学	大学
64	67	Incorporating spatial information in spectral unmixing: a review	中国	武汉大学	大学
64	67	Automated crop field extraction from multi-temporal Web Enabled Landsat Data	美国	达科他州立大学	大学
68	66	Combining deep learning and level set for the automated segmentation of the left ventricle of the heart from cardiac cine magnetic resonance	澳大利亚	阿德莱德大学	大学
68	66	Untangling drivers of species distributions: global sensitivity and uncertainty analyses of MAXENT	美国	明尼苏达大学	大学
70	65	Mapping tree canopy cover and aboveground biomass in sudano-sahelian woodlands using landsat 8 and random forest	瑞典	林雪平大学	大学

（续表）

排名	被引频次	论文题目	国家	机构	机构类型
71	64	Satellite soil moisture for agricultural drought monitoring: assessment of the SMOS derived Soil Water Deficit Index	西班牙	萨拉曼卡大学	大学
72	63	Quantitative and localization diagnosis of a defective ball bearing based on vertical-horizontal synchronization signal analysis	中国	北京理工大学	大学
72	63	Global sensitivity analysis of the SCOPE model: what drives simulated canopy-leaving sun-induced fluorescence?	西班牙	巴伦西亚大学	大学
72	63	Global rain-fed, irrigated, and paddy croplands: a new high resolution map derived from remote sensing, crop inventories and climate data	美国	威斯康星大学	大学
72	63	Generation of a time-consistent land surface temperature product from MODIS data	中国	中国农业科学院	科研机构
76	62	An efficient weighted Lagrangian twin support vector machine for imbalanced data classification	中国	中国农业大学	大学
76	62	Comparing three global parametric and local non-parametric models to simulate land use change in diverse areas of the world	美国	威斯康星大学	大学
76	62	Early season monitoring of corn and soybeans with TerraSAR-X and RADARSAT-2	加拿大	加拿大农业与农业食品部	政府
79	61	Capability of C-band backscattering coefficients from high-resolution satellite SAR sensors to assess biophysical variables in paddy rice	日本	日本农业和食品研究组织	科研机构
80	60	Monitoring daily evapotranspiration over two California vineyards using Landsat 8 in a multi-sensor data fusion approach	美国	美国农业部	政府
80	60	Mapping paddy rice planting areas through time series analysis of MODIS land surface temperature and vegetation index data	美国	俄克拉荷马州立大学	大学
82	59	Sentinel-2 cropland mapping using pixel-based and object-based time-weighted dynamic time warping analysis	荷兰	特文特大学	大学
82	59	Consistency between sun-induced chlorophyll fluorescence and gross primary production of vegetation in North America	美国	俄克拉荷马州立大学	大学
82	59	The fourth phase of the radiative transfer model intercomparison (RAMI) exercise: actual canopy scenarios and conformity testing	意大利	欧洲共同体委员会	政府

（续表）

排名	被引频次	论文题目	国家	机构	机构类型
82	59	Mapping land cover in complex Mediterranean landscapes using Landsat：improved classification accuracies from integrating multi－seasonal and synthetic imagery	德国	柏林柏林洪堡大学	大学
82	59	Automated visual yield estimation in vineyards	美国	卡内基梅隆大学	大学
87	58	Green supplier selection using fuzzy group decision making methods：a case study from the agri－food industry	澳大利亚	悉尼大学	大学
87	58	The Evaporative Stress Index as an indicator of agricultural drought in Brazil：an assessment based on crop yield impacts	美国	美国农业部	政府
87	58	Object－oriented crop mapping and monitoring using multi－temporal polarimetric RADARSAT－2 data	加拿大	尼皮辛大学	大学
90	57	Integration of optical and synthetic aperture radar imagery for improving crop mapping in Northwestern Benin，West Africa	德国	维尔茨堡大学	大学
90	57	Evaluating，interpreting，and communicating performance of hydrologic/water quality models considering intended use：a review and recommendations	美国	美国农业部	政府
92	56	Estimation of crop LAI using hyperspectral vegetation indices and a hybrid inversion method	中国	江苏师范大学	大学
92	56	Vision－based control of robotic manipulator for citrus harvesting	美国	佛罗里达大学	大学
94	55	RADARSAT－2 Polarimetric SAR response to crop biomass for agricultural production monitoring	加拿大	加拿大斯坦泰克公司	企业
94	55	Remote sensing－based biomass estimation and its spatio－temporal variations in temperate grassland，Northern China	中国	中国农业科学院	科研机构
96	54	Quantitative optimization of interoperability during feature－based data exchange	中国	武汉大学	大学
96	54	Exponential stability of a class of complex－valued neural networks with time－varying delays	中国	四川农业大学	大学
96	54	Fusion of plant height and vegetation indices for the estimation of barley biomass	德国	科隆大学	大学
96	54	Recent applications of unmanned aerial imagery in natural resource management	加拿大	舍布鲁克大学	大学

（续表）

排名	被引频次	论文题目	国家	机构	机构类型
96	54	Detection of early plant stress responses in hyperspectral images	德国	波恩大学	大学
96	54	Comparison between SMOS, VUA, ASCAT, and ECMWF soil moisture products over four watersheds in US	法国	生物圈空间研究中心	大学
96	54	A phenology-based classification of time-series MODIS data for rice crop monitoring in Mekong Delta, Vietnam	中国	台湾“中央大学”	大学

3

全球农业专利竞争力分析

3.1 总体专利竞争力指数

3.1.1 国家农业总体专利竞争力指数

中国农业专利综合竞争力在22国中排名第二，技术生产力和技术影响力在22国中排名第一，但技术保护力垫底。

2014—2018年，22国专利综合竞争力指数排名，美国、中国排名前二，位于第一梯队。瑞士、德国和日本分列第三、第四和第五位，位于第二梯队。法国、英国、荷兰、韩国、瑞典、澳大利亚、以色列、丹麦、挪威、加拿大、西班牙、意大利、比利时、印度、波兰、墨西哥、巴西位于第三梯队，见表3-1。

中国农业领域发明专利申请量位居22国中的第一位，但发明专利授权率①不高。在技术影响力方面，中国在22国中排名第一，仅微弱优势领先美国。此外，中国机构亟待加强专利布局和专利保护意识，专利家族规模方面，中国在22国中排名垫底，这与中国农业技术突出的产出能力形成鲜明对比，说明我国虽然专利基数大，但整体实力仍有待提高。

美国农业领域发明专利申请量和技术影响力位在22国中排名第二，胶着紧跟中国，但专利授权量在22国中领先，体现了美国在全球农业技术方面的重要引领地位。

---

① 专利授权率为目标时间区间内专利授权量与专利申请量的比值。

第二梯队中，德国和日本的技术生产力、技术影响力和技术认可度均略高于瑞士，但瑞士的专利家族规模位在22国中排名第一，在技术保护方面表现优于第二梯队的德国和日本。

丹麦虽然发明专利申请数量、技术影响力和技术认可度并不占据优势，在22国排名中分别为第十七位、第十八位、第十七位，但是丹麦注重技术保护，技术保护力位居第八位，因此在专利综合竞争力排名提升至第十三位。

表3-1　2014—2018年国家农业专利竞争力指数

国家	专利竞争力指数（一级指标）		技术生产力（二级指标）			技术影响力（二级指标）			技术认可度（二级指标）			技术保护力（二级指标）		
	得分	排名	专利申请量（件）	得分	排名	总被引频次	得分	排名	授权量（件）	得分	排名	专利家族规模	得分	排名
美国	3.21	1	297688	0.76	2	303527	0.95	2	90971	1.00	1	3.01	0.50	11
中国	2.93	2	390174	1.00	1	319908	1.00	1	84751	0.93	2	1.06	0.00	22
瑞士	1.30	3	37313	0.09	6	30022	0.09	5	10813	0.12	7	4.98	1.00	1
德国	1.05	4	65955	0.17	4	39219	0.12	3	22161	0.24	5	3.09	0.52	10
日本	1.04	5	88473	0.22	3	38130	0.12	4	34983	0.38	3	2.29	0.31	17
法国	0.87	6	31661	0.08	7	16506	0.05	8	11056	0.12	6	3.49	0.62	2
英国	0.78	7	26049	0.06	8	16529	0.05	7	8092	0.09	8	3.35	0.58	6
荷兰	0.67	8	14158	0.03	10	9004	0.03	10	4813	0.05	9	3.27	0.56	9
韩国	0.67	9	56694	0.14	5	25628	0.08	6	25187	0.27	4	1.76	0.18	19
瑞典	0.67	10	8255	0.02	13	4695	0.01	13	2829	0.03	11	3.47	0.61	3
澳大利亚	0.65	11	9281	0.02	11	6279	0.02	12	2792	0.03	12	3.36	0.58	5
以色列	0.64	12	9212	0.02	12	7016	0.02	11	2687	0.03	14	3.32	0.57	7
丹麦	0.60	13	4996	0.01	17	2511	0.01	18	1498	0.01	17	3.31	0.57	8
挪威	0.60	14	2785	0.00	20	1433	0.00	19	832	0.01	19	3.36	0.59	4
加拿大	0.54	15	14978	0.04	9	10866	0.03	9	3912	0.04	10	2.74	0.43	15
西班牙	0.52	16	6217	0.01	16	2779	0.01	16	1870	0.02	16	2.95	0.48	12
意大利	0.49	17	7833	0.02	14	3583	0.01	14	2792	0.03	12	2.78	0.44	14
比利时	0.48	18	4526	0.01	18	2697	0.01	17	1298	0.01	18	2.82	0.45	13
印度	0.44	19	7341	0.02	15	2894	0.01	15	2078	0.02	15	2.60	0.39	16
波兰	0.27	20	960	0.00	22	290	0.00	22	280	0.00	22	2.13	0.27	18
墨西哥	0.14	21	1846	0.00	21	318	0.00	21	495	0.00	20	1.60	0.14	20
巴西	0.05	22	4048	0.01	19	799	0.00	20	441	0.00	21	1.20	0.03	21

3.1.2 机构农业总体专利竞争力指数

（1）美国、中国上榜机构数量分列前二，但中国机构专利质量不敌美国

从22国的机构的总体专利竞争力来看，美国、中国分别有37家和28家机构进入全球Top100机构（表3-2），其中，中国科学院和中国农业科学院排名分别为第七位和第十位。从技术生产力来看，中国有3家机构进入Top10，美国、德国和瑞士各有2家机构，法国有1家机构；从技术影响力来看，美国有5家机构进入Top10，德国和瑞士各有2家机构，中国有1家机构；从技术认可度来看，中国有3家机构进入Top10，美国、德国和瑞士分别有2家机构进入Top10，日本有1家机构。技术生产力、技术影响力和技术认可度3个二级指标排名在机构间的分布基本一致，技术影响力指标中，部分机构虽然专利数量和授权数量并不突出，但是由于其专利影响力较高，在从而排名有所提升。

进入专利竞争力Top100的中国机构技术生产力和技术认可度排名均靠前的有中国科学院、中国农业科学院和中国化工集团等。进入全球Top100的28家中国机构中，仅有3家机构同时进入全球技术生产力指数和技术认可度指数排名前十位，有1家机构进入全球技术影响力指数排名前十位，有一半左右的机构在3个指数排名在第五十名以后，且分布较为分散。整体看我国专利技术竞争实力与美国有较大差距。

（2）中国农业科学院的技术生产力和技术认可度指标排名优势显著

2014—2018年，中国农业科学院的专利竞争力排名全球第十位，二级指标中技术生产力和技术认可度分别排名全球第十位和第九位，但是技术影响力居第十三位。在进入专利竞争力排名Top10的3家中国机构（即中国科学院、中国农业科学院和中国化工集团）均呈现技术生产力和技术认可度比较突出，但是技术影响力排名较为落后的特点（表3-2）。

陶氏杜邦公司（美国）、拜耳公司（德国）和罗氏控股公司（瑞士）3家机构，技术生产力和技术认可度均在前三名，专利竞争竞争力指数也分别居前三名。巴斯夫公司（德国）和诺华公司（瑞士）分列第四名和第五名。

Butamax先进生物燃料公司（美国），技术生产力和技术发展力的排名相对靠后，未进入二级指标的Top100，但技术影响力表现突出，因此在专利竞争力指标中的排名提前至第六十四位。

同样，美国的伯乐生命医学产品公司和加州理工学院，在技术生产力和技术发展力排名均较落后，但是在技术影响力表现上较为突出。

日本的武田药品株式会社、久保田株式会社、住友化学株式会社、洋马株式会社和井关农机株式会社在技术产出力和技术发展力的表现不俗，但在技术影响力的排名优势

不足，从而拉低了这些机构专利竞争力的综合排名。

表 3-2　2014—2018 年全球机构农业专利竞争力指数

机构	国家	专利竞争力指数（一级指标）		技术生产力（二级指标）			技术影响力（二级指标）			技术认可度（二级指标）		
		得分	排名	专利申请量（件）	得分	排名	总被引频次	得分	排名	授权量（件）	得分	排名
陶氏杜邦公司	美国	2.91	1	23165	1.00	1	14061	0.92	2	7479	0.99	2
拜耳公司	德国	2.89	2	20541	0.89	2	15347	1.00	1	7538	1.00	1
罗氏控股公司	瑞士	2.45	3	19488	0.84	3	13504	0.88	3	5495	0.73	3
巴斯夫公司	德国	1.29	4	10813	0.47	4	6135	0.40	9	3174	0.42	4
诺华公司	瑞士	1.29	5	8104	0.35	6	9580	0.62	4	2351	0.31	7
美国卫生与公共服务部	美国	1.20	6	6365	0.27	11	9256	0.60	5	2408	0.32	6
中国科学院	中国	1.20	7	8759	0.38	5	6452	0.42	8	2993	0.40	5
加利福尼亚大学	美国	0.99	8	6959	0.30	8	6700	0.44	7	1914	0.25	12
艾伯维公司	美国	0.94	9	4505	0.19	18	8758	0.57	6	1341	0.18	20
中国农业科学院	中国	0.90	10	6504	0.28	10	4981	0.32	13	2225	0.30	9
中国化工集团	中国	0.84	11	7109	0.31	7	3452	0.22	19	2330	0.31	8
迪尔公司	美国	0.76	12	4880	0.21	16	5049	0.33	12	1664	0.22	16
赛诺菲公司	法国	0.76	13	6555	0.28	9	3360	0.22	20	1944	0.26	11
葛兰素史克公司	英国	0.75	14	5418	0.23	12	3975	0.26	16	1905	0.25	13
辉瑞公司	美国	0.71	15	4915	0.21	15	4264	0.28	14	1625	0.22	17
日本武田药品株式会社	日本	0.67	16	5354	0.23	13	3052	0.20	21	1791	0.24	14
住友化学株式会社	日本	0.63	17	5290	0.23	14	2757	0.18	22	1678	0.22	15
久保田株式会社	日本	0.61	18	4805	0.21	17	2256	0.15	28	1950	0.26	10
宾夕法尼亚大学	美国	0.60	19	2926	0.13	29	5678	0.37	11	781	0.10	37
赛默飞世尔科技公司	美国	0.57	20	3398	0.15	25	3906	0.25	17	1277	0.17	23
哈佛大学	美国	0.57	21	2610	0.11	32	5875	0.38	10	526	0.07	53
安进公司	美国	0.53	22	4243	0.18	19	2723	0.18	23	1294	0.17	22
新基医药/赛尔基因	美国	0.51	23	3083	0.13	27	4202	0.27	15	809	0.11	35
凯斯纽荷兰公司	美国	0.48	24	3510	0.15	22	2591	0.17	25	1167	0.15	25
斯坦福大学	美国	0.47	25	2767	0.12	30	3808	0.25	18	796	0.11	36
洋马株式会社	日本	0.47	26	3944	0.17	21	1730	0.11	38	1422	0.19	18

（续表）

机构	国家	专利竞争力指数（一级指标）		技术生产力（二级指标）			技术影响力（二级指标）			技术认可度（二级指标）		
		得分	排名	专利申请量（件）	得分	排名	总被引频次	得分	排名	授权量（件）	得分	排名
法国国家科学研究中心	法国	0.45	27	4150	0.18	20	1396	0.09	40	1370	0.18	19
默克集团	德国	0.41	28	2966	0.13	28	2130	0.14	31	1043	0.14	27
井关农机株式会社	日本	0.39	29	3458	0.15	24	1113	0.07	56	1299	0.17	21
皇家帝斯曼集团	荷兰	0.38	30	3485	0.15	23	1128	0.07	55	1172	0.16	24
雅培公司	美国	0.38	31	2532	0.11	33	2248	0.15	29	909	0.12	30
得克萨斯大学	美国	0.34	32	2650	0.11	31	2091	0.14	32	702	0.09	41
浙江大学	中国	0.34	33	2269	0.10	35	1742	0.11	37	937	0.12	28
中国农业大学	中国	0.33	34	2069	0.09	38	1783	0.12	36	928	0.12	29
麻省理工学院	美国	0.32	35	1854	0.08	45	2721	0.18	24	471	0.06	63
美国爱科集团	美国	0.32	36	1920	0.08	42	2370	0.15	27	593	0.08	45
法国国家健康与医学研究院	法国	0.31	37	3124	0.13	26	1148	0.07	50	774	0.10	38
江南大学	中国	0.31	38	2231	0.10	36	1963	0.13	33	658	0.09	43
Illumina 公司	美国	0.31	39	1844	0.08	46	2528	0.16	26	474	0.06	61
韩国农村振兴厅	韩国	0.29	40	2169	0.09	37	796	0.05	74	1101	0.15	26
美国通用电气公司	美国	0.27	41	2291	0.10	34	1286	0.08	45	661	0.09	42
黄海水产研究所	中国	0.27	42	1795	0.08	47	1352	0.09	43	759	0.10	39
江苏省农业科学院	中国	0.26	43	1630	0.07	50	1803	0.12	35	557	0.07	49
韩国高等科学技术学院	韩国	0.25	44	1909	0.08	43	812	0.05	73	870	0.12	31
首尔大学	韩国	0.25	45	2059	0.09	39	724	0.05	81	846	0.11	32
河南中烟工业有限责任公司	中国	0.23	46	1607	0.07	51	1368	0.09	42	554	0.07	50
梅里埃研究所	法国	0.23	47	1859	0.08	44	589	0.04	90	833	0.11	33
华南农业大学	中国	0.23	48	1546	0.07	54	1376	0.09	41	541	0.07	51
广西大学	中国	0.23	49	1457	0.06	59	1827	0.12	34	339	0.04	85
三菱化学控股株式会社	日本	0.22	50	2044	0.09	40	623	0.04	89	725	0.10	40
美国约翰霍普金斯大学	美国	0.22	51	1941	0.08	41	1185	0.08	49	472	0.06	62

（续表）

机构	国家	专利竞争力指数（一级指标）		技术生产力（二级指标）			技术影响力（二级指标）			技术认可度（二级指标）		
		得分	排名	专利申请量（件）	得分	排名	总被引频次	得分	排名	授权量（件）	得分	排名
华中农业大学	中国	0.22	52	1463	0.06	57	1108	0.07	57	605	0.08	44
东京大学	日本	0.21	53	1584	0.07	53	1147	0.07	52	528	0.07	52
百健艾迪（BiogenIdec）	美国	0.21	54	1597	0.07	52	1193	0.08	47	478	0.06	59
深圳华大基因	中国	0.21	55	1477	0.06	56	1422	0.09	39	378	0.05	77
山东省农业机械科学研究所	中国	0.20	56	1332	0.06	64	1319	0.09	44	460	0.06	65
克拉斯集团	德国	0.20	57	1462	0.06	58	1143	0.07	53	504	0.07	55
韩国生物科学与生物技术研究所	韩国	0.20	58	1647	0.07	49	385	0.03	96	810	0.11	34
东丽工业株式会社	日本	0.19	59	1540	0.07	55	702	0.05	82	586	0.08	46
南京农业大学	中国	0.19	60	1325	0.06	66	1037	0.07	60	485	0.06	56
上海交通大学	中国	0.19	61	1363	0.06	63	969	0.06	62	485	0.06	56
胡斯华纳集团	瑞典	0.19	62	1191	0.05	74	1192	0.08	48	431	0.06	69
江苏大学	中国	0.18	63	1112	0.05	77	1206	0.08	46	440	0.06	66
Butamax 先进生物燃料公司	美国	0.18	64	395	0.02	100	2177	0.14	30	166	0.02	100
四川农业大学	中国	0.17	65	1228	0.05	69	1006	0.07	61	383	0.05	76
杜克大学	美国	0.17	66	1208	0.05	71	1105	0.07	58	336	0.04	87
伯乐生命医学产品公司	美国	0.17	67	980	0.04	96	1130	0.07	54	392	0.05	74
哥伦比亚大学	美国	0.17	68	1202	0.05	72	1148	0.07	50	297	0.04	94
京都大学	日本	0.16	69	1414	0.06	62	657	0.04	87	437	0.06	67
西北农林科技大学	中国	0.16	70	1181	0.05	75	939	0.06	64	368	0.05	80
庆北大学	韩国	0.16	71	1227	0.05	70	417	0.03	94	574	0.08	47
勃格林医药公司	美国	0.16	72	1750	0.08	48	68	0.00	100	570	0.08	48
福建农林大学	中国	0.15	73	1035	0.04	87	885	0.06	68	390	0.05	75
硕腾公司	美国	0.15	74	1440	0.06	60	442	0.03	92	465	0.06	64
威斯康星大学	美国	0.15	75	1024	0.04	88	777	0.05	77	413	0.05	71
加州理工学院	美国	0.15	76	863	0.04	99	1098	0.07	59	304	0.04	92

（续表）

机构	国家	专利竞争力指数（一级指标）		技术生产力（二级指标）			技术影响力（二级指标）			技术认可度（二级指标）		
		得分	排名	专利申请量（件）	得分	排名	总被引频次	得分	排名	授权量（件）	得分	排名
康奈尔大学	美国	0.15	77	1197	0.05	73	685	0.04	85	395	0.05	73
伦敦大学	英国	0.15	78	1315	0.06	67	784	0.05	76	300	0.04	93
青岛农业大学	中国	0.15	79	1016	0.04	91	841	0.05	69	365	0.05	82
华盛顿大学	美国	0.15	80	1082	0.05	79	892	0.06	67	315	0.04	90
湖南农业大学	中国	0.15	81	872	0.04	98	901	0.06	66	371	0.05	79
清华大学	中国	0.14	82	1044	0.05	85	795	0.05	75	359	0.05	83
延世大学	韩国	0.14	83	1243	0.05	68	344	0.02	97	514	0.07	54
希乐克公司	美国	0.14	84	1327	0.06	65	468	0.03	91	418	0.06	70
佛罗里达大学	美国	0.14	85	1163	0.05	76	764	0.05	79	322	0.04	88
中国中化集团公司	中国	0.14	86	1021	0.04	89	686	0.04	84	403	0.05	72
联邦科学与工业研究组织	澳大利亚	0.14	87	993	0.04	95	933	0.06	65	288	0.04	96
山东农业大学	中国	0.14	88	1067	0.05	82	813	0.05	72	320	0.04	89
耶达研发有限公司	以色列	0.14	89	1076	0.05	81	777	0.05	77	313	0.04	91
大阪大学	日本	0.14	90	1439	0.06	61	409	0.03	95	372	0.05	78
霍尼韦尔国际有限公司	美国	0.14	91	1017	0.04	90	702	0.05	82	350	0.05	84
台湾“中央研究院”	中国	0.14	92	969	0.04	97	946	0.06	63	243	0.03	99
浙江海洋大学	中国	0.13	93	1001	0.04	93	832	0.05	71	282	0.04	97
艺康集团	美国	0.13	94	1044	0.05	85	626	0.04	88	368	0.05	80
中国国家电网公司	中国	0.13	95	1049	0.05	84	835	0.05	70	248	0.03	98
利乐集团	瑞士	0.13	96	1077	0.05	80	429	0.03	93	432	0.06	68
密歇根大学	美国	0.13	97	997	0.04	94	666	0.04	86	339	0.04	85
匹兹堡大学	美国	0.13	98	1009	0.04	92	741	0.05	80	295	0.04	95
高丽大学	韩国	0.13	99	1086	0.05	78	296	0.02	99	477	0.06	60
日本农业和食品研究组织	日本	0.13	100	1060	0.05	83	303	0.02	98	480	0.06	58

3.1.3 技术生产力分析

中国是全球最大的农业专利产出贡献国，并以平均每年 18.92%的高增长率逐年增长。

2014—2018 年，全球 22 个重要农业国家农业领域发明专利申请平均公开量 49566 件，22 国中高于平均专利申请量的国家有 5 个，分别为中国、美国、日本、德国和韩国。中国以 390174 件高居榜首，占 22 国总申请量（1090443 件）的 35.78%，是第二名美国（297688 件，占总申请量的 27.30%）的 1.31 倍，是第三名日本（88473 件）的 4.41 倍，德国、韩国、瑞士和法国分别位于第四、第五、第六、第七位，申请量均在 30000 件以上。亚洲 5 国专利申请量（551894 件）占 22 国申请总量的比重为 50.61%，主要贡献国家是中国、日本和韩国；欧洲 12 国总申请量（210708 件）占比为 19.32%。主要贡献国是德国；北美洲美国、加拿大和墨西哥 3 国总申请量（314512 件）占比 28.84%，主要贡献国为美国。具体数据如图 3-1 所示。

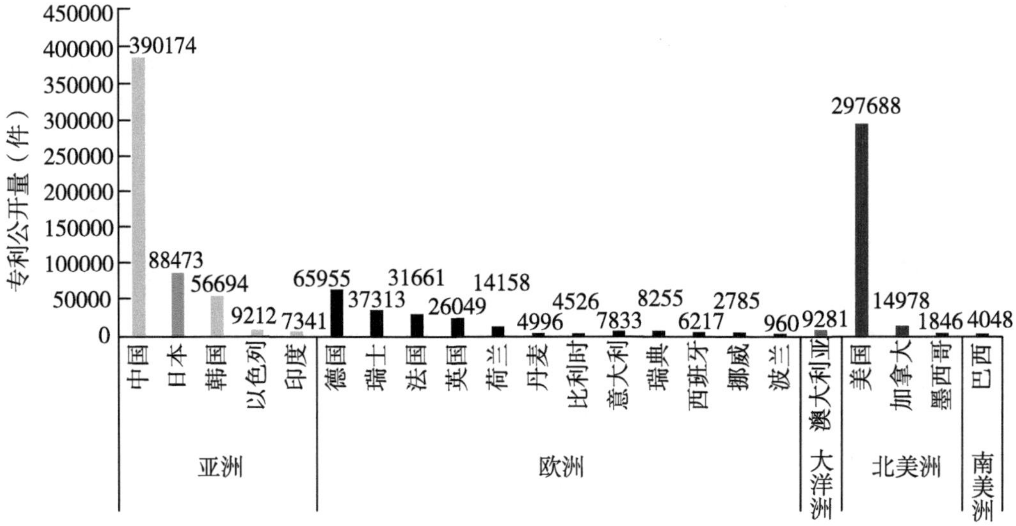

图 3-1　22 国发明专利申请量

从申请趋势上看，2014—2018 年，22 国专利平均年增长率 7.14%。其中，中国以平均每年 18.92%的高增长率居全球第一，2015—2018 年中国专利申请量超过美国；巴西和挪威分别以 13.08%和 5.92%的增长率位居第二和第三位。

美国的技术生产力指数排名位列第二，但 5 年平均增长率仅为 1.31%。技术生产力指数排名前十的国家中，日本、德国和瑞士的 5 年平均增长率均呈负增长趋势。具体见图 3-2。

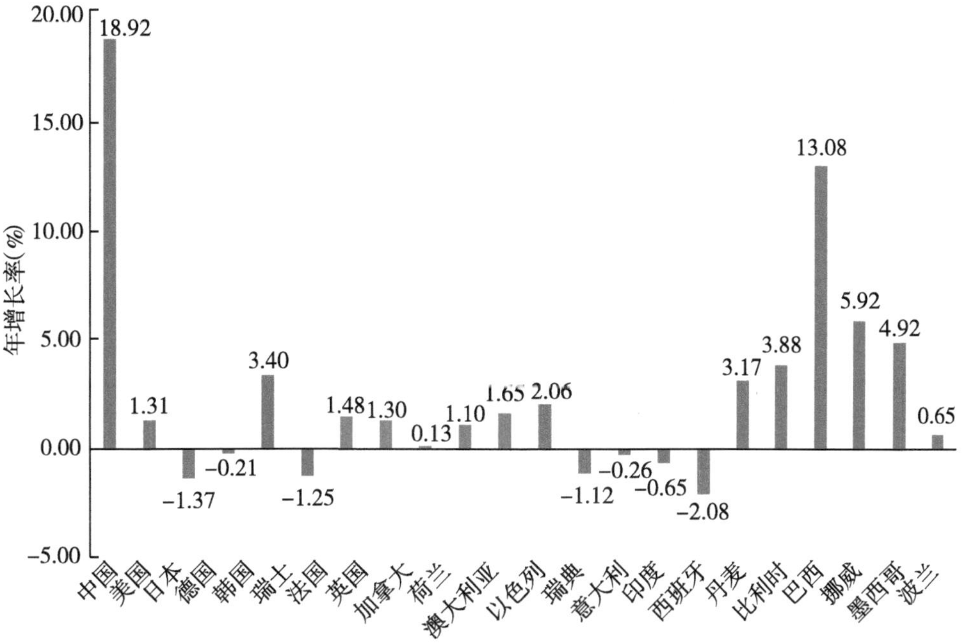

图 3-2　22 国农业领域发明专利申请趋势（2014—2018 年平均增长率）

3.1.4　技术影响力分析

中国农业专利的国际影响力仍然有待提升。

从专利总被引频次统计来看（图 3-3），美国和中国以绝对优势领先于其余 20 国，总被引频次均超过 300000 次，处于第一梯队。其余 20 国中相对突出的国家为德国、日本、瑞士、韩国、英国、法国和加拿大，处于第二梯队（总被引频次大于 10000 次）。处于第三梯队（总被引频次小于 10000 次）的国家依次是荷兰、以色列、澳大利亚、瑞典、意大利、印度、西班牙、比利时、丹麦、挪威、巴西、墨西哥和波兰。

从被引率①上看，被引率相对较高的国家是中国、美国、加拿大、韩国和以色列，均有 17%以上的发明专利有被引记录。中国的被引率为 27.97%，在 22 国中位居第一。对有被引用记录的专利进行统计，瑞士、美国和以色列的平均被引频次分别为 6.21 次、4.67 次和 4.26 次，位居前三名。中国的平均被引频次为 2.93 次，位列第十八。

对全部专利记录进行平均被引频次计算，22 国发明专利平均被引频次 0.77 次，超过平均被引频次的国家有 3 个，分别为美国、中国和瑞士。美国以 1.02 次位居第一，中国以 0.82 次紧随其后。具体见图 3-4。

① 被引率（%）= 有被引用记录的发明专利量/发明专利总量×100。

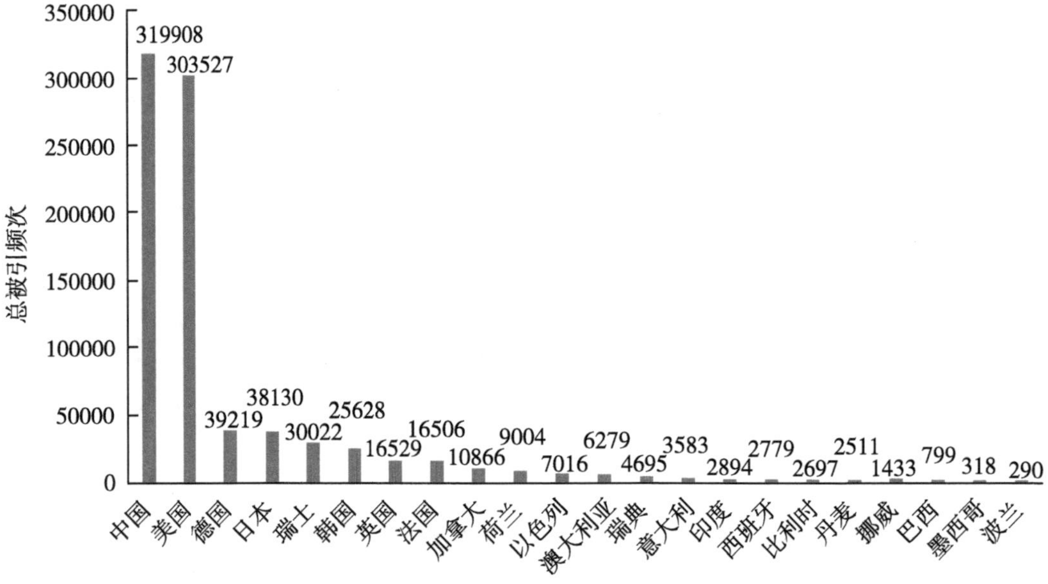

图 3-3　22 国专利总被引频次统计

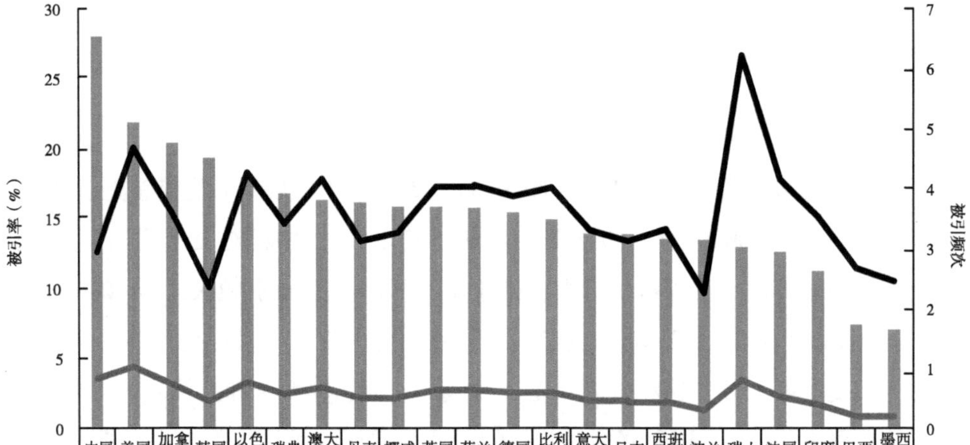

	中国	美国	加拿大	韩国	以色列	瑞典	澳大利亚	丹麦	挪威	英国	荷兰	德国	比利时	意大利	日本	西班牙	波兰	瑞士	法国	印度	巴西	墨西哥
被引率（%）	27.97	21.82	20.35	19.30	17.89	16.74	16.29	16.13	15.80	15.77	15.71	15.38	14.87	13.88	13.84	13.50	13.44	12.95	12.58	11.21	7.41	7.04
平均被引频次（有引用）	2.93	4.67	3.56	2.34	4.26	3.40	4.15	3.12	3.26	4.02	4.05	3.87	4.01	3.30	3.11	3.31	2.25	6.21	4.14	3.52	2.66	2.45
平均被引频次（所有）	0.82	1.02	0.73	0.45	0.76	0.57	0.68	0.50	0.51	0.63	0.64	0.59	0.60	0.46	0.43	0.45	0.30	0.80	0.52	0.39	0.20	0.17

被引率（%）　平均被引频次（有引用）　平均被引频次（所有）

图 3-4　22 国专利平均被引频次统计

3.1.5　技术认可度分析

美中农业技术认可度以绝对优势高于其他国家。

美国发明专利授权量（90971 件）位居全球第一，中国（84751 件）、日本（34983 件）、韩国（25187 件）和德国（22161 件）分列第二至第五位，具体见图 3-5。

从授权率看，2014—2018 年，22 国平均专利授权率 29.04%。韩国的发明专利授权率以 44.43%居第一位，日本、意大利分列第二、第三位。美国发明专利授权率为 30.56%，位居第九位，中国发明专利授权率仅为 21.72%，在 22 国中排名第二十一位。

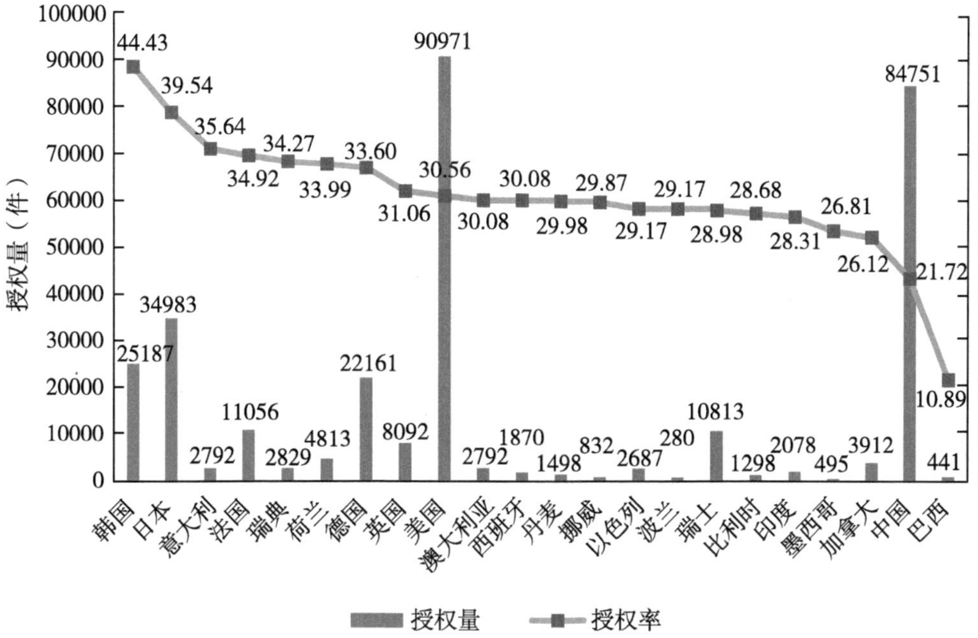

图 3-5 22 国发明专利授权量及授权率

3.1.6 技术保护力分析

中国域外申请专利占比和专利家族规模均低于其他 21 个国家，专利布局和知识产权保护意识和能力亟待提升。

从专利保护力排名看，瑞士、丹麦、澳大利亚、挪威和以色列在技术保护力上占据全球前五，中国排名垫底。

（1）布局国家数量和域外申请专利占比

专利布局国家数量可以说明技术输出的广度，体现对其他国家市场的重视程度，决定了能否在产业竞争格局中占据有利地位。22 国都非常重视技术域外布局。2014—2018 年，22 国平均专利布局国家数量为 49 个。22 国之中高于平均专利布局国家数量的国家有 9 个，分别为美国、德国、日本、瑞士、中国、法国、英国、意大利和西班牙，它们作为技术来源国，技术输出范围在 22 国中排名相对靠前，输出国家分布更为广泛。

域外申请专利占比，22 国平均域外申请占比 47.64%。除中国域外申请专利占比 7.76%、韩国域外申请专利占比 24.85%、巴西域外申请专利占比 36.49%和墨西哥域外申请专利占比 37.38%以外，其他国家域外申请专利占比均达到 40%以上；中国向 65 个国家递交过农业领域技术专利申请，与瑞士并列第四位，但域外申请专利占比仅为 7.76%，在 22 国中位居倒数第一，具体统计数据见图 3-6。

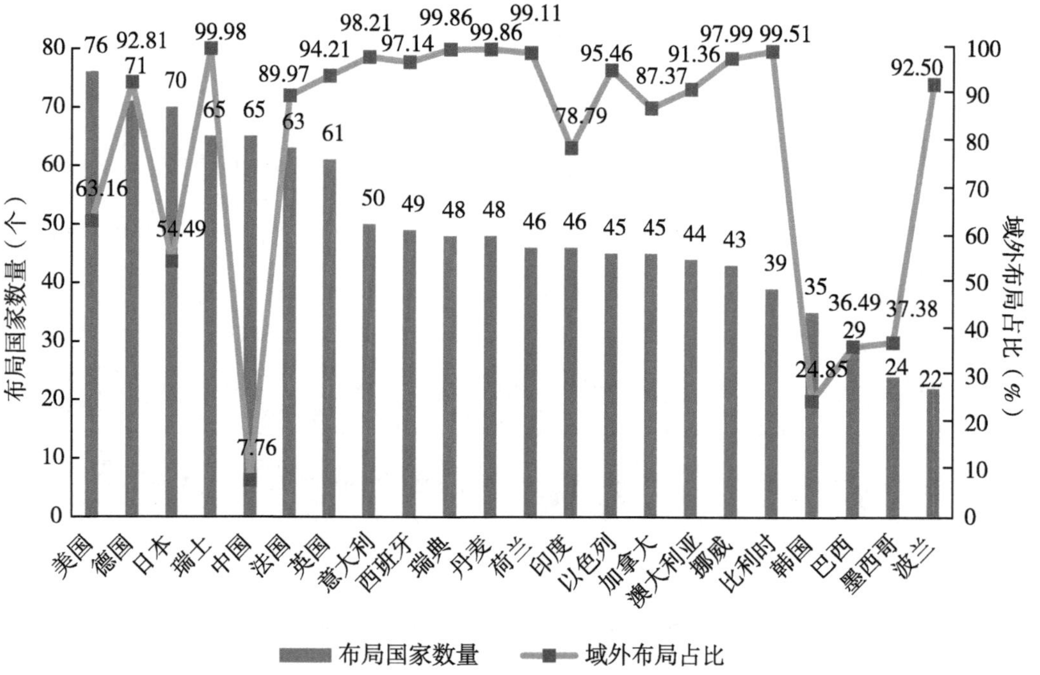

图 3-6　22 国专利布局国家数量及域外申请专利占比

对各国分别在其他 21 个国家的专利布局情况进行统计，美国、日本、德国、法国和英国在其他 21 个国家的布局国较多，美国在 22 国均有申请。中国主要在本国进行申请，占比达到 92.24%①，而除中国外的 21 国相对较为关注美国和日本市场。美国在本国布局占比 36.84%，在中国、日本、加拿大、韩国和澳大利亚布局相对较多。德国除在本土布局外（占比 7.19%），在美国布局较多（14856 件），相比德在欧洲其他 11 国的布局，德国更关注中国、日本、韩国、澳大利亚、印度、巴西、加拿大和墨西哥，

① 中国在本国申请专利占比（%）= 中国在中国本土的专利量/中国在 22 国布局的专利总量×100，其他国家同理。

具体见图 3-7。

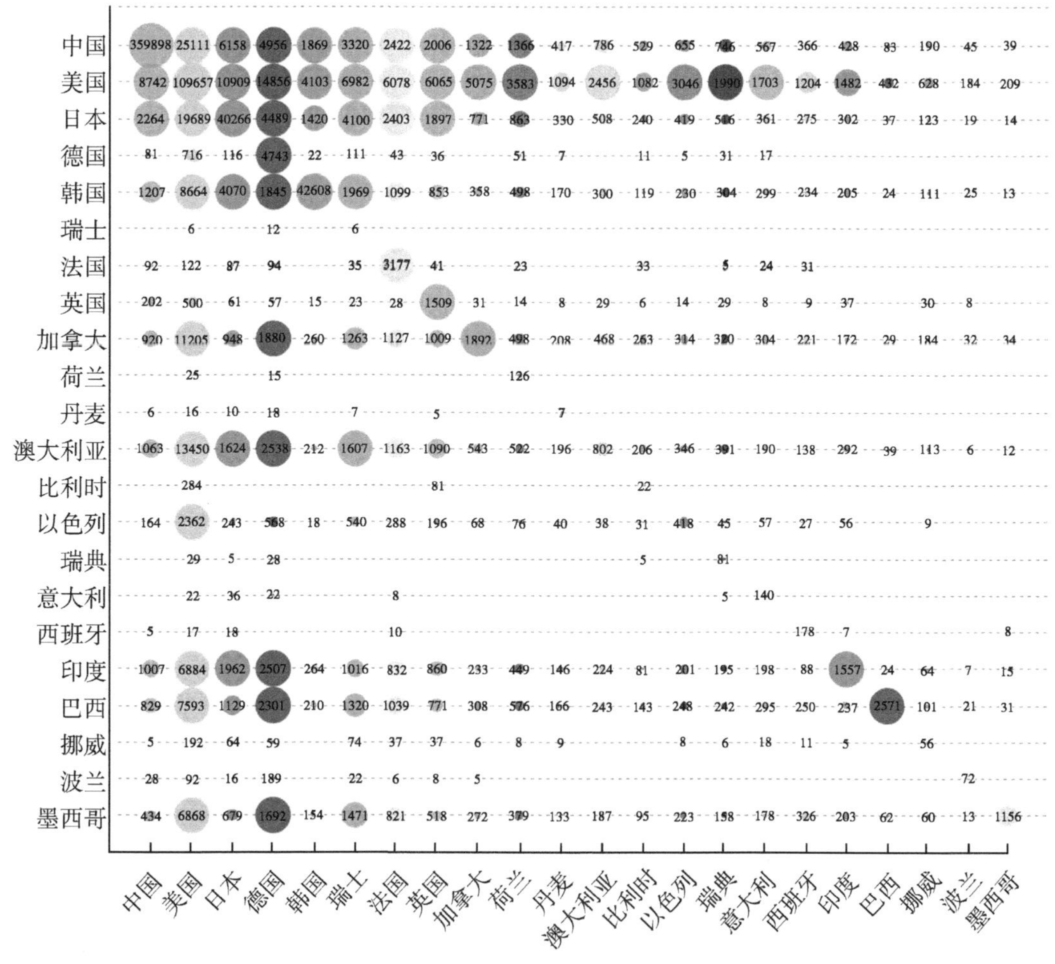

图 3-7 22 国专利布局情况

（2）专利家族规模

专利家族规模是目标国公开专利的专利家族中成员的平均数量，人们把具有共同优先权的在不同国家或国际专利组织多次申请、多次公布或批准的内容相同或基本相同的一组专利文献称作专利家族，以达到对所拥有专利在多国地区进行保护。家族成员越多，技术重要性越高，对该技术的保护程度越高。

2014—2018 年，22 国平均专利家族规模 1.77。瑞士、法国、瑞典、挪威和澳大利亚的专利家族规模排名相对位置靠前，而中国专利家族规模仅为 1.06，排名末位，见图 3-8。

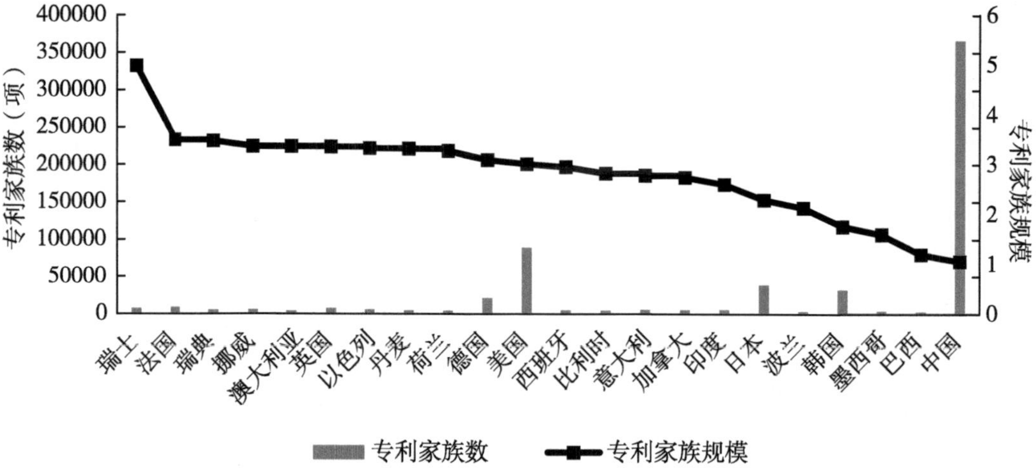

图 3-8　22 国专利家族数量及规模

3.2　技术领域专利竞争力分析

3.2.1　八大技术领域专利竞争力分析

（1）主要 22 国八大技术领域专利竞争力分析

美国在各技术领域都有竞争优势，中国紧随其后但仍有短板。

中国技术领域专利竞争力综合指标排名 22 国第二。中国八大技术领域均进入专利竞争力指标排名前十，其中排名第一的技术领域有 5 个，分别为动物养殖与管理、作物有害生物防控、农业机械装备、动物营养与饲料和植物营养与肥料。农业生物技术、作物种质资源与育种 2 个领域排名第二。动物疫病防控排名第九位，是中国农业专利竞争力综合指标中需要加强的短板。

美国技术领域专利竞争力综合指标排名 22 国第一，在动物疫病防控、农业生物技术和作物种质资源与育种 3 个技术领域排名第一，在动物养殖与管理、作物有害生物防控和农业机械装备 3 个领域排名第二，动物营养与饲料和植物营养与肥料 2 个技术领域分别排第六和第五位，各技术领域发展较为均衡，没有短板领域。瑞士专利竞争力综合指数排名 22 国第三，在动物疫病防控和农业生物技术技术领域排名分别为第二和第三，是其优势技术领域。日本专利竞争力综合指数排名 22 国第三，除动物营养与饲料和植物营养与肥料未进前十，在其他各技术领域的表现相对均衡，排名均在第三位至第六位。荷兰专利竞争力综合指标排名 22 国第八，优势领域是动物养殖与管理（第三位）和动物营养与饲料（第二位）。挪威在植物营养与肥料领域也具有竞争优势。具体数据见表 3-3。

表 3-3 22 国农业各技术领域专利竞争力指数

国家	八大领域		动物疫病防控		农业生物技术		作物种质资源与育种		动物养殖与管理		作物有害生物防控		农业机械装备		动物营养与饲料		植物营养与肥料	
	得分	排名	得分	排名	得分	排名	得分	排名	得分	排名	得分	排名	得分	排名	得分	排名	得分	排名
美国	3.21	1	3.56	1	3.46	1	3.54	1	2.10	2	2.70	2	1.73	2	0.89	6	0.34	5
中国	2.93	2	0.79	9	2.17	2	2.70	2	3.06	1	3.00	1	3.03	1	3.00	1	3.00	1
瑞士	1.30	3	1.49	2	1.53	3	1.18	4	0.65	13	0.49	10	0.22	19	0.36	17	0.10	16
德国	1.05	4	0.86	5	1.02	4	1.38	3	0.73	12	2.03	3	0.94	6	0.45	15	0.35	4
日本	1.04	5	0.85	6	0.99	5	1.04	6	1.03	5	1.30	4	1.34	3	0.63	11	0.16	12
法国	0.87	6	0.99	3	0.96	6	0.90	10	0.77	11	0.52	8	0.80	7	0.68	10	0.21	8
英国	0.78	7	0.95	4	0.84	7	0.94	8	0.54	18	0.60	7	0.39	16	0.51	14	0.17	10
荷兰	0.67	8	0.72	11	0.75	9	0.90	9	1.10	3	0.40	13	0.56	12	1.07	2	0.23	7
韩国	0.67	9	0.60	16	0.81	8	1.04	7	1.04	4	0.33	19	0.47	13	0.52	13	0.12	15
瑞典	0.67	10	0.81	8	0.62	12	0.79	13	1.00	6	0.38	14	1.09	4	0.91	4	0.16	11
澳大利亚	0.65	11	0.72	10	0.67	11	1.09	5	0.88	8	0.67	5	0.57	11	0.91	5	0.17	9
以色列	0.64	12	0.66	13	0.53	16	0.79	12	0.88	7	0.47	11	0.60	9	0.72	9	0.08	18
丹麦	0.60	13	0.62	15	0.55	15	0.68	17	0.81	9	0.49	9	0.58	10	0.78	7	0.13	13
挪威	0.60	14	0.82	7	0.67	10	0.75	15	0.61	15	0.64	6	1.00	5	0.93	3	1.01	2
加拿大	0.54	15	0.69	12	0.60	13	0.77	14	0.65	14	0.46	12	0.73	8	0.41	16	0.10	17
西班牙	0.52	16	0.65	14	0.51	17	0.80	11	0.52	19	0.38	15	0.40	15	0.32	18	0.50	3
意大利	0.49	17	0.60	17	0.49	18	0.64	18	0.78	10	0.33	18	0.46	14	0.73	8	0.06	19
比利时	0.48	18	0.54	18	0.58	14	0.71	16	0.60	17	0.29	20	0.32	18	0.54	12	0.03	21
印度	0.44	19	0.53	19	0.43	19	0.31	20	0.33	20	0.36	16	0.14	20	0.05	22	0.13	14
波兰	0.27	20	0.27	20	0.30	20	0.44	19	0.60	16	0.34	17	0.32	17	0.24	20	0.30	6
墨西哥	0.14	21	0.14	21	0.12	21	0.17	21	0.29	21	0.11	22	0.13	21	0.27	19	0.03	20
巴西	0.05	22	0.08	22	0.09	22	0.13	22	0.01	22	0.12	21	0.03	22	0.11	21	0.03	22

（2）八大技术领域全球优势机构专利竞争力分析

八大技术领域中，进入专利竞争力 Top10 的全球机构中，美国占比绝对领先，中国 2 家入选。

为了尽可能全面地对各技术领域竞争实力强且有表现特色的机构开展专利竞争力分析，我们将各技术领域中全球专利竞争力表现出色的 Top30 机构汇总去重，得到共计 137 家机构，以此作为机构专利竞争力分析的对象集合。

本书将八大技术领域 22 国的 137 家优势机构的具体表现以得分和排名的形式进行了展示，详见表 3-4。

- 动物疫病防控技术领域，罗氏控股公司（瑞士）位居第一，美国卫生与公共服务部（美国）、诺华公司（瑞士）、艾伯维公司（美国）和葛兰素史克公司（英国）分别位居第二至第五名。该领域 Top10 机构中，美国有 6 家，瑞士 2 家，英国和法国各 1 家。
- 农业生物技术技术领域，罗氏控股公司（瑞士）位居第一，陶氏杜邦公司（美国）、拜耳公司（德国）和美国卫生与公共服务部（美国）分别为第二、第三、第四位。中国进入 Top10 的机构有 2 家，分别是中国科学院（第六位）和中国农业科学院（第九位）。
- 作物种质资源与育种技术领域，拜耳公司（德国）位居第一，陶氏杜邦公司（美国）、罗氏控股公司（瑞士）、中国科学院和中国农业科学院分别居第二至第五位。该领域 Top10 机构中，美国有 5 家，中国和德国各 2 家，瑞士 1 家。
- 动物养殖与管理技术领域，专利竞争力指数最高的机构是黄海水产研究所。中国的浙江海洋大学、中国科学院、中国农业科学院和中国国家电网公司分别排名第二到第五位。陶氏杜邦公司（美国）居第六位。专利竞争力指数 Top10 机构中，中国入选机构数量最多，有 5 家。
- 作物有害生物防控技术领域，专利竞争力指数最高的是陶氏杜邦公司（美国）。紧随其后的是拜耳公司（德国）、巴斯夫公司（德国）和中国化工集团（中国），分列第二至第四位，住友化学株式会社（日本）居第五位，陕西美邦农药有限公司居第六位。进入 Top10 的机构中，中国有 4 家，美国、德国和日本各有 2 家。
- 农业机械装备技术领域，迪尔公司（美国）专利竞争力指数位居第一，久保田株式会社（日本）位居第二，凯斯纽荷兰公司（美国）、井关农机株式会社（日本）和洋马株式会社（日本）分别居第三至第五位，美国爱科集团居第六位。该技术领域 Top10 机构中，美国、日本各有 3 家，德国 2 家，中国和瑞典各 1 家。中国农业科学院居第九位，中国科学院、江苏大学和中国农业大学江分别位居第十三至十五位。

表 3-4 农业各技术领域全球优势机构专利竞争力指数

机构	所属国家	八大领域		动物疫病防控		农业生物技术		作物种质资源与育种		动物养殖与管理		作物有害生物防控		农业机械装备		动物营养与饲料		植物营养与肥料	
		得分	排名	得分	排名	得分	排名	得分	排名	得分	排名	得分	排名	得分	排名	得分	排名	得分	排名
陶氏杜邦公司	美国	2.91	1	0.47	18	2.56	2	2.27	2	0.80	6	2.86	1	0.34	16	2.04	3	1.14	8
拜耳公司	德国	2.89	2	0.61	15	2.16	3	3.00	1	0.64	14	2.85	2	0.56	10	0.63	13	0.48	33
罗氏控股公司	瑞士	2.45	3	2.99	1	2.93	1	1.12	3	0.37	31	0.07	35	0.02	55	0.09	52	0.16	47
巴斯夫公司	德国	1.29	4	0.23	31	0.79	12	0.60	7	0.74	11	1.60	3	0.16	38	0.86	8	1.27	7
诺华公司	瑞士	1.29	5	2.16	3	1.33	5	0.13	38	0.14	61	0.00	114	0.02	58	0.22	40	0.09	56
美国卫生与公共服务部	美国	1.20	6	2.17	2	1.38	4	0.56	8	0.33	41	0.13	18	0.01	79	0.11	49	0.08	61
中国科学院	中国	1.20	7	0.60	16	1.30	6	0.85	4	1.33	3	0.20	14	0.41	13	0.95	7	2.66	2
加利福尼亚大学	美国	0.99	8	1.25	6	0.93	8	0.55	9	0.34	38	0.17	16	0.04	46	0.15	46	0.45	34
艾伯维公司	美国	0.94	9	1.71	4	0.97	7	0.06	52	0.05	85	0.27	9	0.00	96	0.02	75	0.02	81
中国农业科学院	中国	0.90	10	0.19	34	0.91	9	0.85	5	1.26	4	0.30	8	0.72	9	1.41	5	2.96	1
中国化工集团	中国	0.84	11	0.10	39	0.39	22	0.50	11	0.17	56	1.37	4	0.09	42	0.36	35	0.36	39
迪尔公司	美国	0.76	12	0.00	101	0.00	106	0.00	99	0.36	36	0.00	110	2.77	1	0.00	92	0.00	92
赛诺菲公司	法国	0.76	13	1.16	8	0.83	11	0.08	50	0.17	57	0.06	39	0.01	67	0.02	72	0.08	59
葛兰素史克公司	英国	0.75	14	1.34	5	0.65	14	0.09	49	0.12	63	0.10	24	0.02	61	0.03	67	0.03	73
辉瑞公司	美国	0.71	15	1.15	9	0.46	20	0.05	56	0.36	35	0.14	17	0.03	50	0.13	47	0.07	62
日本武田药品株式会社	日本	0.67	16	0.99	11	0.58	15	0.12	39	0.09	76	0.06	43	0.01	70	0.09	53	0.11	52
住友化学株式会社	日本	0.63	17	0.33	24	0.09	59	0.06	55	0.54	21	1.21	5	0.17	34	0.03	68	0.37	38

（续表）

机构	所属国家	八大领域		动物疫病防控		农业生物技术		作物种质资源与育种		动物养殖与管理		作物有害生物防控		农业机械装备		动物营养与饲料		植物营养与肥料	
		得分	排名	得分	排名	得分	排名	得分	排名	得分	排名	得分	排名	得分	排名	得分	排名	得分	排名
久保田株式会社	日本	0.61	18	0.00	109	0.00	100	0.00	98	0.29	43	0.00	99	2.44	2	0.00	101	0.00	92
宾夕法尼亚大学	美国	0.60	19	1.19	7	0.86	10	0.10	42	0.04	89	0.04	51	0.00	89	0.00	101	0.00	90
赛默飞世尔科技公司	美国	0.57	20	0.12	37	0.35	26	0.75	6	0.07	82	0.01	76	0.00	90	0.02	69	0.03	73
哈佛大学	美国	0.57	21	0.45	19	0.57	16	0.30	15	0.10	71	0.03	58	0.00	97	0.02	71	0.01	85
安进公司	美国	0.53	22	0.75	12	0.79	13	0.04	60	0.28	45	0.01	71	0.01	74	0.09	51	0.04	69
新基医药/赛尔基因	美国	0.51	23	1.04	10	0.21	36	0.10	43	0.01	103	0.08	31	0.00	99	0.00	91	0.00	92
凯斯纽荷兰公司	美国	0.48	24	0.00	99	0.00	104	0.00	99	0.07	80	0.00	109	1.80	3	0.00	101	0.01	87
斯坦福大学	美国	0.47	25	0.68	13	0.50	19	0.26	18	0.76	10	0.02	65	0.00	102	0.00	101	0.00	92
洋马株式会社	日本	0.47	26	0.00	109	0.00	106	0.00	99	0.13	62	0.00	114	1.67	5	0.00	101	0.00	92
法国国家科学研究中心	法国	0.45	27	0.40	22	0.51	18	0.26	17	0.16	58	0.06	40	0.00	85	0.07	54	0.04	71
默克集团	德国	0.41	28	0.33	25	0.35	25	0.11	40	0.02	101	0.05	45	0.00	102	0.01	86	0.00	90
井关农机株式会社	日本	0.39	29	0.00	109	0.00	106	0.00	99	0.34	39	0.00	114	1.77	4	0.01	85	0.00	92
皇家帝斯曼集团	荷兰	0.38	30	0.20	33	0.37	23	0.04	61	0.09	74	0.05	46	0.00	86	2.12	1	0.25	42
雅培公司	美国	0.38	31	0.24	29	0.19	37	0.29	16	0.19	53	0.03	57	0.04	45	0.18	44	0.22	43
得克萨斯大学	美国	0.34	32	0.64	14	0.30	28	0.10	41	0.18	55	0.06	41	0.02	54	0.05	60	0.02	80
浙江大学	中国	0.34	33	0.09	41	0.29	30	0.21	20	0.71	12	0.08	34	0.17	33	0.63	14	0.56	30
中国农业大学	中国	0.33	34	0.04	58	0.27	32	0.20	22	0.70	13	0.12	21	0.37	15	0.40	29	0.43	35

（续表）

机构	所属国家	八大领域		动物疫病防控		农业生物技术		作物种质资源与育种		动物养殖与管理		作物有害生物防控		农业机械装备		动物营养与饲料		植物营养与肥料	
		得分	排名	得分	排名	得分	排名	得分	排名	得分	排名	得分	排名	得分	排名	得分	排名	得分	排名
麻省理工学院	美国	0.32	35	0.44	20	0.37	24	0.14	32	0.27	47	0.02	63	0.01	77	0.00	101	0.10	53
美国爱科集团	美国	0.32	36	0.00	108	0.00	106	0.00	99	0.37	33	0.00	102	1.14	6	0.01	86	0.00	92
法国国家健康与医学研究院	法国	0.31	37	0.48	17	0.40	21	0.17	28	0.10	67	0.01	72	0.00	110	0.00	94	0.00	92
江南大学	中国	0.31	38	0.06	50	0.52	17	0.05	58	0.01	106	0.02	59	0.00	92	0.35	36	0.11	51
Illumina 公司	美国	0.31	39	0.00	93	0.17	43	0.54	10	0.00	113	0.00	110	0.00	110	0.00	101	0.00	92
韩国农村振兴厅	韩国	0.29	40	0.07	49	0.31	27	0.33	14	0.50	24	0.07	36	0.07	43	0.66	12	0.09	55
黄海水产研究所	中国	0.27	41	0.04	56	0.12	51	0.09	45	3.00	1	0.01	83	0.02	66	1.11	6	0.03	75
江苏省农业科学院	中国	0.26	42	0.05	52	0.17	42	0.16	31	0.34	40	0.09	29	0.17	35	0.25	38	0.89	14
韩国高等科学技术学院	韩国	0.25	43	0.10	40	0.23	33	0.20	23	0.57	17	0.01	77	0.02	57	0.16	45	0.02	82
首尔大学	韩国	0.25	44	0.21	32	0.28	31	0.20	21	0.21	50	0.02	66	0.02	63	0.19	43	0.02	84
河南中烟工业有限责任公司	中国	0.23	45	0.00	99	0.11	53	0.10	44	0.40	30	0.10	26	0.27	19	0.19	42	1.45	5
梅里埃研究所	法国	0.23	46	0.08	45	0.13	47	0.33	13	0.00	113	0.00	101	0.00	100	0.00	101	0.02	83
华南农业大学	中国	0.23	47	0.05	53	0.17	44	0.14	33	0.45	26	0.09	30	0.22	29	0.40	30	0.68	20
广西大学	中国	0.23	48	0.04	59	0.08	62	0.05	57	0.27	46	0.08	32	0.26	22	0.44	24	0.99	12
美国约翰霍普金斯大学	美国	0.22	49	0.41	21	0.19	38	0.18	26	0.10	68	0.02	67	0.00	87	0.01	78	0.04	70
华中农业大学	中国	0.22	50	0.04	54	0.23	35	0.17	29	0.44	28	0.05	47	0.17	32	0.36	33	0.42	36

（续表）

机构	所属国家	八大领域		动物疫病防控		农业生物技术		作物种质资源与育种		动物养殖与管理		作物有害生物防控		农业机械装备		动物营养与饲料		植物营养与肥料	
		得分	排名	得分	排名	得分	排名	得分	排名	得分	排名	得分	排名	得分	排名	得分	排名	得分	排名
东京大学	日本	0.21	51	0.31	26	0.23	34	0.17	27	0.41	29	0.02	61	0.00	108	0.10	50	0.00	92
深圳华大基因	中国	0.21	52	0.09	42	0.17	41	0.35	12	0.06	84	0.01	85	0.01	72	0.26	37	0.07	63
山东省农业机械科学研究所	中国	0.20	53	0.01	79	0.10	56	0.13	37	0.32	42	0.10	27	0.18	31	0.37	31	0.89	13
克拉斯集团	德国	0.20	54	0.00	109	0.00	106	0.00	99	0.00	113	0.00	114	0.86	7	0.01	81	0.00	92
韩国生物科学与生物技术研究所	韩国	0.20	55	0.13	36	0.29	29	0.13	36	0.16	60	0.03	53	0.02	59	0.36	34	0.03	72
南京农业大学	中国	0.19	56	0.03	70	0.19	39	0.18	25	0.12	64	0.07	37	0.10	41	0.22	39	0.68	19
胡斯华纳集团	瑞典	0.19	57	0.00	96	0.00	99	0.00	99	0.01	107	0.00	114	0.76	8	0.00	101	0.00	92
江苏大学	中国	0.18	58	0.03	64	0.06	68	0.03	65	0.45	27	0.01	75	0.39	14	0.06	56	0.03	79
四川农业大学	中国	0.17	59	0.03	66	0.12	49	0.13	35	0.24	48	0.04	49	0.10	39	0.58	15	0.32	41
杜克大学	美国	0.17	60	0.34	23	0.14	46	0.07	51	0.05	88	0.01	74	0.01	80	0.00	95	0.00	92
伯乐生命医学产品公司	美国	0.17	61	0.01	83	0.10	54	0.24	19	0.02	102	0.00	97	0.00	110	0.00	101	0.08	57
哥伦比亚大学	美国	0.17	62	0.24	30	0.12	52	0.14	34	0.00	113	0.04	48	0.00	110	0.00	101	0.01	89
硕腾公司	美国	0.15	63	0.19	35	0.10	55	0.03	66	0.50	25	0.04	50	0.00	110	0.02	75	0.00	92
伦敦大学	英国	0.15	64	0.28	27	0.18	40	0.06	53	0.07	81	0.01	80	0.00	110	0.01	82	0.00	92
青岛农业大学	中国	0.15	65	0.04	55	0.07	63	0.04	62	0.37	34	0.06	42	0.16	37	0.48	21	0.51	32
湖南农业大学	中国	0.15	66	0.01	85	0.06	67	0.06	54	0.18	54	0.06	44	0.21	30	0.49	20	0.60	27

（续表）

机构	所属国家	八大领域		动物疫病防控		农业生物技术		作物种质资源与育种		动物养殖与管理		作物有害生物防控		农业机械装备		动物营养与饲料		植物营养与肥料	
		得分	排名	得分	排名	得分	排名	得分	排名	得分	排名	得分	排名	得分	排名	得分	排名	得分	排名
希乐克公司	美国	0.14	67	0.02	72	0.05	70	0.00	92	0.00	113	0.00	102	0.00	110	0.42	27	0.00	92
双胞胎（集团）股份有限公司	美国	0.14	67	0.00	97	0.00	94	0.00	99	0.04	93	0.00	114	0.00	110	0.41	28	0.00	92
中国中化集团公司	中国	0.14	69	0.01	82	0.04	75	0.03	68	0.04	91	0.24	12	0.03	52	0.04	62	0.74	17
山东农业大学	中国	0.14	70	0.03	68	0.09	60	0.09	47	0.20	52	0.04	52	0.22	26	0.04	63	0.56	31
浙江海洋大学	中国	0.13	71	0.04	57	0.04	73	0.02	78	1.43	2	0.01	86	0.02	62	0.37	32	0.06	65
艺康集团	美国	0.13	72	0.06	51	0.01	86	0.02	75	0.20	51	0.19	15	0.01	83	0.01	82	0.12	50
中国国家电网公司	中国	0.13	73	0.01	84	0.01	82	0.01	80	1.08	5	0.02	62	0.04	48	0.05	59	0.21	44
利乐集团	瑞士	0.13	74	0.02	73	0.00	92	0.00	96	0.79	7	0.01	79	0.00	100	0.01	82	0.00	92
匹兹堡大学	美国	0.13	75	0.24	28	0.15	45	0.04	63	0.06	83	0.03	54	0.00	88	0.00	92	0.00	92
中山大学	中国	0.13	76	0.12	38	0.12	50	0.09	46	0.37	32	0.02	69	0.01	68	0.44	25	0.16	46
东北农业大学	中国	0.12	77	0.03	63	0.09	57	0.05	59	0.11	66	0.02	70	0.24	23	0.19	41	0.40	37
科氏工业公司	美国	0.12	78	0.01	80	0.06	66	0.02	77	0.08	79	0.02	68	0.01	69	0.02	70	1.01	11
陕西美邦农药有限公司	中国	0.12	79	0.00	103	0.00	106	0.00	99	0.00	113	0.33	6	0.00	106	0.00	101	0.00	92
广东中迅农科股份有限公司	中国	0.12	80	0.00	109	0.00	106	0.00	99	0.00	113	0.31	7	0.01	76	0.00	101	0.15	48
富美实公司	美国	0.12	81	0.03	60	0.01	84	0.00	86	0.08	78	0.25	11	0.02	64	0.01	77	0.32	40
日本石原产业株式会社	日本	0.11	82	0.01	86	0.01	88	0.00	87	0.04	90	0.25	10	0.01	78	0.00	101	0.00	92

（续表）

机构	所属国家	八大领域		动物疫病防控		农业生物技术		作物种质资源与育种		动物养殖与管理		作物有害生物防控		农业机械装备		动物营养与饲料		植物营养与肥料	
		得分	排名	得分	排名	得分	排名	得分	排名	得分	排名	得分	排名	得分	排名	得分	排名	得分	排名
曹达株式会社	日本	0.11	83	0.03	65	0.00	103	0.00	99	0.03	99	0.22	13	0.01	75	0.02	74	0.03	75
阿玛松公司	德国	0.11	84	0.00	109	0.00	106	0.00	99	0.36	37	0.00	114	0.56	11	0.00	101	0.00	92
玛氏公司	美国	0.11	85	0.07	48	0.02	79	0.02	69	0.16	59	0.01	81	0.00	110	1.69	4	0.00	92
索尔维有限公司	比利时	0.10	86	0.03	67	0.01	83	0.00	94	0.04	92	0.11	22	0.04	47	0.02	72	0.63	25
贵州大学	中国	0.10	87	0.01	81	0.03	76	0.03	67	0.22	49	0.08	33	0.07	44	0.06	58	0.87	15
龙灯集团有限公司	加拿大	0.10	88	0.01	91	0.00	106	0.00	99	0.00	111	0.00	114	0.03	51	0.00	101	0.08	58
三井化学株式会社	日本	0.10	89	0.02	75	0.05	69	0.01	81	0.01	104	0.10	28	0.01	71	0.05	61	0.03	78
山东新希望六合集团有限公司	中国	0.10	90	0.07	47	0.00	101	0.00	93	0.09	77	0.00	93	0.00	110	2.07	2	0.00	92
庄臣父子公司	美国	0.09	91	0.01	87	0.00	106	0.00	99	0.00	113	0.03	55	0.00	110	0.00	101	0.00	92
日产化学株式会社	日本	0.09	92	0.07	46	0.07	65	0.01	79	0.01	105	0.10	23	0.00	105	0.01	88	0.00	92
河南科技大学	中国	0.09	93	0.02	78	0.04	74	0.02	70	0.09	73	0.03	56	0.10	40	0.43	26	0.15	49
山东理工大学	中国	0.09	94	0.00	98	0.00	98	0.00	85	0.09	72	0.00	90	0.26	21	0.00	101	0.06	64
布赫工业集团	瑞士	0.08	95	0.00	109	0.00	106	0.00	99	0.05	86	0.00	114	0.41	12	0.00	101	0.00	92
北京大北农科技集团股份有限公司	中国	0.08	96	0.03	62	0.09	58	0.09	48	0.10	69	0.06	38	0.00	106	0.75	10	0.01	85
莱利公司	荷兰	0.08	97	0.00	109	0.00	106	0.00	99	0.76	9	0.00	114	0.03	49	0.01	80	0.00	92
Beekenkamp Verpakkingen 公司	荷兰	0.08	98	0.00	106	0.08	61	0.19	24	0.00	113	0.00	114	0.01	81	0.00	90	0.00	92

（续表）

机构	所属国家	八大领域		动物疫病防控		农业生物技术		作物种质资源与育种		动物养殖与管理		作物有害生物防控		农业机械装备		动物营养与饲料		植物营养与肥料	
		得分	排名	得分	排名	得分	排名	得分	排名	得分	排名	得分	排名	得分	排名	得分	排名	得分	排名
嘉吉公司	美国	0.08	99	0.02	76	0.07	64	0.02	72	0.01	108	0.00	88	0.00	110	0.53	18	0.06	66
Kymab 公司	英国	0.08	100	0.08	43	0.13	48	0.02	76	0.78	8	0.00	110	0.00	110	0.00	101	0.00	92
香港中文大学	中国	0.07	101	0.02	77	0.02	77	0.16	30	0.00	113	0.00	98	0.00	84	0.00	101	0.03	77
山东胜伟园林科技有限公司	中国	0.07	102	0.00	109	0.00	95	0.00	99	0.03	98	0.02	60	0.23	24	0.01	89	1.45	4
宝时得科技有限公司	中国	0.07	103	0.01	92	0.00	90	0.00	88	0.09	75	0.00	95	0.22	28	0.03	66	0.00	92
日本旭电化工株式会社	日本	0.07	104	0.08	44	0.01	85	0.00	91	0.03	97	0.13	19	0.00	95	0.00	99	0.00	92
牧田株式会社	日本	0.07	105	0.00	109	0.00	106	0.00	99	0.04	94	0.00	114	0.26	20	0.00	101	0.00	92
潍坊润优荣经贸有限公司	中国	0.07	106	0.00	109	0.00	102	0.00	83	0.05	87	0.01	78	0.16	36	0.03	65	0.64	24
浙江理工大学	中国	0.07	107	0.01	88	0.02	78	0.02	73	0.02	100	0.01	73	0.22	27	0.00	95	0.09	54
上海海洋大学	中国	0.06	108	0.02	74	0.04	72	0.02	71	0.56	20	0.01	82	0.00	93	0.13	48	0.00	92
蓝多湖公司	美国	0.05	109	0.03	69	0.04	71	0.04	64	0.10	70	0.01	84	0.02	65	0.58	16	0.06	67
通威股份有限公司	中国	0.05	110	0.00	95	0.01	87	0.00	84	0.28	44	0.00	105	0.00	110	0.81	9	0.00	92
Dawn Equipment 公司	美国	0.05	111	0.00	109	0.00	106	0.00	99	0.00	113	0.00	114	0.27	18	0.00	101	0.00	92
雪印惠乳业株式会社	日本	0.05	112	0.03	61	0.01	81	0.00	90	0.00	113	0.00	100	0.00	110	0.46	22	0.00	92
大日本除虫菊株式会社	日本	0.05	113	0.00	105	0.00	96	0.00	99	0.53	22	0.10	25	0.00	110	0.00	101	0.00	92

（续表）

机构	所属国家	八大领域		动物疫病防控		农业生物技术		作物种质资源与育种		动物养殖与管理		作物有害生物防控		农业机械装备		动物营养与饲料		植物营养与肥料	
		得分	排名	得分	排名	得分	排名	得分	排名	得分	排名	得分	排名	得分	排名	得分	排名	得分	排名
KINZE 公司	美国	0.05	114	0.00	109	0.00	106	0.00	99	0.00	113	0.00	114	0.27	17	0.00	101	0.00	92
陕西上格之路生物科学有限公司	中国	0.04	115	0.00	109	0.00	106	0.00	99	0.00	113	0.12	20	0.00	104	0.00	101	0.05	68
浙江省海洋水产研究所	中国	0.04	116	0.00	109	0.00	93	0.00	89	0.57	18	0.00	102	0.00	110	0.06	55	0.00	92
无线电系统公司	美国	0.04	117	0.00	102	0.00	106	0.00	99	0.62	15	0.00	114	0.00	110	0.00	101	0.00	92
深圳八方纵横生态技术有限公司	中国	0.04	118	0.00	109	0.00	91	0.00	96	0.00	113	0.00	92	0.02	60	0.00	95	1.59	3
成都新柯力化工科技有限公司	中国	0.04	119	0.00	106	0.00	105	0.00	95	0.00	110	0.00	94	0.02	56	0.00	95	1.38	6
青岛嘉瑞生物技术有限公司	中国	0.04	120	0.01	90	0.00	97	0.00	99	0.03	95	0.00	91	0.00	110	0.49	19	0.19	45
柳州市天姿园艺有限公司	中国	0.04	121	0.00	109	0.01	89	0.02	74	0.00	113	0.02	64	0.01	73	0.00	101	0.67	22
安徽万利生态园林景观有限公司	中国	0.04	122	0.00	109	0.00	106	0.00	99	0.12	65	0.00	108	0.00	108	0.06	57	1.03	10
Woodstream 公司	美国	0.03	123	0.00	94	0.00	106	0.00	99	0.58	16	0.00	89	0.00	110	0.00	101	0.01	88
小林工业株式会社	日本	0.03	124	0.00	109	0.00	106	0.00	99	0.00	113	0.00	114	0.22	25	0.00	101	0.00	92
美国道科制造有限公司	美国	0.03	125	0.00	109	0.00	106	0.00	99	0.57	19	0.00	114	0.00	110	0.00	101	0.00	92
四环医药控股集团	中国	0.03	126	0.01	89	0.00	106	0.00	99	0.00	113	0.00	105	0.00	110	0.01	79	1.10	9
DCM DAIKI 公司	日本	0.03	127	0.00	109	0.00	106	0.00	99	0.51	23	0.00	110	0.00	110	0.00	101	0.00	92

（续表）

机构	所属国家	八大领域		动物疫病防控		农业生物技术		作物种质资源与育种		动物养殖与管理		作物有害生物防控		农业机械装备		动物营养与饲料		植物营养与肥料	
		得分	排名	得分	排名	得分	排名	得分	排名	得分	排名	得分	排名	得分	排名	得分	排名	得分	排名
中粮集团有限公司	中国	0.03	128	0.00	104	0.02	80	0.00	82	0.03	96	0.00	96	0.00	91	0.45	23	0.08	60
青岛悦邦达机械有限公司	中国	0.02	129	0.00	109	0.00	106	0.00	99	0.00	113	0.00	114	0.00	110	0.54	17	0.00	92
挪威雅苒国际有限公司	挪威	0.02	130	0.00	109	0.00	106	0.00	99	0.00	109	0.00	114	0.01	82	0.03	64	0.57	29
郑州市沃田配肥站	中国	0.02	131	0.00	109	0.00	106	0.00	99	0.00	113	0.00	114	0.00	110	0.00	101	0.77	16
长沙瑞多康生物科技有限公司	中国	0.02	132	0.03	71	0.00	106	0.00	99	0.00	113	0.00	114	0.00	110	0.67	11	0.00	92
青岛嘉禾丰肥业有限公司	中国	0.02	133	0.00	109	0.00	106	0.00	99	0.00	111	0.00	114	0.03	53	0.00	99	0.66	23
安徽省司尔特肥业股份有限公司	中国	0.02	134	0.00	109	0.00	106	0.00	99	0.00	113	0.00	107	0.00	94	0.00	101	0.67	21
青岛海益诚管理技术有限公司	中国	0.01	135	0.00	109	0.00	106	0.00	99	0.00	113	0.00	87	0.00	110	0.00	101	0.57	28
史丹利肥料有限公司	中国	0.01	136	0.00	109	0.00	106	0.00	99	0.00	113	0.00	114	0.00	98	0.00	101	0.62	26
桂林洁宇环保科技有限责任公司	中国	0.01	137	0.00	109	0.00	106	0.00	99	0.00	113	0.00	114	0.00	110	0.00	101	0.69	18

• 动物营养与饲料技术领域，专利竞争力指数最高的机构是皇家帝斯曼集团（荷兰），山东新希望六合集团有限公司、陶氏杜邦（美国）和玛氏公司分别排名第二位至第四位，中国农业科学院、黄海水产研究所和中国科学院分别排名第五位至第七位。

• 植物营养与肥料技术领域，中国几乎包揽了专利竞争力指数排名 Top10 的机构，其中，中国农业科学院排名第一，中国科学院、深圳八方纵横生态技术有限公司、山东胜伟园林科技有限公司、河南中烟工业有限责任公司分别排名第二到第五位。专利竞争力指数 Top10 机构中，中国入选机构数量最多（8 家），德国 1 家（巴斯夫公司居第七位），美国 1 家（陶氏杜邦公司居第八位）。

（3）八大技术领域中国优势机构专利竞争力分析

进入中国优势机构专利竞争力 Top10 的机构，中国科学院居第一位，中国农业科学院居第二位，中国化工集团居第三位。

为了更详尽地了解分析中国各技术领域竞争实力强且有表现特色的机构的专利竞争力，将各技术领域中专利竞争力表现出色的 Top10 中国机构汇总去重，以此作为专利竞争力分析的中国机构对象集合，共得到 45 个机构。本书将八大技术领域的国内优势机构的具体表现以得分和排名的形式进行了展示，详见表 3-5。

从八大技术领域中国机构专利竞争力指数来看（表 3-5），中国科学院和中国农业科学院竞争力排名分列第一和第二位。中国科学院和中国农业科学院在 8 个技术领域均进入中国机构 Top5，两家科研机构在各技术领域的优势明显。

动物疫病防控技术领域，专利竞争力指数排名前五的机构依次是中国科学院、台湾“中央研究院”、中国农业科学院、复旦大学和中山大学，专利竞争力指数分别是 0. 60、0. 19、0. 19、0. 12 和 0. 12。

• 农业生物技术技术领域，专利竞争力指数排名前三的机构依次是中国科学院、中国农业科学院和江南大学，专利竞争力指数分别是 1. 30、0. 91、0. 52。

• 作物种质资源与育种技术领域，专利竞争力指数排名前五的机构依次是中国科学院、台湾“中央研究院”、中国农业科学院、复旦大学和中山大学，专利竞争力指数分别是 0. 85、0. 85、0. 50、0. 35 和 0. 21。

• 动物养殖与管理技术领域，专利竞争力指数排名前五的机构依次是黄海水产研究所、浙江海洋大学、中国科学院、中国农业科学院和中国国家电网公司，专利竞争力指数分别是 3. 00、1. 43、1. 33、1. 26 和 1. 08。

• 作物有害生物防控技术领域，专利竞争力指数排名前五的机构依次是中国科学院、台湾“中央研究院”、中国农业科学院、复旦大学和中山大学，专利竞争力指数分别是 1. 37、0. 33、0. 31、0. 30 和 0. 24。

表 3-5 农业各技术领域中国优势机构专利竞争力指数

机构	八大领域		动物疫病防控		农业生物技术		作物种质资源与育种		动物养殖与管理		作物有害生物防控		农业机械装备		动物营养与饲料		植物营养与肥料	
	得分	排名	得分	排名	得分	排名	得分	排名	得分	排名	得分	排名	得分	排名	得分	排名	得分	排名
中国科学院	1.20	1	0.60	1	1.30	1	0.85	1	1.33	3	1.37	1	0.41	2	0.95	4	2.96	1
中国农业科学院	0.90	2	0.19	3	0.91	2	0.50	3	1.26	4	0.31	3	0.72	1	1.41	2	2.66	2
中国化工集团	0.84	3	0.11	6	0.39	4	0.20	6	0.17	20	0.20	6	0.09	17	0.36	18	1.45	5
浙江大学	0.34	4	0.10	8	0.29	5	0.17	8	0.71	6	0.12	9	0.17	13	0.63	8	1.10	7
中国农业大学	0.33	5	0.04	17	0.27	6	0.09	17	0.70	7	0.02	21	0.37	4	0.40	13	0.40	18
江南大学	0.31	6	0.03	24	0.52	3	0.05	23	0.01	34	0.01	30	0.00	32	0.35	19	0.08	26
黄海水产研究所	0.27	7	0.01	29	0.12	17	0.02	28	3.00	1	0.00	35	0.02	25	1.11	3	0.05	31
江苏省农业科学院	0.26	8	0.03	21	0.17	11	0.05	21	0.34	15	0.02	25	0.17	14	0.25	21	0.16	22
河南中烟工业有限责任公司	0.23	9	0.09	11	0.11	18	0.14	12	0.40	13	0.08	14	0.27	5	0.19	24	0.89	11
华南农业大学	0.23	10	0.00	37	0.17	12	0.00	36	0.45	10	0.00	43	0.22	10	0.40	14	0.00	37
广西大学	0.23	11	0.05	14	0.08	22	0.13	14	0.27	18	0.05	18	0.26	7	0.44	11	0.56	15
华中农业大学	0.22	12	0.04	19	0.23	7	0.09	19	0.44	12	0.02	23	0.17	12	0.36	17	0.32	20
深圳华大基因	0.21	13	0.04	16	0.17	10	0.10	16	0.06	29	0.04	20	0.01	27	0.26	20	0.42	17
山东省农业机械科学研究所	0.20	14	0.05	15	0.10	19	0.12	15	0.32	16	0.05	19	0.18	11	0.37	15	0.43	16
南京农业大学	0.19	15	0.04	18	0.19	9	0.09	18	0.12	21	0.02	22	0.10	16	0.22	22	0.36	19
上海交通大学	0.19	16	0.10	7	0.21	8	0.18	7	0.11	24	0.12	8	0.05	18	0.10	26	1.38	6
江苏大学	0.18	17	0.03	25	0.06	24	0.04	24	0.45	11	0.01	31	0.39	3	0.06	28	0.07	28
四川农业大学	0.17	18	0.01	33	0.12	14	0.00	31	0.24	19	0.00	38	0.10	15	0.58	9	0.03	33

（续表）

机构	八大领域		动物疫病防控		农业生物技术		作物种质资源与育种		动物养殖与管理		作物有害生物防控		农业机械装备		动物营养与饲料		植物营养与肥料	
	得分	排名	得分	排名	得分	排名	得分	排名	得分	排名	得分	排名	得分	排名	得分	排名	得分	排名
中国中化集团公司	0.14	19	0.03	23	0.04	28	0.05	22	0.04	30	0.01	28	0.03	21	0.04	31	0.15	24
台湾“中央研究院”	0.14	20	0.19	2	0.16	13	0.85	2	0.02	33	0.33	2	0.00	38	0.02	32	0.00	37
浙江海洋大学	0.13	21	0.00	34	0.04	27	0.00	32	1.43	2	0.00	39	0.02	24	0.37	16	0.03	35
中国国家电网公司	0.13	22	0.00	35	0.01	30	0.00	33	1.08	5	0.00	40	0.04	19	0.05	30	0.01	36
中山大学	0.13	23	0.12	5	0.12	15	0.21	5	0.37	14	0.24	5	0.01	26	0.44	12	1.45	4
东北农业大学	0.12	24	0.02	27	0.09	20	0.03	26	0.11	25	0.01	33	0.24	8	0.19	23	0.06	30
陕西美邦农药有限公司	0.12	25	0.03	22	0.00	39	0.00	37	0.00	40	0.01	26	0.00	35	0.00	42	0.00	37
广东中迅农科股份有限公司	0.12	26	0.00	39	0.00	39	0.00	37	0.00	40	0.01	27	0.01	28	0.00	42	0.16	23
复旦大学	0.11	27	0.12	4	0.12	16	0.35	4	0.11	23	0.30	4	0.01	29	0.01	34	1.59	3
龙灯集团有限公司	0.10	28	0.00	38	0.00	38	0.00	37	0.00	37	0.13	7	0.03	20	0.00	40	0.08	27
山东新希望六合集团有限公司	0.10	29	0.02	28	0.00	36	0.02	27	0.09	28	0.00	34	0.00	38	2.07	1	0.00	37
山东理工大学	0.09	30	0.03	26	0.00	35	0.03	25	0.09	27	0.01	32	0.26	6	0.00	40	0.06	29
北京大北农科技集团股份有限公司	0.08	31	0.01	31	0.09	21	0.01	30	0.10	26	0.00	37	0.00	35	0.75	6	0.03	32
香港中文大学	0.07	32	0.04	20	0.02	29	0.06	20	0.00	38	0.02	24	0.01	30	0.00	42	0.21	21
山东胜伟园林科技有限公司	0.07	33	0.00	39	0.00	34	0.00	37	0.03	31	0.09	13	0.23	9	0.01	37	0.89	10
武汉大学	0.07	34	0.09	10	0.06	23	0.16	10	0.03	32	0.10	11	0.00	31	0.01	36	1.03	8
上海海洋大学	0.06	35	0.00	36	0.04	26	0.00	35	0.56	9	0.00	41	0.00	33	0.13	25	0.00	37

（续表）

机构	八大领域		动物疫病防控		农业生物技术		作物种质资源与育种		动物养殖与管理		作物有害生物防控		农业机械装备		动物营养与饲料		植物营养与肥料	
	得分	排名	得分	排名	得分	排名	得分	排名	得分	排名	得分	排名	得分	排名	得分	排名	得分	排名
通威股份有限公司	0.05	36	0.01	30	0.01	31	0.01	29	0.28	17	0.00	36	0.00	38	0.81	5	0.00	37
陕西上格之路生物科学有限公司	0.04	37	0.00	39	0.00	39	0.00	37	0.00	40	0.01	29	0.00	34	0.00	42	0.11	25
浙江省海洋水产研究所	0.04	38	0.00	39	0.00	33	0.00	34	0.57	8	0.00	41	0.00	38	0.06	27	0.00	37
深圳八方纵横生态技术有限公司	0.04	39	0.00	39	0.00	32	0.16	11	0.00	40	0.09	12	0.02	23	0.00	38	0.99	9
成都新柯力化工科技有限公司	0.04	40	0.07	12	0.00	37	0.13	13	0.00	36	0.08	15	0.02	22	0.00	38	0.74	12
安徽万利生态园林景观有限公司	0.04	41	0.00	39	0.00	39	0.00	37	0.12	22	0.06	17	0.00	37	0.06	29	0.68	14
中国药科大学	0.03	42	0.09	9	0.05	25	0.16	9	0.01	35	0.10	10	0.00	38	0.01	35	0.00	37
四环医药控股集团	0.03	43	0.06	13	0.00	39	0.00	37	0.00	38	0.07	16	0.00	38	0.01	33	0.68	13
青岛悦邦达机械有限公司	0.02	44	0.00	39	0.00	39	0.00	37	0.00	40	0.00	44	0.00	38	0.54	10	0.03	34
长沙瑞多康生物科技有限公司	0.02	45	0.01	32	0.00	39	0.00	37	0.00	40	0.00	44	0.00	38	0.67	7	0.00	37

• 农业机械装备技术领域，专利竞争力指数排名前五的机构依次是中国农业科学院、中国科学院、江苏大学、中国农业大学和河南中烟工业有限责任公司，专利竞争力指数分别是0.72、0.41、0.39、0.37和0.27。

• 动物营养与饲料技术领域，专利竞争力指数排名前五的机构依次是山东新希望六合集团有限公司、中国农业科学院、黄海水产研究所、中国科学院和通威股份有限公司，专利竞争力指数分别是2.07、1.41、1.11、0.95和0.81。

• 植物营养与肥料技术领域，专利竞争力指数排名前五的机构依次是中国科学院、中国农业科学院、复旦大学、中山大学和中国化工集团，专利竞争力指数分别是2.96、2.66、1.59、1.45和1.45。

3.2.2 动物疫病防控技术领域专利竞争力指数分析

美国总体表现最佳，中国技术保护力“软肋问题”凸显。

动物疫病防控技术领域，美国的专利竞争力指数排名第一，领先优势明显，属于第一梯队（竞争力指数大于3）。瑞士位列第二，属于第二梯队（竞争力指数为1~2）。第三梯队（竞争力指数小于1）有20个国家，依次为法国、英国、德国、日本、挪威、瑞典、中国、澳大利亚、荷兰、加拿大、以色列、西班牙、丹麦、韩国、意大利、比利时、印度、波兰、墨西哥和巴西（表3-6）。

在技术生产力方面，美国、中国和日本排名前三，专利公开量分别为109299件、35798件和20301件；分别占该领域总专利公开量（268007件）的40.78%、13.36%和7.57%。另外，还有5个专利公开量大于10000件的国家，依次为瑞士、韩国、德国、英国和法国，分列第四至第八位。

在技术影响力方面，美国、中国和瑞士排名前三，总被引频次分别为112235次、21735次和17212次，其专利被引表现高于22国平均水平。另外，还有4个国家专利总被引频次大于5000次，依次为日本、英国、法国和德国，分列第四至第七位。

在技术认可度方面，美国发明专利授权量（36398件）位居22国第一，领先优势明显。中国（9989件）和日本（8423件）位居第二、第三位。从授权率上看，22国该领域的平均专利授权率33.84%。日本的发明专利授权率达到41.49%，排名第一，意大利（41.10%）和韩国（40.06%）分列第二、第三位。美国发明专利授权率为33.30%，位居第十四位；中国发明专利授权率为27.90%，在22国中排名第二十一。

在技术保护力方面，瑞士排名第一，专利家族规模为4.65。专利家族规模大于3的国家还有挪威、瑞典、法国、英国、澳大利亚、荷兰、西班牙、丹麦、德国、美国、以色列、加拿大和意大利。中国的专利家族规模为1.24，在22国中排名垫底。

表 3-6 22 国动物疫病防控技术领域专利竞争力指数及排名

国家	专利竞争力指数（一级指标）		技术生产力（二级指标）			技术影响力（二级指标）			技术认可度（二级指标）			技术保护力（二级指标）		
	得分	排名	专利申请量（件）	得分	排名	总被引频次	得分	排名	授权量（件）	得分	排名	专利家族规模	得分	排名
美国	3.56	1	109299	1.00	1	112235	1.00	1	36398	1.00	1	3.14	0.56	11
瑞士	1.49	2	19037	0.17	4	17212	0.15	3	6088	0.17	4	4.65	1.00	1
法国	0.99	3	11795	0.11	8	7295	0.06	6	4220	0.11	7	3.64	0.71	4
英国	0.95	4	11883	0.11	7	7648	0.07	5	4151	0.11	8	3.51	0.67	5
德国	0.86	5	12681	0.11	6	5563	0.05	7	4668	0.13	6	3.18	0.57	10
日本	0.85	6	20301	0.18	3	9604	0.09	4	8423	0.23	3	2.45	0.36	17
挪威	0.82	7	1096	0.01	19	543	0.00	19	390	0.01	19	3.97	0.80	2
瑞典	0.81	8	2665	0.02	16	1207	0.01	14	969	0.02	14	3.81	0.75	3
中国	0.79	9	35798	0.33	2	21735	0.19	2	9989	0.27	2	1.24	0.00	22
澳大利亚	0.72	10	3685	0.03	11	1929	0.02	12	1221	0.03	12	3.44	0.64	6
荷兰	0.72	11	3613	0.03	12	2923	0.03	11	1235	0.03	11	3.39	0.63	7
加拿大	0.69	12	5809	0.05	9	3877	0.03	9	1845	0.05	9	3.12	0.55	13
以色列	0.66	13	4323	0.04	10	3448	0.03	10	1487	0.04	10	3.13	0.56	12
西班牙	0.65	14	2708	0.02	15	1198	0.01	16	907	0.02	15	3.25	0.59	8
丹麦	0.62	15	1791	0.01	17	863	0.01	18	598	0.01	17	3.22	0.58	9
韩国	0.60	16	12693	0.11	5	4895	0.04	8	5085	0.14	5	2.29	0.31	18
意大利	0.60	17	2954	0.02	13	1500	0.01	13	1214	0.03	13	3.05	0.53	14
比利时	0.54	18	1509	0.01	18	914	0.01	17	523	0.01	18	2.98	0.51	15
印度	0.53	19	2801	0.02	14	1201	0.01	15	906	0.02	16	2.86	0.48	16
波兰	0.27	20	299	0.00	22	67	0.00	22	96	0.00	22	2.17	0.27	19
墨西哥	0.14	21	488	0.00	21	84	0.00	21	152	0.00	20	1.69	0.13	20
巴西	0.08	22	779	0.00	20	177	0.00	20	136	0.00	21	1.49	0.07	21

3.2.3 农业生物技术技术领域专利竞争力指数分析

美国和中国处于第一梯队，中国技术保护力亟待加强。

农业生物技术技术领域，美国和中国的专利竞争力指数排名分列第一、第二，属于第一梯队（竞争力指数大于2）。瑞士和德国分列第三、第四，处于第二梯队（竞争力指数为1~2)。第三梯队（竞争力指数小于1）的有18个国家，依次为日本、法国、英国、韩国、荷兰、挪威、澳大利亚、瑞典、加拿大、比利时、丹麦、以色列、西班牙、意大利、印度、波兰、墨西哥和巴西（表3-7）。

在技术生产力方面，美国、中国和日本排名前三，专利公开量分别为99524件、81208件和25553件；分别占该领域总专利公开量（320336件）的31.07%、25.35%和7.98%。另外，还有4个专利公开量大于10000件的国家，依次为韩国、德国、瑞士和法国，分列第四至第七位。

在技术影响力方面，美国、中国和瑞士排名前三，总被引频次分别为97049次、55263次和18131次，其专利被引表现高于22国平均水平。另外，还有5个国家专利总被引频次大于5000次，依次为德国、日本、韩国、法国和英国，分列第四至第八位。

在技术认可度方面，美国发明专利授权量（31891件）位居全球第一，中国（24957件）紧随其后，日本以9869件的发明专利授权量位居第三位。从授权率上看，该领域22国的平均专利授权率为32.92%。韩国的发明专利授权率达到44.20%，排名第一，波兰（40.06%）和日本（38.62%）分列第二、第三位。美国发明专利授权率为32.04%，位居第十二位；中国发明专利授权率为30.73%，在22国中排名第十七。

在技术保护力方面，瑞士排名第一，专利家族规模为4.78。专利家族规模大于3的国家还有挪威、法国、荷兰、英国、瑞典、澳大利亚和比利时。中国的专利家族规模为1.10，在22国中排名垫底。

表3-7 22国农业生物技术技术领域专利竞争力指数及排名

国家	专利竞争力指数（一级指标）		技术生产力（二级指标）			技术影响力（二级指标）			技术认可度（二级指标）			技术保护力（二级指标）		
	得分	排名	专利申请量（件）	得分	排名	总被引频次	得分	排名	授权量（件）	得分	排名	专利家族规模	得分	排名
美国	3.46	1	99524	1.00	1	97049	1.00	1	31891	1.00	1	2.80	0.46	11
中国	2.17	2	81208	0.82	2	55263	0.57	2	24957	0.78	2	1.10	0.00	22
瑞士	1.53	3	18485	0.18	6	18131	0.19	3	5358	0.16	6	4.78	1.00	1
德国	1.02	4	20155	0.20	5	14682	0.15	4	7098	0.22	5	2.76	0.45	13
日本	0.99	5	25553	0.25	3	10249	0.11	5	9869	0.31	3	2.28	0.32	17
法国	0.96	6	11676	0.11	7	7530	0.08	7	3690	0.11	7	3.51	0.65	3
英国	0.84	7	9739	0.09	8	6493	0.07	8	3010	0.09	8	3.25	0.58	5
韩国	0.81	8	20778	0.21	4	8579	0.09	6	9184	0.28	4	1.97	0.24	19
荷兰	0.75	9	5418	0.05	9	4005	0.04	9	1781	0.05	9	3.35	0.61	4

（续表）

国家	专利竞争力指数（一级指标）		技术生产力（二级指标）			技术影响力（二级指标）			技术认可度（二级指标）			技术保护力（二级指标）		
	得分	排名	专利申请量（件）	得分	排名	总被引频次	得分	排名	授权量（件）	得分	排名	专利家族规模	得分	排名
挪威	0.67	10	817	0.00	20	231	0.00	19	292	0.00	19	3.54	0.66	2
澳大利亚	0.67	11	3433	0.03	12	2779	0.03	11	1143	0.03	12	3.22	0.58	7
瑞典	0.62	12	2039	0.02	16	1026	0.01	16	711	0.02	15	3.23	0.58	6
加拿大	0.60	13	5228	0.05	10	3204	0.03	10	1403	0.04	10	2.85	0.48	10
比利时	0.58	14	1915	0.02	18	1451	0.01	13	613	0.01	18	3.06	0.53	8
丹麦	0.55	15	1976	0.02	17	1109	0.01	14	658	0.02	17	2.98	0.51	9
以色列	0.53	16	3675	0.03	11	2229	0.02	12	1196	0.03	11	2.73	0.44	15
西班牙	0.51	17	2278	0.02	14	900	0.01	18	713	0.02	14	2.80	0.46	12
意大利	0.49	18	2109	0.02	15	1008	0.01	17	733	0.02	13	2.74	0.44	14
印度	0.43	19	2347	0.02	13	1047	0.01	15	710	0.02	16	2.50	0.38	16
波兰	0.30	20	357	0.00	22	62	0.00	21	143	0.00	22	2.22	0.30	18
墨西哥	0.12	21	532	0.00	21	50	0.00	22	154	0.00	21	1.53	0.12	20
巴西	0.09	22	1094	0.01	19	173	0.00	20	156	0.00	20	1.40	0.08	21

3.2.4 作物种质资源与育种技术领域专利竞争力指数分析

美国总体领跑，中国紧跟其后。

作物种质资源与育种技术领域，专利竞争力指数方面，美国和中国分列前二，属于第一梯队（竞争力指数大于2）。瑞士、德国和日本处于第二梯队（竞争力指数为1~2）。第三梯队（竞争力指数小于1）有17个国家，依次为法国、英国、韩国、荷兰、挪威、澳大利亚、瑞典、加拿大、比利时、丹麦、以色列、西班牙、意大利、印度、波兰、墨西哥和巴西（表3-8）。

在技术生产力方面，中国、美国和德国排名前三，专利公开量分别为45238件、43191件和10921件；分别占该领域总专利公开量（143116件）的31.61%、30.18%和7.63%。另外，专利公开量大于10000件的国家还有韩国和日本，分别位列第四、第五。

在技术影响力方面，美国、中国和德国排名前三，总被引频次分别为42914次、31688次和11980次，其专利被引表现高于22国平均水平。该领域国家专利总被引频次大于3000次的国家还有韩国和日本，分列位列第四和第五。

在技术认可度方面，美国发明专利授权量（14931 件）位居全球第一。中国（14386 件）和韩国（4862 件）位居第二、第三位。从授权率上看，该领域 22 国的平均专利授权率为 35. 15%。韩国的发明专利授权率达到 46. 13%，排名第一，德国（42. 92%）和丹麦（40. 87%）分列第二、第三位。美国发明专利授权率为 34. 57%，位居第七位；中国发明专利授权率为 31. 80%，在 22 国中排名第十三。

在技术保护力方面，澳大利亚排名第一，专利家族规模为 2. 91。专利家族规模大于 2 的国家还有瑞士、瑞典、荷兰、西班牙、挪威、英国、以色列、法国、比利时、加拿大、丹麦、意大利、美国和德国。中国的专利家族规模为 1. 07，在 22 国中排名垫底。

表 3-8　22 国作物种质资源与育种技术领域专利竞争力指数及排名

国家	专利竞争力指数（一级指标）		技术生产力（二级指标）			技术影响力（二级指标）			技术认可度（二级指标）			技术保护力（二级指标）		
	得分	排名	专利申请量（件）	得分	排名	总被引频次	得分	排名	授权量（件）	得分	排名	专利家族规模	得分	排名
美国	3. 54	1	43191	0. 95	2	42914	1. 00	1	14931	1. 00	1	2. 15	0. 58	14
中国	2. 70	2	45238	1. 00	1	31688	0. 74	2	14386	0. 96	2	1. 07	0. 00	22
瑞士	1. 18	4	4265	0. 09	6	2740	0. 06	7	1399	0. 09	7	2. 79	0. 93	2
德国	1. 38	3	10921	0. 24	3	11980	0. 28	3	4687	0. 31	4	2. 09	0. 55	15
日本	1. 04	6	10077	0. 22	5	3980	0. 09	5	3898	0. 26	5	1. 93	0. 47	16
法国	0. 90	10	3707	0. 08	7	1964	0. 05	9	1448	0. 09	6	2. 33	0. 68	9
英国	0. 94	8	3347	0. 07	8	2955	0. 07	6	1044	0. 07	8	2. 43	0. 74	7
韩国	1. 04	7	10539	0. 23	4	4086	0. 09	4	4862	0. 32	3	1. 78	0. 39	18
荷兰	0. 90	9	2199	0. 05	9	2004	0. 05	8	886	0. 06	9	2. 46	0. 76	4
挪威	0. 75	15	253	0. 00	20	73	0. 00	19	81	0. 00	19	2. 43	0. 74	6
澳大利亚	1. 09	5	1651	0. 03	11	901	0. 02	11	562	0. 04	10	2. 91	1. 00	1
瑞典	0. 79	13	635	0. 01	15	275	0. 01	16	188	0. 01	16	2. 47	0. 76	3
加拿大	0. 77	14	2088	0. 04	10	1403	0. 03	10	485	0. 03	11	2. 30	0. 67	11
比利时	0. 71	16	664	0. 01	14	377	0. 01	14	189	0. 01	15	2. 32	0. 68	10
丹麦	0. 68	17	482	0. 01	18	340	0. 01	15	197	0. 01	14	2. 28	0. 66	12
以色列	0. 79	12	1174	0. 02	12	725	0. 02	12	324	0. 02	12	2. 42	0. 73	8
西班牙	0. 80	11	1001	0. 02	13	599	0. 01	13	273	0. 02	13	2. 46	0. 75	5
意大利	0. 64	18	589	0. 01	16	265	0. 01	17	177	0. 01	17	2. 20	0. 61	13
印度	0. 31	20	492	0. 01	17	115	0. 00	18	158	0. 01	18	1. 61	0. 29	19
波兰	0. 44	19	115	0. 00	22	38	0. 00	21	37	0. 00	22	1. 89	0. 44	17

（续表）

国家	专利竞争力指数（一级指标）		技术生产力（二级指标）			技术影响力（二级指标）			技术认可度（二级指标）			技术保护力（二级指标）		
	得分	排名	专利申请量（件）	得分	排名	总被引频次	得分	排名	授权量（件）	得分	排名	专利家族规模	得分	排名
墨西哥	0.17	21	183	0.00	21	28	0.00	22	42	0.00	21	1.39	0.17	20
巴西	0.13	22	305	0.00	19	57	0.00	20	56	0.00	20	1.31	0.13	21

3.2.5　动物养殖与管理技术领域专利竞争力指数分析

中国总体领跑，美国胶着紧跟，中国技术保护力短板严重。

动物养殖与管理技术领域，中国的专利竞争力指数排名第一，美国胶着紧跟，属于第一梯队（竞争力指数大于2）。荷兰、韩国、日本和瑞典处于第二梯队（竞争力指数为1~2）。第三梯队（竞争力指数小于1）有16个国家，依次为以色列、澳大利亚、丹麦、意大利、法国、德国、瑞士、加拿大、挪威、波兰、比利时、英国、西班牙、印度、墨西哥和巴西（表3-9）。

在技术生产力方面，中国排名第一，专利公开量为46271件，呈现绝对领先优势。美国（16723件）和韩国（7486件）分别位居第二、第三位。3个国家分别占该领域专利公开总量（89888件）的51.48%、18.60%和8.33%。另外，还有6个国家的专利公开量大于1000件，依次为日本、德国、法国、英国、荷兰和加拿大，分列第四至第九位。

在技术影响力方面，中国、美国和韩国位列前三，总被引频次分别为32572次、19424次和4295次，其专利被引表现高于22国平均水平。另外，还有日本和德国2个国家专利总被引频次大于1000次，分列第四、第五位。

在技术认可度方面，中国发明专利授权量（8253件）位居全球第一。美国（5619件）和韩国（3487件）位居第二、第三位。从授权率上看，该领域22国的平均专利授权率为26.78%。韩国的发明专利授权率达到46.58%，法国（44.78%）和日本（41.00%）分列第二、第三位。美国发明专利授权率为33.60%，位居第六位；中国发明专利授权率为17.84%，在22国中排名第二十一位。

在技术保护力方面，荷兰排名第一，专利家族规模为2.34。专利家族规模大于2的国家还有瑞典、以色列、澳大利亚和丹麦。中国的专利家族规模为1.01，在22国中排名第二十一位。

表 3-9　22 国动物养殖与管理技术领域专利竞争力指数及排名

国家	专利竞争力指数（一级指标）		技术生产力（二级指标）			技术影响力（二级指标）			技术认可度（二级指标）			技术保护力（二级指标）		
	得分	排名	专利申请量（件）	得分	排名	总被引频次	得分	排名	授权量（件）	得分	排名	专利家族规模	得分	排名
中国	3.06	1	46271	1.00	1	32572	1.00	1	8253	1.00	1	1.01	0.06	21
美国	2.10	2	16723	0.36	2	19424	0.60	2	5619	0.68	2	1.58	0.46	16
荷兰	1.10	3	1175	0.02	8	709	0.02	8	448	0.05	7	2.34	1.00	1
韩国	1.04	4	7486	0.16	3	4295	0.13	3	3487	0.42	3	1.39	0.32	18
日本	1.03	5	6551	0.14	4	2890	0.09	4	2686	0.32	4	1.61	0.48	15
瑞典	1.00	6	515	0.01	13	261	0.01	14	202	0.02	10	2.29	0.96	2
以色列	0.88	7	416	0.01	14	514	0.02	10	101	0.01	14	2.12	0.85	3
澳大利亚	0.88	8	714	0.01	10	436	0.01	11	162	0.02	13	2.10	0.83	4
丹麦	0.81	9	320	0.01	17	165	0.00	16	71	0.01	17	2.05	0.80	5
意大利	0.78	10	543	0.01	12	239	0.01	15	165	0.02	12	1.98	0.75	6
法国	0.77	11	1724	0.04	6	542	0.02	9	772	0.09	6	1.81	0.62	7
德国	0.73	12	2710	0.06	5	1410	0.04	5	867	0.10	5	1.67	0.53	13
瑞士	0.65	13	579	0.01	11	323	0.01	13	189	0.02	11	1.79	0.61	8
加拿大	0.65	14	1117	0.02	9	777	0.02	6	269	0.03	9	1.74	0.57	12
挪威	0.61	15	397	0.01	16	414	0.01	12	79	0.01	16	1.76	0.59	10
波兰	0.60	16	55	0.00	22	11	0.00	22	10	0.00	22	1.77	0.60	9
比利时	0.60	17	266	0.00	19	112	0.00	18	66	0.01	18	1.75	0.58	11
英国	0.54	18	1333	0.03	7	715	0.02	7	440	0.05	8	1.54	0.43	17
西班牙	0.52	19	302	0.01	18	128	0.00	17	89	0.01	15	1.63	0.50	14
印度	0.33	20	149	0.00	20	59	0.00	19	34	0.00	19	1.38	0.32	19
墨西哥	0.29	21	132	0.00	21	13	0.00	21	32	0.00	20	1.33	0.29	20
巴西	0.01	22	410	0.01	15	59	0.00	19	31	0.00	21	0.93	0.00	22

3.2.6　作物有害生物防控技术领域专利竞争力指数分析

中国领跑，但还需在技术保护力方面下足功夫。

作物有害生物防控技术领域，中国的专利竞争力指数排名第一，美国胶着紧跟，德国位列第三，属于第一梯队（竞争力指数大于 2）。日本位列第四，处于第二梯队（竞争力指数为1~2)。第三梯队（竞争力指数小于1）有18个国家，依次为澳大利亚、挪威、英国、法国、丹麦、瑞士、以色列、加拿大、荷兰、瑞典、西班牙、印度、波兰、意大利、韩国、比利时、巴西和墨西哥（表3-10)。

在技术生产力方面，中国、美国和德国排名前三，专利公开量分别为44750件、27928件和15729件；分别占该领域专利公开总量（114248件）的39.17%、24.45%和13.77%。日本专利公开量也大于10000件，排名第四位。

在技术影响力方面，专利被引表现高于22国平均水平的国家有4个，依次为中国、美国、德国和日本，总被引频次分别为33494次、23610次、8467次和5219次，分别位列22国前四名。另外，还有韩国、英国和瑞士3个国家专利总被引频次大于1000次，分列第五至第七位。

在技术认可度方面，中国发明专利授权量（11472件）位居全球第一，美国（9562件）紧跟其后，德国（4973件）位居第三位。从授权率上看，该领域22国的平均专利授权率为31.18%。丹麦的发明专利授权率达到46.77%，排名第一，瑞典（46.12%）和韩国（45.71%）分列第二、第三位。美国发明专利授权率为34.24%，位居第十三位；中国发明专利授权率为25.64%，在22国中排名第二十位。

在技术保护力方面，德国排名第一，专利家族规模为3.87。专利家族规模大于2.5的国家还有挪威、澳大利亚、美国和日本。中国的专利家族规模为1.12，在22国中排名垫底。

表3-10　22国作物有害生物防控技术领域专利竞争力指数及排名

国家	专利竞争力指数（一级指标）		技术生产力（二级指标）			技术影响力（二级指标）			技术认可度（二级指标）			技术保护力（二级指标）		
	得分	排名	专利申请量（件）	得分	排名	总被引频次	得分	排名	授权量（件）	得分	排名	专利家族规模	得分	排名
中国	3.00	1	44750	1.00	1	33494	1.00	1	11472	1.00	1	1.12	0.00	22
美国	2.70	2	27928	0.62	2	23610	0.70	2	9562	0.83	2	2.60	0.54	4
德国	2.03	3	15729	0.35	3	8467	0.25	3	4973	0.43	3	3.87	1.00	1
日本	1.30	4	11209	0.25	4	5219	0.16	4	4244	0.37	4	2.58	0.53	5
澳大利亚	0.67	5	772	0.01	11	594	0.02	11	267	0.02	11	2.83	0.62	3
挪威	0.64	6	183	0.00	21	69	0.00	20	63	0.00	20	2.86	0.63	2
英国	0.60	7	1810	0.04	7	1166	0.03	6	674	0.06	7	2.41	0.47	7
法国	0.52	8	1821	0.04	6	730	0.02	10	746	0.06	6	2.23	0.40	9
丹麦	0.49	9	201	0.00	20	121	0.00	18	94	0.00	17	2.45	0.48	6

（续表）

国家	专利竞争力指数（一级指标）		技术生产力（二级指标）			技术影响力（二级指标）			技术认可度（二级指标）			技术保护力（二级指标）		
	得分	排名	专利申请量（件）	得分	排名	总被引频次	得分	排名	授权量（件）	得分	排名	专利家族规模	得分	排名
瑞士	0.49	10	1184	0.02	8	1025	0.03	7	478	0.04	8	2.20	0.39	11
以色列	0.47	11	727	0.01	12	763	0.02	9	255	0.02	12	2.26	0.41	8
加拿大	0.46	12	942	0.02	10	788	0.02	8	273	0.02	10	2.22	0.40	10
荷兰	0.40	13	591	0.01	13	404	0.01	12	208	0.01	14	2.13	0.37	13
瑞典	0.38	14	219	0.00	19	82	0.00	19	101	0.01	16	2.15	0.37	12
西班牙	0.38	15	549	0.01	15	164	0.00	15	172	0.01	15	2.10	0.35	14
印度	0.36	16	1010	0.02	9	298	0.01	13	329	0.03	9	1.96	0.31	16
波兰	0.34	17	130	0.00	22	30	0.00	22	39	0.00	22	2.06	0.34	15
意大利	0.33	18	557	0.01	14	169	0.00	14	214	0.02	13	1.95	0.30	17
韩国	0.33	19	2750	0.06	5	1192	0.03	5	1257	0.11	5	1.47	0.13	19
比利时	0.29	20	304	0.00	18	161	0.00	16	85	0.00	18	1.90	0.28	18
巴西	0.12	21	536	0.01	16	134	0.00	17	44	0.00	21	1.41	0.11	20
墨西哥	0.11	22	346	0.00	17	67	0.00	21	75	0.00	19	1.39	0.10	21

3.2.7 农业机械装备技术领域专利竞争力指数分析

中国领跑竞争力指数，挪威技术保护力第一。

农业机械装备技术领域，中国的专利竞争力指数排名第一，属于第一梯队（竞争力指数大于2）。美国、日本和瑞典和挪威3个国家处于第二梯队（竞争力指数为1~2）。第三梯队（竞争力指数小于1）有18个国家，依次为德国、法国、加拿大、以色列、丹麦、澳大利亚、荷兰、韩国、意大利、西班牙、英国、波兰、比利时、瑞士、印度、墨西哥和巴西（表3-11）。

在技术生产力方面，中国、美国和日本排名前三，专利公开量分别为43198件、13089件和10896件；分别占该领域专利公开总量（81367件）的53.09%、16.09%和13.39%。另外，还有5个专利公开量大于1000件的国家，依次为德国、韩国、法国、加拿大和瑞典，分列第四至第八位。

在技术影响力方面，中国、美国、日本和德国位列前四，总被引频次分别为34713次、15344次、4454次和3253次，其专利被引表现高于22国平均水平。另外，还有韩国和瑞典2个国家专利总被引频次大于1000次，分列第五至第六位。

在技术认可度方面，中国发明专利授权量（8427件）位居全球第一，领先优势明显。美国（4228件）和日本（4308件）分别为第二位和第三位。从授权率上看，该领域22国的平均专利授权率为26.93%。韩国的发明专利授权率达到48.18%，排名第一，法国（48.14%）和日本（39.54）分列第二、第三位。美国发明专利授权率为32.30%，位居第九位；中国发明专利授权率为19.51%，在22国中排名第二十位。

在技术保护力方面，挪威排名第一，专利家族规模为2.62。专利家族规模大于2的国家还有瑞典、法国和加拿大。中国的专利家族规模仅为1.01，在22国中排名第二十一位。

表3-11 22国农业机械装备技术领域专利竞争力指数及排名

国家	专利竞争力指数（一级指标）		技术生产力（二级指标）			技术影响力（二级指标）			技术认可度（二级指标）			技术保护力（二级指标）		
	得分	排名	专利申请量（件）	得分	排名	总被引频次	得分	排名	授权量（件）	得分	排名	专利家族规模	得分	排名
中国	3.03	1	43198	1.00	1	34713	1.00	1	8427	1.00	1	1.01	0.03	21
美国	1.73	2	13089	0.30	2	15344	0.44	2	4228	0.50	3	1.76	0.48	10
日本	1.34	3	10896	0.25	3	4454	0.13	3	4308	0.51	2	1.70	0.44	11
瑞典	1.09	4	1009	0.02	8	1071	0.03	6	350	0.04	7	2.61	1.00	1
德国	0.94	5	4954	0.11	4	3253	0.09	4	1594	0.19	4	1.86	0.54	8
法国	0.80	6	1454	0.03	6	570	0.02	8	700	0.08	6	2.07	0.67	3
挪威	0.79	7	34	0.00	21	8	0.00	20	13	0.00	20	2.27	0.79	2
加拿大	0.73	8	1119	0.03	7	934	0.03	7	289	0.03	8	2.02	0.64	4
以色列	0.61	9	86	0.00	19	56	0.00	17	20	0.00	19	1.95	0.60	5
丹麦	0.58	10	166	0.00	15	90	0.00	16	53	0.01	14	1.91	0.57	6
澳大利亚	0.57	11	269	0.01	13	185	0.01	11	60	0.01	13	1.88	0.56	7
荷兰	0.56	12	381	0.01	12	212	0.01	10	150	0.02	10	1.84	0.53	9
韩国	0.47	13	2420	0.06	5	1104	0.03	5	1166	0.14	5	1.36	0.24	17
意大利	0.46	14	496	0.01	10	430	0.01	9	183	0.02	9	1.65	0.41	12
西班牙	0.40	15	143	0.00	17	41	0.00	18	50	0.01	15	1.61	0.39	13
英国	0.39	16	400	0.01	11	139	0.00	14	126	0.01	11	1.56	0.36	14
波兰	0.32	17	18	0.00	22	0	0.00	22	4	0.00	22	1.50	0.32	15
比利时	0.32	18	166	0.00	15	93	0.00	15	45	0.00	16	1.47	0.31	16

（续表）

国家	专利竞争力指数（一级指标）		技术生产力（二级指标）			技术影响力（二级指标）			技术认可度（二级指标）			技术保护力（二级指标）		
	得分	排名	专利申请量（件）	得分	排名	总被引频次	得分	排名	授权量（件）	得分	排名	专利家族规模	得分	排名
瑞士	0.22	19	176	0.00	14	169	0.00	12	44	0.00	17	1.30	0.21	18
印度	0.14	20	100	0.00	18	41	0.00	18	11	0.00	21	1.19	0.14	19
墨西哥	0.13	21	74	0.00	20	3	0.00	21	23	0.00	18	1.17	0.13	20
巴西	0.03	22	719	0.02	9	166	0.00	13	71	0.01	12	0.97	0.00	22

3.2.8 动物营养与饲料技术领域专利竞争力指数分析

中国技术生产力22国压倒式领先，但技术保护力为严重短板。

动物营养与饲料技术领域，中国的专利竞争力指数排名第一，领先优势明显，属于第一梯队（竞争力指数大于2）。荷兰紧随其后，处于第二梯队（竞争力指数为1~2）。第三梯队（竞争力指数小于1）的20个国家依次为挪威、瑞典、澳大利亚、美国、丹麦、意大利、以色列、法国、日本、比利时、韩国、英国、德国、加拿大、瑞士、西班牙、墨西哥、波兰、巴西和印度（表3-12）。

在技术生产力方面，中国以39844件的专利公开量排名第一，占该领域专利公开总量（52036件）的76.57%，领先优势十分明显。美国和韩国位列第二、第三，专利公开量分别为4704件和1908件。另外，日本的专利公开量也大于1000件，位列第四。

在技术影响力方面，中国、美国和韩国位列前三，总被引频次分别为41328次、3120次和883次。另外，还有7个国家专利总被引频次大于100次，依次为日本、德国、澳大利亚、英国、荷兰、瑞士和法国，分列第四至第十位。

在技术认可度方面，中国发明专利授权量（4952件）位居全球第一，领先优势明显。美国（1118件）和韩国（835件）位居第二、第三位。从授权率上看，该领域22国的平均专利授权率为16.53%。韩国的发明专利授权率达到43.76%，排名第一，西班牙（38.38%）和日本（37.86%）分列第二、第三位。美国发明专利授权率为23.77%，位居第十四位；中国发明专利授权率为12.43%，在22国中排名第二十一位。

在技术保护力方面，荷兰排名第一，专利家族规模为2.66。专利家族规模大于2的国家还有挪威、瑞典、澳大利亚、丹麦、意大利、以色列和法国。中国的专利家族规模为1.01，在22国中排名垫底。

表 3-12　22 国动物营养与饲料技术领域专利竞争力指数及排名

国家	专利竞争力指数（一级指标）		技术生产力（二级指标）			技术影响力（二级指标）			技术认可度（二级指标）			技术保护力（二级指标）		
	得分	排名	专利申请量（件）	得分	排名	总被引频次	得分	排名	授权量（件）	得分	排名	专利家族规模	得分	排名
中国	3.00	1	39844	1.00	1	41328	1.00	1	4952	1.00	1	1.01	0.00	22
荷兰	1.07	2	782	0.02	5	142	0.00	8	244	0.05	5	2.66	1.00	1
挪威	0.93	3	129	0.00	14	49	0.00	14	34	0.01	15	2.53	0.92	2
瑞典	0.91	4	90	0.00	18	16	0.00	19	24	0.00	17	2.50	0.90	3
澳大利亚	0.91	5	164	0.00	12	179	0.00	6	40	0.01	12	2.48	0.89	4
美国	0.89	6	4704	0.12	2	3120	0.08	2	1118	0.22	2	1.80	0.48	11
丹麦	0.78	7	187	0.00	11	76	0.00	12	43	0.01	11	2.28	0.77	5
意大利	0.73	8	125	0.00	16	45	0.00	15	27	0.00	16	2.19	0.72	6
以色列	0.72	9	59	0.00	20	28	0.00	16	16	0.00	19	2.19	0.71	7
法国	0.68	10	362	0.01	7	104	0.00	10	116	0.02	7	2.08	0.65	8
日本	0.63	11	1672	0.04	4	496	0.01	4	633	0.13	4	1.75	0.45	12
比利时	0.54	12	162	0.00	13	50	0.00	13	35	0.01	14	1.88	0.53	9
韩国	0.52	13	1908	0.05	3	883	0.02	3	835	0.17	3	1.48	0.29	17
英国	0.51	14	257	0.01	9	165	0.00	7	62	0.01	8	1.82	0.49	10
德国	0.45	15	721	0.02	6	295	0.01	5	243	0.05	6	1.63	0.38	14
加拿大	0.41	16	218	0.00	10	80	0.00	11	44	0.01	10	1.66	0.40	13
瑞士	0.36	17	274	0.01	8	128	0.00	9	56	0.01	9	1.57	0.34	15
西班牙	0.32	18	99	0.00	17	23	0.00	18	38	0.01	13	1.52	0.31	16
墨西哥	0.27	19	74	0.00	19	12	0.00	20	18	0.00	18	1.45	0.27	18
波兰	0.24	20	31	0.00	22	4	0.00	21	9	0.00	20	1.41	0.24	19
巴西	0.11	21	126	0.00	15	27	0.00	17	7	0.00	22	1.18	0.10	20
印度	0.05	22	48	0.00	21	3	0.00	22	9	0.00	20	1.09	0.05	21

3.2.9　植物营养与肥料技术领域专利竞争力指数分析

中国专利竞争力遥遥领先，但技术认可度和保护力需“苦练内功”。

植物营养与肥料技术领域，中国的专利竞争力指数排名第一，领先优势明显，属于第一梯队（竞争力指数大于 3）。挪威位列第二，处于第二梯队（竞争力指数为 1~2）。

第三梯队（竞争力指数小于 1）的 20 个国家依次为西班牙、德国、美国、波兰、荷兰、法国、澳大利亚、英国、瑞典、日本、丹麦、印度、韩国、瑞士、加拿大、以色列、意大利、墨西哥、比利时和巴西（表 3-13）。

在技术生产力方面，中国以 41533 件的专利公开量排名第一，占该领域专利公开总量（46907 件）的 88.54%，领先优势十分明显。余下 21 国中，仅有美国的专利公开量大于 1000 件（2604 件），位列第二。

在技术影响力方面，中国、美国和德国位列前三，总被引频次分别为 46877 次、2274 次和 280 次。另外，还有加拿大和法国 2 个国家专利总被引频次大于 200，分列第四、第五位。

在技术认可度方面，中国发明专利授权量（4975 件）位居全球第一，领先优势明显。美国（505 件）和韩国（148 件）位居第二、第三位。从授权率上看，该领 22 国域的平均专利授权率为 13.06%。韩国的发明专利授权率达到 43.40%，排名第一，意大利（42.86%）和日本（33.58%）分列第二、第三位。美国发明专利授权率为 19.38%，位居第十三位；中国发明专利授权率为 11.98%，在 22 国中排名第十八位。

在技术保护力方面，挪威排名第一，专利家族规模为 4.81。专利家族规模大于 2 的国家还有西班牙、德国和波兰。中国的专利家族规模为 1.00，在 22 国中排名垫底。

表 3-13　22 国植物营养与肥料技术领域专利竞争力指数及排名

国家	专利竞争力指数（一级指标）		技术生产力（二级指标）			技术影响力（二级指标）			技术认可度（二级指标）			技术保护力（二级指标）		
	得分	排名	专利申请量（件）	得分	排名	总被引频次	得分	排名	授权量（件）	得分	排名	专利家族规模	得分	排名
中国	3.00	1	41533	1.00	1	46877	1.00	1	4975	1.00	1	1.00	0.00	22
挪威	1.01	2	173	0.00	8	54	0.00	9	40	0.01	6	4.81	1.00	1
西班牙	0.50	3	52	0.00	15	4	0.00	21	7	0.00	18	2.89	0.50	2
德国	0.35	4	532	0.01	3	280	0.01	3	107	0.02	5	2.18	0.31	3
美国	0.34	5	2604	0.06	2	2274	0.05	2	505	0.10	2	1.50	0.13	10
波兰	0.30	6	28	0.00	18	13	0.00	15	6	0.00	19	2.15	0.30	4
荷兰	0.23	7	110	0.00	10	19	0.00	12	25	0.01	10	1.86	0.23	5
法国	0.21	8	190	0.00	7	227	0.00	5	36	0.01	7	1.73	0.19	6
澳大利亚	0.17	9	67	0.00	13	43	0.00	10	13	0.00	11	1.63	0.17	7
英国	0.17	10	116	0.00	9	86	0.00	8	29	0.01	9	1.61	0.16	8
瑞典	0.16	11	16	0.00	20	5	0.00	19	4	0.00	20	1.60	0.16	9

（续表）

国家	专利竞争力指数（一级指标）		技术生产力（二级指标）			技术影响力（二级指标）			技术认可度（二级指标）			技术保护力（二级指标）		
	得分	排名	专利申请量（件）	得分	排名	总被引频次	得分	排名	授权量（件）	得分	排名	专利家族规模	得分	排名
日本	0.16	12	402	0.01	4	135	0.00	6	135	0.03	4	1.45	0.12	13
丹麦	0.13	13	6	0.00	22	5	0.00	19	0	0.00	22	1.50	0.13	10
印度	0.13	14	55	0.00	14	11	0.00	16	8	0.00	16	1.49	0.13	12
韩国	0.12	15	341	0.01	6	104	0.00	7	148	0.03	3	1.31	0.08	15
瑞士	0.10	16	106	0.00	11	42	0.00	11	10	0.00	13	1.36	0.09	14
加拿大	0.10	17	365	0.01	5	238	0.01	4	36	0.01	7	1.29	0.08	17
以色列	0.08	18	51	0.00	16	9	0.00	18	9	0.00	14	1.31	0.08	16
意大利	0.06	19	21	0.00	19	11	0.00	16	9	0.00	14	1.24	0.06	18
墨西哥	0.03	20	9	0.00	21	1	0.00	22	3	0.00	21	1.13	0.03	19
比利时	0.03	21	42	0.00	17	14	0.00	13	11	0.00	12	1.11	0.03	20
巴西	0.03	22	88	0.00	12	14	0.00	13	8	0.00	16	1.10	0.03	21

4

主要结论与建议

4.1 科技论文竞争力分析结论

基于2014—2018年SCI科技论文产出，本研究对全球和中国的农业总体科研创新发展现状进行了分析总结，得出如下结论。

第一，农业总体科技论文国家竞争力上，美国总体竞争力最强，其次为中国和英国。中国在科研生产力上第一，发文量超过美国，且不断加快领跑速度。在科研影响力上，22国CNCI值排名前三的分别为瑞士、荷兰和英国，美国和中国在22国排名中分别位列第十五和第十六，表现略差；中国的总被引频次位居第一，美国位居第二。在科研卓越力上前三依次为美国、英国和中国，中国不仅高被引论文数位居第三，同时中国Q1期刊论文数也是全球排名第一。在国际合作力上，仍然是美国、中国、英国位列前三，三国科研合作紧密，中国国际合作论文数呈增长趋势。中国的科研影响力弱，是目前比较突出的短板。因为发文总量高基数大，中国高被引论文量和国际合作发文量都进入全球前三，但是低水平论文和非国际合作论文占比更高，整体科研实力有待提高。

第二，农业科技论文机构竞争力上，美国、中国和法国分别有36家、15家和9家机构进入全球Top100机构。主要科研机构在二级指标科研生产力、影响力和卓越力排名靠前的基本相同。全球机构竞争力中国科学院排名第一，中国农业科学院排名第四。中国科学院在3个二级指标中均排第一。中国农业科学院虽在科研卓越力上稍落后，在科研生产力和影响力上排名相对中国机构具有一定优势，发展势头良好。

第三，在主要22个国家十六大学科领域科技论文竞争力分析中，美国竞争力全球第一，在各学科领域均保持领先的竞争优势；中国众多学科竞争力表现突出但仍有短板。中国16个学科均进入科技论文竞争力前十，其中分析化学与应用化学、农业工程和食品科学与技术为排名前三的学科。从各16个学科来看，中国整体存在论文竞争力较高，卓越力较好，但是科研影响力和国际合作力较弱的情况。

第四，在进入各学科全球科技论文机构竞争力Top10的130个机构中，美国占比处于绝对领先地位，有36家机构入选，覆盖全部学科，中国稳居第二，有23家机构，覆盖其中14个学科。在分析化学与应用化学领域，中国实力最强，包揽了全部竞争力Top5机构。

第五，从16个学科中国机构竞争力来看，中国科学院在全部16个学科上均进入中国机构竞争力Top10，且机构竞争力排名第一，覆盖全部学科，中国农业科学院、中国农业大学和南京农业大学，分列第二至第四位，均有15个学科进入Top10。中国科学院在农艺学、环境科学、渔业学、林业学、生物学、农业工程、农业交叉学科和农业信息技术领域共8个学科领域上竞争力第一。中国农业科学院在园艺学、兽医学、基因与遗传学、生物技术与应用微生物学、分析化学与应用化学领域共5个学科领域竞争力第一。中国农业大学在其余3个学科（农业乳品与动物科学、食品科学与工程、农业经济政策学领域）上竞争力第一。这3家机构是中国农业领域研究机构的重要领跑者。

4.2 专利的竞争力分析结论

本研究对22个国家的农业领域2014—2018年发明专利公开数据进行了全面分析，得出以下主要结论。

第一，在22国专利综合竞争力指数排名中，美国和中国分别为前两位，处于第一梯队。中国农业领域发明专利公开量位居全球第一，但发明专利授权率的比例不高。中国在技术影响力方面排名第一，但仅以微弱优势领先美国。同时，中国机构亟待加强专利布局和专利保护意识，在专利技术的域外保护方面中国在22国中排名垫底，这与中国农业技术突出的产出能力形成鲜明对比，说明我国虽然专利基数大，但整体实力仍有待提高。

第二，从机构专利竞争力来看，进入专利竞争力Top10的全球机构中，美国占比绝对领先，有4家机构进入Top10机构，德国、瑞士和中国各有2家入选。对于全球Top100的机构，美国和中国上榜机构数量分列前二，分别有37家和28家机构，但中国专利质量不敌美国。专利竞争力排名Top10的3家中国机构（即中国科学院、中国农业科学院和中国化工集团）均呈现技术生产力和技术认可度比较突出，但是技术影响力稍显落后的态势。

第三，从专利技术生产力分析来看，中国是全球最大的农业专利产出贡献国，并以平均每年 18.92%的高增长率逐年增长。从专利技术影响力分析来看，虽然中国总被引频次和专利被引率（28.14%）在 22 国排名第一，但从有引用记录的专利平均被引频次来看，前三位分别为瑞士、美国和以色列，中国仅位列第十八，中国农业专利的国际影响力仍然有待提升。从专利技术认可度分析，美国和中国的农业技术认可度以绝对优势高于其他国家。从专利技术保护力分析，中国域外申请专利占比和专利家族规模均低于其他 21 个国家，专利布局和知识产权保护意识和能力亟待提升。

第四，从全球主要的 8 个农业专利技术领域分析，美国在各技术领域具有较强的竞争优势，中国紧随其后，在技术认可度和技术保护力上仍有短板。除动物疫病防控外，中国其他 7 个技术领域均进入专利竞争力指标排名前五，其中排名第一的技术领域有 5 个，包括动物养殖与管理、作物有害生物防控、农业机械装备、动物营养与饲料和植物营养与肥料。动物疫病防控排名第九位，是拉低中国专利竞争力指标整体综合排名的短板。

第五，从农业八大技术领域全球优势机构专利竞争力分析来看，专利竞争力全球优势机构中有 137 家机构入选。对优势机构的 Top10 进行分析，陶氏杜邦公司（美国）在 4 个技术领域排名前三，拜尔公司（德国）和罗氏控股公司（瑞士）在 3 个技术领域排名前三，中国科学院在 2 个技术领域排名前三，巴斯夫公司（德国）、诺华公司（瑞士）、美国卫生与公共服务部（美国）和中国农业科学院有 1 个技术领域排名前三。加利福尼亚大学（美国）和艾伯维公司（美国）没有技术领域排名前三。

第六，分析中国机构的 8 个技术领域专利竞争力得出，中国科学院和中国农业科学院竞争力排名分列第一和第二位。除动物疫病防控、作物有害生物防控和农业机械装备外，中国科学院在其他技术领域均进入国际机构 Top10，中国农业科学院除作物有害生物防控外，在其他 7 个技术领域优势明显。

4.3 相关建议

强大的科学技术研究是建设世界科技强国的基石。经过多年发展，中国农业科技研究取得长足进步，整体水平显著提高，国际影响力日益提升，支撑引领农业经济发展的作用不断增强。但与世界科技强国相比，中国农业科技研究不足依然存在，需进一步加强农业科技研究，不断提升农业科技研究的原始创新能力。

（1）中国农业科技论文质量有待进一步提高

以论文为代表的中国基础研究水平，在数量上已经接近或者赶超美国，但在质量和影响力上与美国差距较大，说明我国科技创新的基础研究到了必须从数量增长向高质量发展转变的阶段。

22 国论文学科规范化的引文影响力 CNCI 值排名瑞士第一，荷兰第二，中国第十六，与论文总量和总被引频次相比，中国的 CNCI 值排名较为靠后，在各研究领域排名也较低，有待进一步提升和发展。22 个国家在农业领域发表高被引论文数直接加和为 8564 篇，科研卓越力前五位的国家分别是美国、英国、中国、德国和澳大利亚，中国第三，但是高被引论文数对国家发文总量的占比，中国在前五位国家中排名垫底。中国农业科研成果与世界一流的农业研究强国相比，论文产出差距在快速缩小，但还需要在论文产出质量提升上下功夫。

（2）中国农业科技战略研究力量有待进一步加强和统一布局

中国农业企业仍呈小、散、弱态势，既无具有国际竞争力的行业巨头企业，也没有真正形成以企业为主体、市场为导向的农业技术创新体系。中国农业科研代表机构影响力不足。统计分析全球论文表现综合排名 Top100 代表性机构中，有 36 个来自美国，中国有 15 个机构，但中国进入 Top50 的机构仅 8 家（中国科学院、中国农业科学院、中国农业大学、南京农业大学、华中农业大学、华南农业大学、浙江大学、西北农林科技大学）。在中国不断加大农业科研投入、农业科技成果创新不断捷报频传的时候，我国仅有 8 个机构能够入选全球 Top50 的代表性机构，这个排名无疑是一个警钟。农业基础研究，如农业乳品和动物科学领域，农业经济和政策学领域等缺乏国际知名研究机构，应加强中国农业科技战略研究力量投入和统一布局，通过不断提升农业科学研究水平和科研成果质量，使中国有更多的研究机构进入全球领先行列，进一步向世界农业研究中心迈进。

（3）农业技术创新主体结构亟待调整

中国专利技术产出分布呈现申请机构多、数量多、低质量多、本国市场布局多等特点，说明中国专利申请没有形成技术产品竞争力、知识产权保护意识弱，迫切需要转变导向。中国农业技术创新主体主要由高校和科研机构组成，农业企业表现极弱。而美国、德国、瑞士等国家，农业技术创新主体以企业为主，并且随着产业与学术合作的日趋增加，学术机构本身也日益关注应用研究。

中国有 28 家机构进入全球专利竞争力指数排名前 Top100 的机构，包括 17 所大学、6 家科研院所和 5 家公司。企业是参与市场竞争的主体，也是创新创造的主体。党的十九大报告强调，要建立以企业为主体、市场为导向、产学研深度融合的技术创新体系。可见，企业自身技术创新实力的提升已经成为一种趋势以及必然要求。

（4）中国农业技术域外知识产权保护亟待加强

专利布局主要是为了保护核心技术或核心产品、限制竞争对手、巩固市场地位。中国专利布局主要在本国，国外专利布局量较低。国外技术保护极度不足，农业相关技术无法在国外得到有效保护，严重阻碍中国农业走出去。

从布局国家数量和域外申请占比上看，22 国平均专利布局国家数量为 49 个。22 国之中高于平均专利布局国家数量的国家有 9 个，包括美国、德国、日本、瑞士、中国、法国、英国、意大利和西班牙。中国主要在本国进行申请，占比达到 92.24%。域外申请专利占比，22 国平均域外申请占比 47.64%。域外申请专利占比较低的国家包括中国（7.76%）、韩国（24.85%）、巴西（36.49%）和墨西哥（37.38%），其他国家域外申请专利占比均达到40%以上；中国向 65 个国家递交过农业领域技术专利申请，但域外申请专利占比仅为 7.76%，排名最后一位。

专利家族规模不仅体现了布局国家的数量，也能体现专利权人对技术的保护程度，家族成员数量越多，技术重要性越高，对该技术的保护程度越高。瑞士、丹麦、澳大利亚和挪威专利家族规模排名相对位置靠前。而中国专利平均家族规模仅为 1.06，在 22 个重要农业国中排在最后一位。

掌握行业前沿技术的研发机构和企业，一定要注意提前布局，抢占先机，并且需要结合技术本身的特点，进行多维度保护。创新机构需要制定科学合理的专利保护策略，找出技术空白点，在布局时间、布局地理范围和布局技术点上进行全面规划。

附录 1 学科领域映射对照表

十六大学科	映射到《中华人民共和国学科分类与代码国家标准》的学科名称	学科描述
1. 农艺学	农艺学（21030）	研究作物形态学，作物生理学，作物遗传学，作物生态学，种子学，作物育种学（包括航天育种学），良种繁育学，作物栽培学，作物耕作学，作物种质资源学，农艺学其他学科
2. 环境科学	土壤学（21050） 环境学（61020）	研究土壤物理学，土壤化学，土壤地理学，土壤生物学，土壤生态学，土壤耕作学，土壤改良学，土壤肥料学，土壤分类学，土壤环境学（归入 61020），土壤调查与评价，土壤修复，土壤学其他学科 研究大气环境学，水体环境学（包括海洋环境学），土壤环境学，区域环境学，城市环境学，环境学其他学科
3. 园艺学	园艺学（21040）	研究果树学，瓜果学，蔬菜学，茶学（包括茶加工等），观赏园艺学，园艺学其他学科
4. 兽医学	兽医学（23030）	研究预防兽医学，兽医病原学，兽医流行学，家畜解剖学与组织学（原名为“家畜解剖学”），家畜生理学，家畜组织胚胎学，动物分子病原学，兽医免疫学，家畜病理学（亦称兽医病理学），兽医药理学与毒理学（原名为“兽医药理学”），兽医临床学，兽医卫生检疫学，家畜寄生虫学，家畜传染病学，家畜病毒学，中兽医学，兽医器械学，兽医学其他学科
5. 农业乳品与动物科学	动物学（18057）	动物生物物理学，动物生物化学，动物形态学，动物解剖学，动物组织学，动物细胞学，动物生理学，动物生殖生物学（包括动物繁殖学），动物生长发育学（包括动物胚胎学），动物遗传学，动物生态学，动物病理学，动物行为学（含动物驯化学），动物地理学（含昆虫生物地理学），动物分类学，实验动物学，动物寄生虫学，动物病毒学，动物学其他学科
6. 渔业学	水产学（240）	
7. 林业学	林学（220）	
8. 基因与遗传学	遗传学（18031）	研究数量遗传学，生化遗传学，细胞遗传学，体细胞遗传学，发育遗传学（亦称发生遗传学），分子遗传学，辐射遗传学，进化遗传学，生态遗传学，免疫遗传学，毒理遗传学，行为遗传学，群体遗传学，表观遗传学，遗传学其他学科
9. 生物学	畜牧学（23020） 生物学（180）	农业动物资源学，家畜遗传育种学（原名为“家畜育种学”），家畜繁殖学，动物营养学，饲料学，家畜饲养管理学，特种经济动物饲养学，家畜行为学，家畜卫生学，草原学（包括牧草学、牧草育种学、牧草栽培学、草地生态学、草地保护学等），畜产品贮藏与加工，畜牧机械化，养禽学，养蜂学，养蚕学，畜牧经济学，畜牧学其他学科

（续表）

十六大学科	映射到《中华人民共和国学科分类与代码国家标准》的学科名称	学科描述
10. 生物技术与应用微生物学	植物保护学（21060）	植物检疫学，植物免疫学，植物病理学，植物药理学，农业昆虫学，植物病毒学，植物真菌学，植物细菌学，植物线虫学，农药学，有害生物监测预警（原名为“植物病虫害测报学”），抗病虫害育种，有害生物化学防治，有害生物生物防治，有害生物综合防治，有害生物生态调控，农业转基因生物安全学，杂草防除（原名为“杂草防治”），鸟兽、鼠害防治，植物保护学其他学科
	生物工程（41640）	研究基因工程（亦称遗传工程），细胞工程，蛋白质工程，代谢工程，酶工程，发酵工程（亦称微生物工程），生物传感技术，纳米生物分析技术，生物工程其他学科
	微生物学（18061）	研究微生物生物化学，微生物生理学，微生物遗传学，微生物生态学，微生物免疫学，微生物分类学，真菌学，细菌学，应用与环境微生物学（具体应用入有关学科。原名为“应用微生物学”），微生物学其他学科
11. 食品科学与技术	农产品贮藏与加工（21045） 食品科学技术（550）	农产品贮藏与加工，粮油产品贮藏与加工，果蔬贮藏与加工，畜产品贮藏与加工，土特产品贮藏与加工，农副产品综合利用，农产品贮藏与加工其他学科
12. 农业工程	农业工程（41650） 材料科学（430）	研究农业机械学（包括农业机械制造等），农业机械化，农业电气化与自动化，农田水利（包括灌溉工程、排水工程等），水土保持学（包括土壤侵蚀学、水土保持监测、水土保持生态学、水土保持工程、荒漠化防治等），农田测量，农业环保工程，农业区划（含农业土地利用学），农业系统工程，农业工程其他学科
13. 分析化学与应用化学	分析化学（15025） 应用化学（15055）	研究化学分析（包括定性分析、定量分析等），电化学分析，光谱分析，波谱分析，质谱分析，热化学分析（原名为“热谱分析”），色谱分析，光度分析，放射分析，状态分析与物相分析，分析化学计量学，分析化学其他学科
14. 农业交叉学科	农学其他学科（21099） 畜牧、兽医科学其他学科（23099）	研究动物生物物理学，动物生物化学，动物形态学，动物解剖学，动物组织学，动物细胞学，动物生理学，动物生殖生物学（包括动物繁殖学），动物生长发育学（包括动物胚胎学），动物遗传学，动物生态学，动物病理学，动物行为学（含动物驯化学），动物地理学（含昆虫生物地理学），动物分类学，实验动物学，动物寄生虫学，动物病毒学，动物学其他学科
15. 农业经济政策学	农业经济学（79059）	研究农业生态经济学，农业生产经济学，土地经济学（包括国土经济学、农业资源经济学等），农业经济史，农业企业经营管理，合作经济，世界农业经济，农业区划，林业经济学，畜牧经济学，水产经济学，种植业经济学，农业经济学其他学科
16. 农业信息技术	摄影测量与遥感技术（42020） 信息与系统科学相关工程与技术（413）	研究地物波谱学，近景摄影测量，航空摄影测量，遥感信息工程，摄影测量与遥感技术其他学科

附录2　技术领域内容描述

主要技术领域	内容描述
动物疫病防控	兽药和疫苗相关技术
农业生物技术	转基因技术、基因组学、遗传及突变工程相关技术
作物种质资源与育种	作物新品种培育相关技术
动物养殖与管理	包括禽类、鱼类、牲畜的管理，动物育种，动物饲养，以及动物捕捉等相关技术
作物有害生物防控	包括农药、害杀虫剂、虫驱避和引诱剂等相关技术
农业机械装备	农业整地、种植、播种、施肥、收获、除草类农业机械
动物营养与饲料	动物饲料相关技术
植物营养与肥料	作物肥料相关技术